中国水利普查

第一次全国水利普查成果丛书

水利行业能力情况普查报告

《第一次全国水利普查成果丛书》编委会　编

中国水利水电出版社
www.waterpub.com.cn

内 容 提 要

本书系《第一次全国水利普查成果丛书》之一，系统全面地介绍了第一次全国水利普查水利行业能力建设情况普查的主要成果，主要包括普查任务与技术方法，水利机关法人单位、水利事业法人单位、水利企业法人单位、乡镇水利管理单位和社会团体法人单位的机构和从业人员情况等。

本书内容数据权威、准确、客观，可供水利、农业、国土资源、环境、气象、交通等行业从事规划设计、建设管理、科研生产的各级政府领导、专家、学者和技术人员阅读使用，也可供相关专业大专院校师生和社会公众参考使用。

图书在版编目（CIP）数据

水利行业能力情况普查报告 / 《第一次全国水利普查成果丛书》编委会编. -- 北京 : 中国水利水电出版社, 2016.3

（第一次全国水利普查成果丛书）

ISBN 978-7-5170-4221-1

Ⅰ. ①水… Ⅱ. ①第… Ⅲ. ①水利调查－调查报告－中国 Ⅳ. ①TV211

中国版本图书馆CIP数据核字(2016)第065979号

书　　名	第一次全国水利普查成果丛书 **水利行业能力情况普查报告**
作　　者	《第一次全国水利普查成果丛书》编委会　编
出版发行	中国水利水电出版社 （北京市海淀区玉渊潭南路1号D座　100038） 网址：www.waterpub.com.cn E-mail：sales@waterpub.com.cn 电话：(010) 68367658（发行部）
经　　售	北京科水图书销售中心（零售） 电话：(010) 88383994、63202643、68545874 全国各地新华书店和相关出版物销售网点
排　　版	中国水利水电出版社微机排版中心
印　　刷	北京博图彩色印刷有限公司
规　　格	184mm×260mm　16开本　12.5印张　232千字
版　　次	2016年3月第1版　2016年3月第1次印刷
印　　数	0001—2300册
定　　价	**65.00**元

#《第一次全国水利普查成果丛书》

编 委 会

本书编委会

主　　编　黄　河

副 主 编　乔根平　徐　波　吴钦山　刘耀祥

编写人员　常　河　郭　悦　杨　柠　潘利业
张洁宇　张　岚　冯思军　崔晨甲
胡艳超

前　言

遵照《国务院关于开展第一次全国水利普查的通知》（国发〔2010〕4号）的要求，2010—2012年我国开展了第一次全国水利普查（以下简称“普查”）。普查的标准时点为2011年12月31日，时期资料为2011年度；普查的对象是我国境内（未含香港特别行政区、澳门特别行政区和台湾省）所有江河湖泊、水利工程、水利机构以及重点社会经济取用水户。

第一次全国水利普查是一项重大的国情国力调查，是国家资源环境调查的重要组成部分。普查综合运用社会经济调查和资源环境调查的先进技术与方法，基于最新的国家基础测绘信息和遥感影像数据，系统开展了水利领域的各项普查工作，全面查清了我国河湖水系和水土流失基本情况，查明了水利基础设施的数量、规模和能力状况，摸清了我国水资源开发、利用、治理、保护等方面的情况，掌握了水利行业能力建设的状况，形成了基于空间地理信息系统、客观反映我国水情特点、全面系统描述我国水治理状况的国家基础水信息平台。通过普查，摸清了我国水利家底，填补了重大国情国力信息空白，完善了国家资源环境和基础设施等基础信息体系。普查成果为客观评价我国水情及其演变形势，准确判断水利发展状况，科学分析江河湖泊开发治理和保护状况，客观评价我国的水问题，深入研究我国水安全保障程度等提供了翔实深入的系统资料，为社会各界了解我国基本水情特点提供了丰富的信息，为完善治水方略、全面谋划水利改革发展、科学制定国民经济和社会发展规划、推进生态文明建设等提供了科学可靠的决策依据。

为实现普查成果共享，更好地方便全社会查阅、使用和应用普查成果，水利部、国家统计局组织编制了《第一次全国水利普查成果丛书》。本套丛书包括《全国水利普查综合报告》《河湖基本情况普查报告》《水利工程基本情况普查报告》《经济社会用水情况调查报告》《河湖开发治理保护情况普查报告》《水土保持情况普查报告》《水利行业能力情况普查报告》《灌区基本情况普查报告》《地下水取水井基本情况普查报告》和《全国水利普查数据汇编》，共10册。

本书是水利行业能力建设情况普查成果的集成，系统介绍了各类水利机构的数量及分布、从业人员数量及结构等情况。全书共分6章：第一章介绍了水利行业能力普查的组织实施情况及主要普查成果；第二章至第六章按不同单位类型，从地区、区域、单位类型、机构规格等多个层面，分别介绍了水利机关法人单位、水利事业法人单位、水利企业法人单位、乡镇水利管理单位和社会团体法人单位的机构数量及分布、从业人员数量及结构等。本书所使用的计量单位，主要采用国际单位制单位和我国法定计量单位，小部分沿用水利统计惯用单位。部分数据合计数或相对数由于单位取舍不同而产生的计算误差，均未进行机械调整。

本书在编写过程中得到了许多专家和普查人员的指导与帮助，在此表示衷心的感谢！由于作者水平有限，书中难免存在疏漏，敬请批评指正。

编者

2015年10月

目 录

第一章 综 述

本章主要介绍水利行业能力普查的任务、对象、内容、技术路线、组织实施过程、数据质量控制和主要成果等。

第一节 普查任务与内容

一、普查任务

按照《国务院关于开展第一次全国水利普查的通知》(国发〔2010〕4号)要求，水利行业能力建设情况普查的任务是查清中华人民共和国境内(不包括香港、澳门特别行政区和台湾省)各类水利机构的性质、从业人员、资产、财务和信息化状况等。普查时点为2011年12月31日，时期资料为2011年度数据。

二、普查对象

水利行业能力普查的调查对象是水利机构。本次普查的水利机构主要是指从事水利活动❶的单位，包括从事开发、利用、节约、保护、管理水资源以及防治水害活动的单位，以及为上述活动提供技术支持和管理服务的单位。

调查对象具体包括：①水利机关法人单位，指各级水行政主管部门，以及行使某项或几项水行政管理职能的机关法人单位；②水利事业法人单位，指水利机关法人单位或其管理的法人单位，利用国有资产依法设立从事社会公共服务活动的法人单位；③水利企业法人单位，指水利机关法人或水利事业法人单位出资成立或控股的企业法人单位；④乡镇水利管理单位❷，指从事乡镇一级水利综合管理及服务工作的相关机构；⑤社会团体法人单位，指业务主管单位

---

❶ 水利活动涉及的具体行业详见附录A。

❷ 乡镇水利管理单位是指从事乡镇一级水利综合管理及服务工作的相关机构，具体包括：乡镇水利站、乡镇水利服务中心、乡镇水利所、乡镇农技水利服务中心、乡镇水利电力管理站、乡镇水利水产林果农技站、乡镇水利工作站，以及具备一定水利管理职能的农业综合服务中心等。

为水行政主管部门或其管理单位的社会团体法人单位；⑥其他水利单位，指上述 5 类单位之外从事水利活动的单位。上述调查对象中的水利机关法人单位、水利事业法人单位、水利企业法人单位、社团法人单位在本书中统称为“水利法人单位”。

三、普查内容

本次普查针对不同单位，设置了不同的调查内容。对水利法人单位和乡镇水利管理单位，调查机构性质、从业人员情况、资产财务状况和信息化状况等。机构性质主要包括单位名称、地址、成立时间、隶属关系、单位类型、执行会计制度类别等；从业人员情况主要包括人员数量、学历、职称、年龄等；资产财务情况主要包括资产规模、收入、支出等；信息化状况主要包括单位拥有的计算机数和网站数量等。对其他水利单位，只调查单位基本信息，建立单位名录。

第二节 普查技术路线

水利行业能力普查的总体技术路线为：按照对象清查、数据采集与填报、数据审核和数据汇总四个环节，以县级行政区为基本工作单元，通过档案查询、实地访问等方法进行清查登记，编制普查对象名录，确定普查表填报单位；向填报单位发放调查表，填表单位根据已有的法人证书、人事、资产、财务管理记录等相关资料，逐项填报普查表并提交县级水利普查机构；各级水利普查机构逐级进行审核、汇总并上报，最终形成全国水利行业能力普查成果。

为规范行业能力普查工作流程，提高普查数据的准确性，按照本次普查质量控制总体要求，水利行业能力普查各环节的具体操作要求如下。

一、对象清查

对象清查采取“一下一上”的工作流程。国务院第一次全国水利普查领导小组办公室（以下简称“国务院水利普查办公室”）组织编制并下发《水利单位信息名录》，各级水利普查机构按照掌握的资料进行补充完善，形成本级水利单位信息名录并逐级下发，在县级水利普查机构编制形成《单位清查底册》；县级水利普查机构组织开展对象清查，编制县级行业能力建设情况普查单位目录并上报，经逐级汇总形成《全国行业能力建设情况普查单位目录》。

（一）编制形成《水利单位信息名录》

国务院水利普查办公室组织相关单位对国家统计局提供的第二次全国经济普查、第二次全国农业普查资料中的单位信息进行整理，找出行业代码与《水利活动认定表》（附录A）中小类代码一致、单位名称和主要业务活动含有设定的“关键字”的单位，然后对这些单位的相关信息进行摘录，形成《水利活动单位信息表》。

国务院水利普查办公室对水利部门提供的统计资料进行整理，提取由水行政主管部门管理的单位的信息，形成《水利单位信息表》。

国务院水利普查办公室将《水利活动单位信息表》和《水利单位信息表》分别录入数据库中，并利用组织机构代码、单位名称等指标对导入的资料进行比对、重排、合并、完善，形成《水利单位信息名录》。

（二）逐级补充完善，形成《单位清查底册》

国务院水利普查办公室将生成的《水利单位信息名录》按省级行政区划分割，下发到各省级水利普查机构；省级水利普查机构对本省（自治区、直辖市）的《水利单位信息名录》进行补充和完善后，按地级行政区划分割，下发至各地级水利普查机构；地级水利普查机构对本地（市）的《水利单位信息名录》进行补充和完善后，按县级行政区划分割，下发至各县级水利普查机构。

县级水利普查机构将补充和完善后《水利单位信息名录》转换成《单位清查底册》。

（三）县级形成《县级水利行业能力建设情况普查单位目录》

普查员以《单位清查底册》为依据，按照水利行业能力普查对象清查的要求，对在册单位逐一清查，填写《水利行业能力普查对象清查表》，并通过对清查对象的分析经识别、剔除、确认后生成县级水利行业能力建设情况普查单位目录，形成清查数据成果。

（四）汇总形成《全国水利行业能力建设情况普查单位目录》

县级水利行业能力建设情况普查单位目录经逐级上报、汇总、审核、验收，由国务院水利普查办公室形成《全国水利行业能力建设情况普查单位目录》，确定普查表发放对象。

二、数据采集与填报

水利行业能力普查表按照水利活动单位类型，共设置5张普查表，分别为《水利行政机关普查表》《水利事业单位普查表》《水利企业普查表》《水利社会团体普查表》和《乡镇水利管理单位普查表》。水利行业能力普查表目录见表1-2-1。

表 1-2-1 水利行业能力普查表目录

序号	表 号	表 名	填 报 单 位
1	P601 表	水利行政机关普查表	水行政主管部门
2	P602 表	水利事业单位普查表	水行政主管部门或其所属单位管理的事业法人单位
3	P603 表	水利企业普查表	水行政主管部门或其所属单位管理的企业法人单位
4	P604 表	水利社会团体普查表	水行政主管部门或其所属单位管理的社会团体法人单位
5	P605 表	乡镇水利管理单位普查表	不具备法人资格的乡镇水利管理单位的归属法人单位和系统外具有法人资格的乡镇水利管理单位

按照《第一次全国水利普查实施方案》的要求，《水利行业能力普查表》按照“在地原则”组织填报，由县级水利普查机构负责向本辖区内所有《全国行业能力建设情况普查单位目录》中包括的单位发放普查表，按照普查数据获取方法及填表说明指导各单位进行填报；以县级行政区为基本汇总单元汇总数据，并将审核后的汇总数据与基础数据报送地级水利普查机构。

水利行业能力普查指标分为静态指标和动态指标两类，静态指标主要包括水利机构的名称、位置、隶属关系等基本情况，动态指标主要包括从业人员、资产财务、供水量与水费收入等逐年变动的指标。

（一）静态数据获取

静态指标主要采取档案查阅、实地访问等方式获取数据，以普查时点的最新资料为准。

档案查阅：通过查阅各类水利机构的营业执照、法人证书、人事管理记录、资产设备管理记录，以及其他相关档案或资料获取普查数据。

实地访问：通过实地走访调查的水利机构，现场询问水利机构相关管理人员，获取普查数据。

（二）动态数据获取

对于水利机构的资产、财务和供水等动态指标，根据单位管理情况，主要采用资产盘点、财务核算、报表查阅、供水记录查阅、推算等方法获得数据。

三、数据审核

按照《第一次全国水利普查实施方案》以及水利普查质量控制要求，各级水利普查机构，需按照数据接收审验、计算机审验、分专业详审、跨专业联审和数据终审 5 个步骤实施审验，重点对普查对象的全面性，普查表填报的完整性、规范性，汇总数据的合理性，采用人工审核与计算机审核相结合的方式进行审核。

（一）清查数据审核

清查数据审核，是对普查对象名录以及清查表中的各项指标进行审核，主要包括清查指标审核、对比审核和重复填报审核。

（1）清查指标审核：对清查表中各项指标的完整性、合理性和规范性进行审核。

1）完整性审核：检查清查表中是否有漏填指标。

2）合理性审核：根据清查表中相关指标的关联关系判断指标填报的合理性。

3）规范性审核：审核清查表中各项指标是否符合填表要求。

（2）对比审核：将水利行业能力清查数据与《全国水利行业能力建设情况普查单位目录》进行对比，分析差别原因，避免错报、漏报。

（3）重复填报审核：审核有无重复填报的普查对象，包括区域内重复填报审核和区域间重复填报审核。重点审核水利机构位置在本区域，但隶属关系为上级单位的机构，确保清查结果不重不漏。

（二）普查数据审核

普查数据审核，是对普查表中的各项指标进行审核，主要包括普查指标审核、对比审核和重复填报审核。

（1）普查指标审核：重点审查各类单位的人员、资产、财务等指标。审核内容包括完整性、合理性、规范性和一致性审核。

1）完整性审核：检查普查表中是否有漏填指标。

2）合理性审核：根据各类单位的相关指标的关联关系判断指标填报的合理性。

3）规范性审核：审核普查表中各项指标是否按照《水利行业能力普查表》填报要求填报。

4）一致性审核：审核关联指标间填报是否匹配一致。

（2）对比审核：将各类水利机构的普查数据与相关的水利统计数据进行对比，分析差别原因，避免错报、漏报。

（3）重复填报审核：审核有无重复填报的普查对象，包括区域内重复填报审核和区域间重复填报审核。

（三）汇总数据审核

汇总数据审核，是对各汇总指标数据进行审核，主要包括汇总指标的合理性审核和跨专业审核。

（1）合理性审核：按照汇总数据审核技术规定要求和已有经验，分析各项汇总指标的合理值范围、分布特征，判断其是否合理。

（2）跨专业审核：与水利工程基本情况普查、灌区专项普查等相关调查中涉及的水利管理单位进行关联性审核，分析判断相关指标数据是否合理。

四、数据汇总

（一）汇总方式

根据水利行业能力普查的指标特点，本次普查指标的主要汇总方式为求和汇总、计数汇总和求平均数。求和汇总主要是针对普查表中的从业人员数、拥有计算机数等数量标志，采用加和方式获得总量指标的汇总方式。计数汇总主要针对水利机构数量指标，采用计数方式获得水利机构总数的汇总方式。求平均数主要针对单位平均人员等平均指标，采用求平均数的方式获得。

（二）汇总指标

根据水利行业能力普查的目的和普查内容，行业能力普查汇总指标主要包括：各类水利机构的数量，水利从业人员数量，水利资产，各类水利机构拥有的计算机数量和网站数量，水利事业法人单位和水利企业法人单位的科研课题数量、专利获得数量等。

（三）汇总分区

水利行业能力普查数据汇总主要按行政区汇总。行政区汇总主要是以县级行政区为基本汇总单元，形成分县统计数据，再以分县汇总数据为基础，汇总形成地级、省级及全国水利行业能力普查成果。此外，还按照国家确定的经济区域、粮食主产区、重要经济区等进行了汇总，形成了反映重点区域水利机构情况的数据❶。

第三节　普查组织实施

一、组织与机构设置

第一次全国水利普查按照“全国统一领导、部门分工协作、地方分级负责、各方共同参与”的原则组织实施。国务院成立第一次全国水利普查领导小组及办公室，流域及地方各级政府参照全国水利普查机构设置模

❶ 各类汇总单元详见附录B。

式，成立了相应普查机构，建立国家、流域机构、省、地、县等5级水利普查机构。

在国务院水利普查办公室的统一领导和组织下，水利部发展研究中心作为水利行业能力普查的技术支撑单位，具体负责水利行业能力普查的技术方案编制、国家级数据审核汇总等技术支撑工作。各流域及地方各级水利普查机构根据当地实际确定了技术支撑单位。

二、工作单元

本次行业能力普查以县级行政区为基本工作单元，按“在地原则”，以县级行政区为基本单位组织填报。县级普查机构通过走访登记、档案查阅、现场访问等方式逐一清查甄别填表对象，发放普查表并指导填报普查表，进行审核、汇总。

三、普查实施过程

第一次全国水利普查为期3年，从2010年1月至2012年12月，总体上分为前期准备、清查登记、填表上报和汇总分析四个阶段。水利行业能力普查按以上四个阶段进行。

2010年为前期准备阶段。主要编制《第一次全国水利普查实施方案》中行业能力普查内容及相关技术规定，收集整理相关基础资料，组织开展水利行业能力普查试点和培训等。

2011年为清查登记阶段。通过对第二次经济普查、农业普查以及水利部门提供的统计资料进行分析整理，编制了《水利单位信息名录》，逐级下发并补充完善转换成《单位清查底册》，由普查员携带《单位清查底册》，对所有在册单位进行实地清查、核对，并根据实际情况，对目录进行补充或删减。经逐级审核、上报、汇总，形成了全国统一的《全国水利行业能力建设普查单位目录》。

2012年为填表上报阶段和汇总分析阶段。1—3月，县级普查机构组织普查员针对不同普查对象分发水利行业能力普查表，各普查单位在普查机构和普查工作人员的指导下按要求填写普查表，普查员和普查指导员对普查表数据进行核对检查与抽查，对不符合要求的普查表返回重新填写。县级普查机构对调查和上报数据进行全面校验、分析协调，并将符合要求的普查数据进行汇总后逐级上报。4—6月，地、省级水利普查机构对上报普查数据开展了审核、汇总和归并的工作。7—9月，流域机构的水利普查机构和国务院水利普查办公室开展了普查数据审核与汇总工作，分省（自治区、直辖市）编制水利行业能力普查审核意见，下发反馈至各省级水利普查机构，各省级水利普查机构依据审核意见修改完善后重新上报。10—12月，全国水利行业能力普查数据完成汇总工作，编制了汇总成果的分析报告；国务院水利普查办公室组织开展了第一次全国水利普查事后质量抽查工作，全面评估了行业能力普查数据质量。

2013年1月，第一次全国水利普查成果，包括水利行业能力普查成果，通过了专家审查。2013年2月25日，国务院第一次全国水利普查领导小组召开第二次全体会议，审议通过了水利普查成果。经国务院批准，水利部、国家统计局编制了第一次全国水利普查公报，于2013年3月26日向社会发布《第一次全国水利普查公报》，正式公布了水利普查成果。

四、普查数据质量控制

国务院水利普查办公室和地方各级水利普查机构高度重视水利普查的质量控制工作，建立了严格的质量控制制度，编制印发了《第一次全国水利普查质量控制工作细则》《第一次全国水利普查数据审核办法》《第一次全国水利普查数据审核技术规定》《第一次全国水利普查事中质量抽查办法》《第一次全国水利普查事后质量抽查办法》等质量控制文件，提出了普查对象清查登记、普查数据采集、填表上报、数据审核与汇总分析的质量控制标准、方法和操作规范。在此基础上，水利行业能力普查根据自身数据特点及数据质量控制要求，进一步制定了《水利行业能力建设情况普查数据审核办法》《水利行业能力建设情况普查数据审核技术规定》等相关办法及规定，保障了水利普查数据质量。

在水利普查实施过程中，一是坚持全过程、全员质量控制，及时发现和消除事前、事中和事后影响水利普查数据质量的各种因素，加强对水利普查重要内容、关键节点、薄弱环节的质量监控；将质量控制的目标、任务和责任分解落实到水利普查的每一个岗位和人员，构建了人人参与的质量控制工作体系。二是坚持逐级、分类质量控制，逐级明确水利普查质量控制的责任和要求，将普查质量问题控制在下级普查机构、基层填表单位和数据采集现场，确保了质量控制要求得到贯彻落实；充分发挥各级技术支撑单位和统计、业务等专业技术人员作用，采取有针对性的方法和措施，分专业、分类做好普查质量问题分析与诊断，保障了质量控制工作切实有效。三是坚持定量为主、定性为辅的质量控制，制定了详细量化的质量控制指标与标准，建立了科学的质量监测评价体系。四是坚持统一标准、严格执行，严格执行全国统一制定的规定、方法和质量验收标准。对不符合质量控制标准的阶段性数据成果及时进行整改，返回重报。

为了评价本次普查数据质量，根据《第一次全国水利普查事后质量抽查办法》，国务院水利普查办公室组织了31个抽查组，对抽取的120个县级普查区中的16147个普查对象，开展了现场质量抽查工作，并利用抽查结果科学评估了普查数据质量。经评估，本次普查数据质量达到预期要求。

第四节 主要数据成果

根据普查结果，全国共有13.4万个从事水利活动的单位。其中，纳入本次普查详细调查范围的水利法人单位52447个，从业人员139.1万人；乡镇水利管理单位29416个，从业人员20.6万人。主要普查指标汇总成果如下。

一、水利机构

2011年年底，全国共有水利法人单位有52447个，其中，水利机关法人单位3586个，占6.9%；水利事业法人单位32370个（包含属于水利事业法人的乡镇水利管理单位5284个），占61.7%；水利企业法人单位7676个，占14.6%；社会团体法人单位8815个，占16.8%。乡镇水利管理单位共有29416个，其中，县级水利部门派出机构8913个，占30.3%；乡镇政府管理的单位20503个，占69.7%。

二、从业人员

2011年年底，水利法人单位从业人员共有139.1万人，其中，水利机关法人单位有12.5万人，占9.0%；水利事业法人单位有72.2万人，占51.9%；水利企业法人单位有48.9万人，占35.2%；社会团体法人单位有5.4万人，占3.9%。

乡镇水利管理单位从业人员共有20.6万人，其中是法人单位的乡镇水利管理单位有12.2万人，占59.5%；非法人的乡镇水利管理单位有8.3万人，占40.5%。具体情况见表1-4-1。

三、计算机拥有情况

2011年年底，全国水利机关法人单位、水利事业法人单位共有计算机33.4万台，其中，水利机关法人单位8.9万台，占总数的26.7%；水利事业法人单位24.5万台，占总数的73.3%。乡镇水利管理单位拥有计算机4.3万台。

表 1-4-1 乡镇水利管理单位从业人员统计表

机构类型分组		单位数量/个	单位占比/%	人员数量/人	人员占比/%	单位平均人数/人
总 计		29416	100	205507	100	7
法人单位	合计	15317	52.1	122321	59.5	8
	事业法人单位	14731	50.1	117989	57.4	8
	企业法人单位	58	0.2	1054	0.5	18
	其他法人单位	528	1.8	3278	1.6	6
非法人单位		14099	47.9	83186	40.5	6

第二章　水利机关法人单位普查成果

本章从水利机关法人单位的机构、人员、计算机情况等几个方面介绍其数量和分布特征。

第一节　机　构　数　量

一、调查对象

水利机关法人单位是指在各级行政区域内行使水行政管理职能，具备机关法人资格的单位。本次水利普查的水利机关法人单位既包括国务院水行政主管部门和地方各级人民政府水行政主管部门，也包括行使某项或几项水行政管理职能的机关法人单位，如部分地方具有机关法人资格的防汛抗旱办公室，以及在特殊区域内（如农垦、森工、县级及以上经济开发区、保护区等）内行使水行政管理职能的机关法人单位等。

二、总体情况

2011 年年底我国共有各级水利机关法人单位 3586 个，占水利法人单位总量的 6.8%。

按单位隶属关系，水利机关法人单位可分为中央级、省级、地级和县级 4 级。根据普查结果，我国共有省级及以上水利机关法人单位 51 个，占全国水利机关法人单位总量的 1.42%；地级水利机关法人单位 408 个，占比 11.38%；县级水利机关法人单位 3127 个，占比 87.20%。具体情况如图 2－1－1 所示。

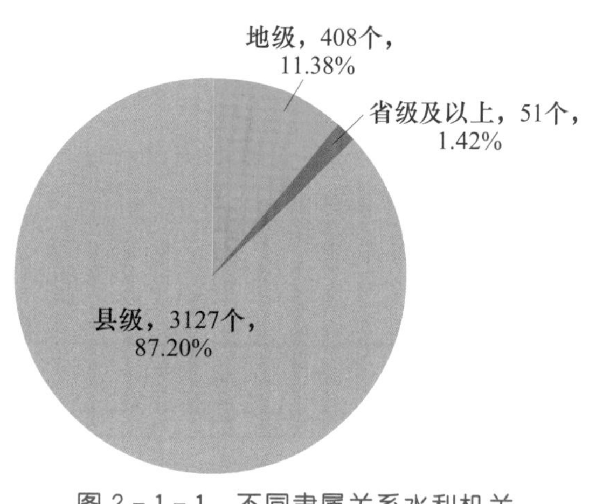

图 2－1－1　不同隶属关系水利机关法人单位分布图

按单位名称，水利机关法人单位可分为水利、水务和其他三类。

根据普查结果，我国水利类机关法人单位共有 1447 个，占全部水利机关法人单位的 40.4%；水务类机关法人单位共有 1444 个，占全部水利机关法人单位的 40.3%；其他机关法人单位有 695 个，占全部水利机关法人单位的 19.3%；

从不同级别的水利机关法人单位来看，全国共有 4 个省级、151 个地级、1289 个县级水务局，分别占同级水利机关法人单位的 8.5%、37.6% 和 41.1%。具体情况见表 2-1-1。

表 2-1-1　不同单位名称水利机关法人单位隶属关系分布表　单位：个

隶属关系	总计	水利类	水务类	其他类
合计	3586	1447	1444	695
中央	3	1	0	2
省级	47	28	4	15
地级	402	189	151	62
县级	3134	1229	1289	616

三、区域分布情况

（一）各省（自治区、直辖市）水利机关法人单位数量

根据普查结果，我国平均每个省级行政区有 116 个水利机关法人单位。其中，单位数量最多的三个省是黑龙江（300 个）、四川（224 个）、河南（176 个）；单位数量最少的三个省（直辖市）是上海（22 个）、北京（21 个）、天津（17 个）。具体情况如图 2-1-2 所示。

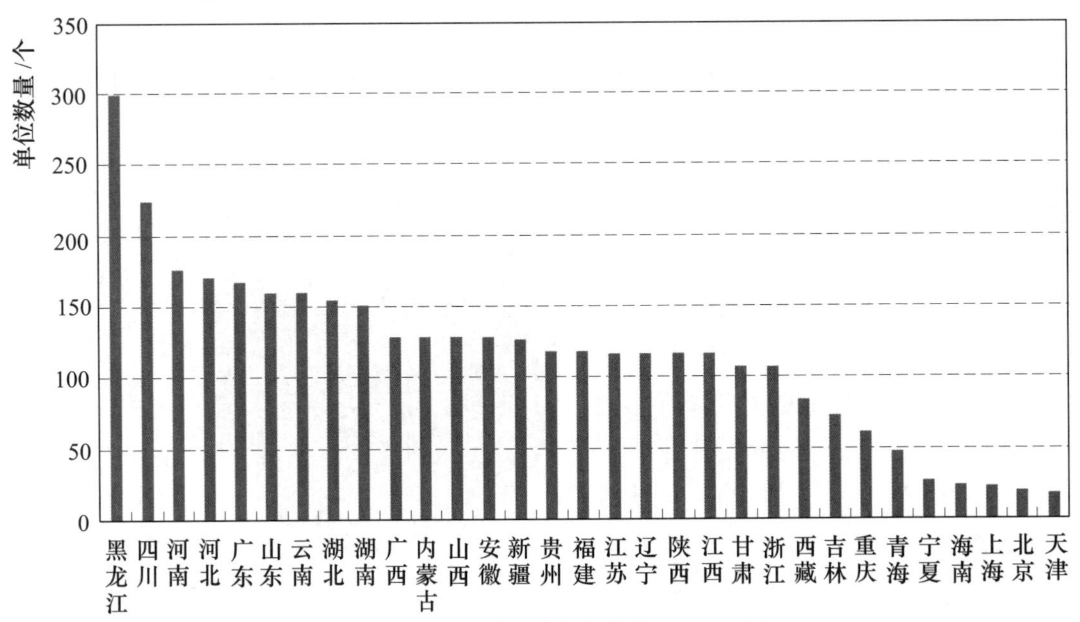

图 2-1-2　水利机关法人单位地区分布图

海南、宁夏、四川、黑龙江、北京和天津的水务一体化进程较快，基本完成了辖区内的水务一体化改革。各省（自治区、直辖市）水利机关法人单位的单位名称分布见表 2－1－2。

表 2－1－2　　不同单位名称水利机关法人单位地区分布表　　单位：个

地区	总计	水利部、厅（局）	水务厅（局）	其他
合计	3586	1447	1444	695
北京	21	1	15	5
天津	17	0	13	4
河北	171	37	119	15
山西	128	64	41	23
内蒙古	128	38	68	22
辽宁	116	57	19	40
吉林	73	56	2	15
黑龙江	300	7	234	59
上海	22	0	9	13
江苏	116	69	23	24
浙江	106	63	10	33
安徽	127	50	53	24
福建	117	75	6	36
江西	115	73	31	11
山东	160	68	72	20
河南	176	130	21	25
湖北	154	57	34	63
湖南	151	103	30	18
广东	167	16	99	52
广西	128	95	1	32
海南	23	0	22	1
重庆	61	6	30	25
四川	224	3	189	32
贵州	118	84	13	21
云南	160	37	110	13
西藏	84	74	0	10
陕西	116	52	62	2
甘肃	107	2	80	25
青海	47	27	10	10
宁夏	27	1	23	3
新疆	126	102	5	19

（二）东中西部水利机关法人单位数量

从东中西部分布来看，东部 11 省（直辖市）有水利机关法人单位 1036 个；中部 8 省有水利机关法人单位 1224 个；西部 12 省（自治区、直辖市）有水利机关法人单位 1326 个。具体情况如图 2-1-3 所示。

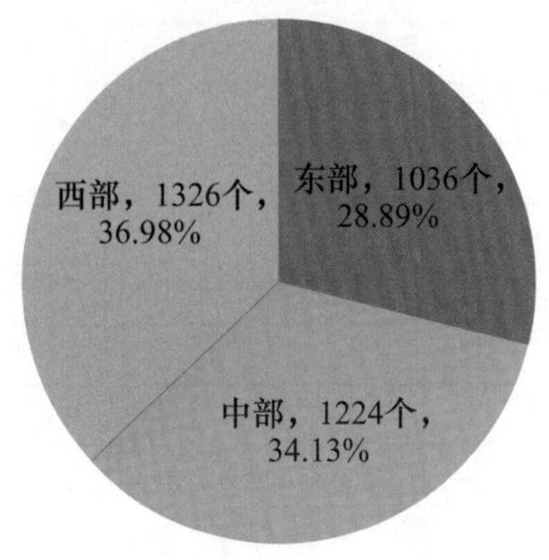

图 2-1-3　水利机关法人单位区域分布图

第二节　人　员　数　量

水利机关法人单位年末从业人员是指 2011 年年底在水利机关法人单位工作，并取得劳动报酬或收入的实有人员，包括在各级水利机关法人单位工作的在岗人员、兼职人员、再就业的离退休人员、借用的外单位人员等。

一、总体情况

根据普查结果，2011 年年底我国水利机关法人单位共有从业人员 12.5 万人，占水利法人单位从业人员总数的 9.0%，平均每个单位为 35 人。

（一）学历状况

按学历状况，水利机关法人单位从业人员可分为具有博士研究生学历、硕士研究生学历、大学本科学历、大学专科学历、中专学历、高中及以下学历等 6 类。根据普查结果，水利机关法人单位从业人员拥有大学专科和大学本科学历的人最多，分别为 4.4 万人和 4.1 万人，共占到总人数的 68.20%；具有硕士研究生和博士研究生学历的约有 0.3 万人，占 2.61%；具有中专学历的有 1.6 万人，占 12.41%。具有高中及以下学历的有 2.1 万人，占 16.78%。水利从业人员学历分布见表 2-2-1。

表 2-2-1　　水利机关法人单位从业人员学历分布表

学历结构	人员数量/人	占比/%	学历结构	人员数量/人	占比/%
合计	125176	100	大学专科	44255	35.35
博士研究生	212	0.17	中专	15539	12.41
硕士研究生	3050	2.44	高中及以下	20999	16.78
大学本科	41121	32.85			

（二）年龄结构及性别状况

水利机关法人单位从业人员的年龄分为 56 岁及以上、46～55 岁、36～45 岁、35 岁及以下 4 类。根据普查结果，全国水利机关法人单位从业人员以 36～45 岁人数最多，有 4.4 万人，占 35.48%；46～55 岁有 4.0 万人，占 32.04%；35 岁以下有 2.8 万人，占 22.57%；56 岁以上的有 1.2 万人，占比不到 10%。

水利机关法人单位从业人员中，男性从业人员有 9.3 万人，占比为 74.53%。水利机关法人单位从业人员性别和年龄分布情况见表 2-2-2。

表 2-2-2　　水利机关法人单位从业人员年龄和性别分布表

年龄及性别类型		人员数量/人	占比/%
年龄	合计	125176	100
	56 岁及以上	12405	9.91
	46～55 岁	40103	32.04
	36～45 岁	44411	35.48
	35 岁及以下	28257	22.57
性别	合计	125176	100
	女性	31882	25.47
	男性	93294	74.53

二、区域分布情况

（一）各省（自治区、直辖市）水利机关法人单位从业人员状况

从地区分布来看，从业人员最多的三个省是河北（12252 人）、山东（10821 人）、湖南（9657 人）；从业人员最少的三个省（直辖市）是海南（728 人）、青海（709 人）、天津（701 人）。具体情况如图 2-2-1 所示。

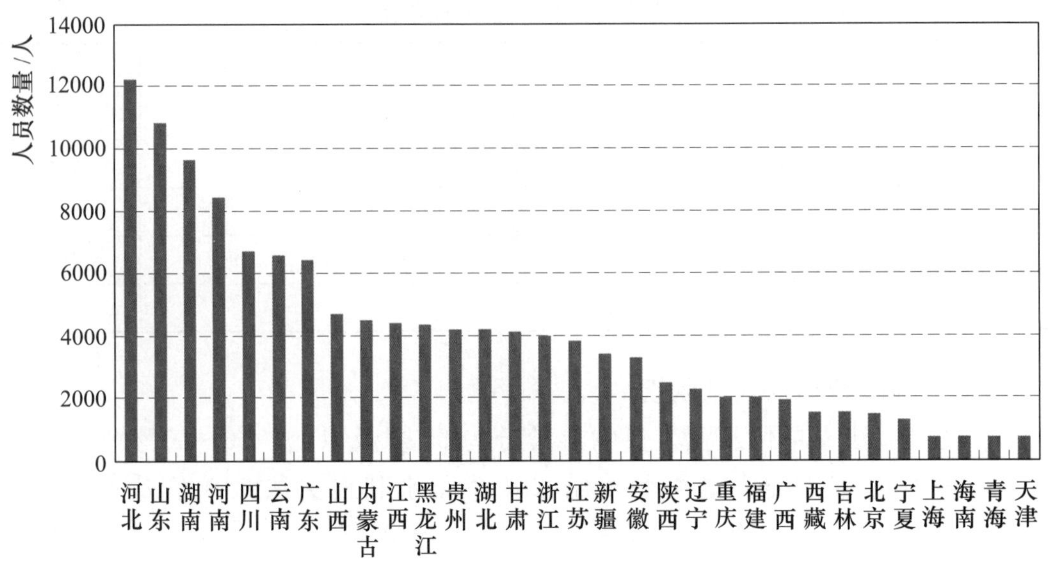

图 2－2－1　水利机关法人单位从业人员数量地区分布图

从单位平均人数看，北京、河北、山东最多；青海、广西、黑龙江最少。具体情况如图 2－2－2 所示。

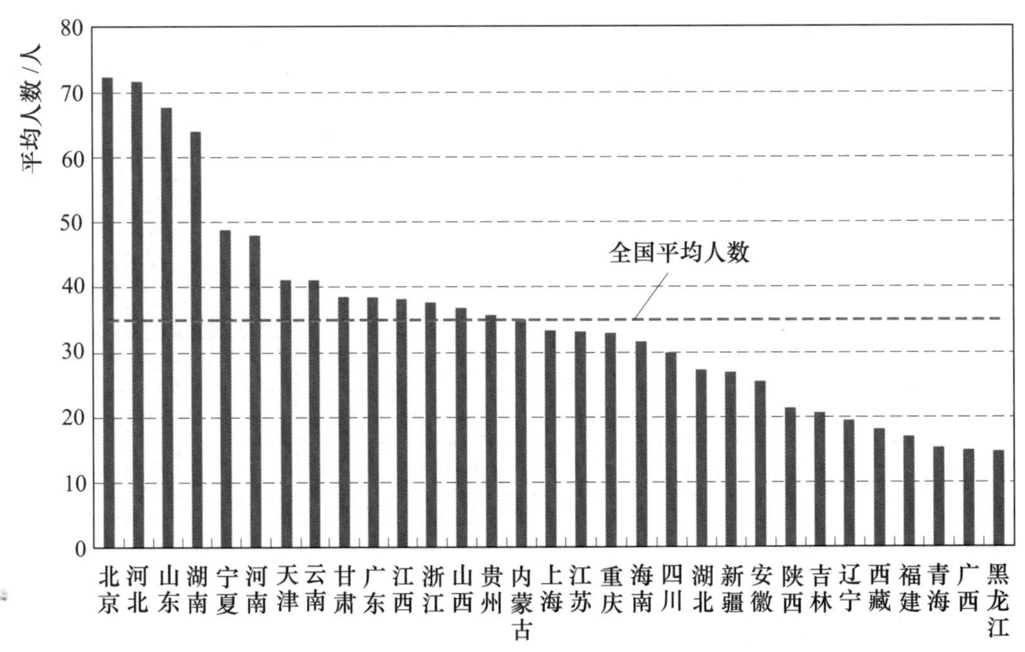

图 2－2－2　水利机关法人单位从业人员平均人数地区分布图

从人员学历看，水利机关法人单位大学专科及以上学历从业人员占从业人员比例是 70.81%；分地区看，比例最高的三个省（直辖市）是上海（94.97%）、辽宁（89.53%）、重庆（89.48%），比例最低的三个省是湖南

（62.90%）、河南（59.57%）、河北（52.11%）。具体情况见表 2－2－3 和图 2－2－3。

表 2－2－3　　水利机关法人单位从业人员学历地区分布表　　单位：人

地区	合计	博士研究生	硕士研究生	大学本科	大学专科	中专	高中及以下
合计	125176	212	3050	41121	44255	15539	20999
北京	1449	58	227	764	221	48	131
天津	701	5	55	346	130	68	97
河北	12252	2	79	2575	3728	2088	3780
山西	4717	3	40	1187	1843	738	906
内蒙古	4481	2	95	1654	1528	530	672
辽宁	2264	1	125	1081	820	108	129
吉林	1501	3	87	594	547	165	105
黑龙江	4379	9	105	1698	1629	593	345
上海	735	12	141	419	126	26	11
江苏	3842	14	194	1862	1087	240	445
浙江	3985	0	123	1866	1258	286	452
安徽	3275	2	81	1136	1198	378	480
福建	1984	8	48	890	659	176	203
江西	4400	6	67	969	1878	574	906
山东	10821	8	190	3747	3461	1752	1663
河南	8431	4	129	1986	2903	1397	2012
湖北	4193	6	125	1393	1778	364	527
湖南	9657	6	90	2473	3505	1481	2102
广东	6412	32	418	2698	2080	458	726
广西	1905	3	73	802	736	137	154
海南	728	1	23	217	272	55	160
重庆	2006	5	104	1047	639	111	100
四川	6707	6	94	1972	2703	866	1066

续表

地区	合计	博士研究生	硕士研究生	大学本科	大学专科	中专	高中及以下
贵州	4200	1	25	1262	1863	570	479
云南	6597	4	72	2169	2619	741	992
西藏	1519	2	35	395	540	190	357
陕西	2481	2	73	784	948	325	349
甘肃	4127	5	46	1090	1516	478	992
青海	709	1	9	247	295	79	78
宁夏	1324	0	23	469	495	120	217
新疆	3394	1	54	1329	1250	397	363

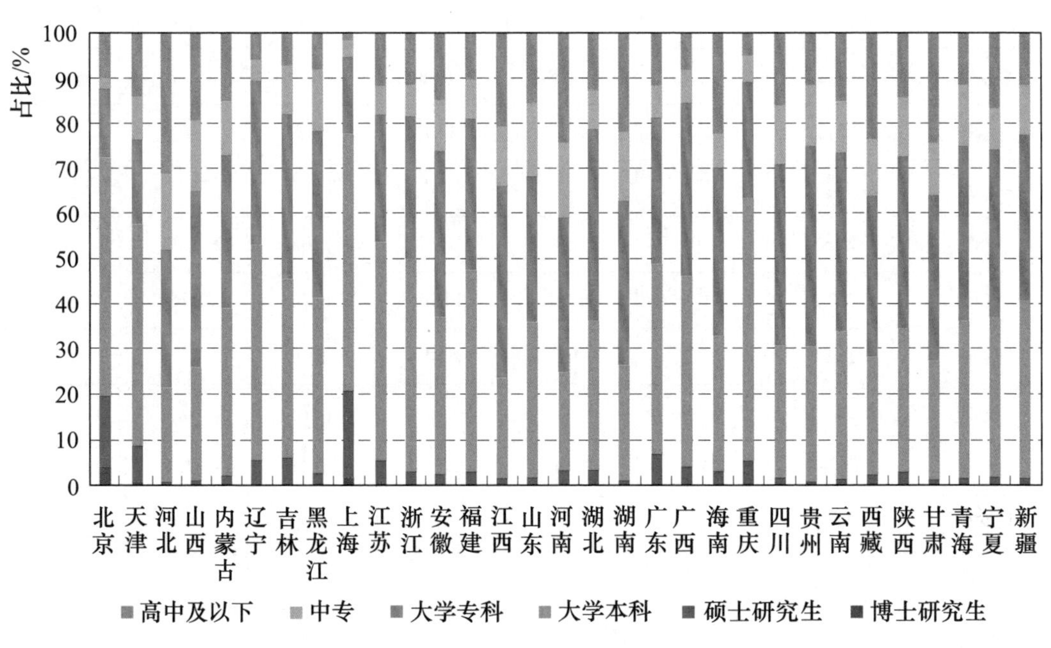

图 2-2-3　水利机关法人单位从业人员学历地区分布图

从人员年龄看，全国水利机关法人单位 46 岁以下从业人员有 7.3 万人，占 58.05%；分地区看，西藏、河北等省（自治区）的水利机关法人单位 46 岁以下从业人员所占比重较大，天津、湖北、吉林、辽宁、江西、重庆、广西等省（自治区、直辖市）46 岁及以上从业人员所占比重较大。具体情况见表 2-2-4 和图 2-2-4。

表 2-2-4 水利机关法人单位从业人员年龄地区分布表 单位：人

地区	合 计	56 岁及以上	46～55 岁	36～45 岁	35 岁及以下
合计	125176	12405	40103	44411	28257
北京	1449	133	456	436	424
天津	701	115	283	191	112
河北	12252	1149	2915	4299	3889
山西	4717	465	1502	1672	1078
内蒙古	4481	396	1732	1427	926
辽宁	2264	381	758	672	453
吉林	1501	228	601	463	209
黑龙江	4379	353	1655	1609	762
上海	735	98	239	249	149
江苏	3842	510	1365	1269	698
浙江	3985	405	1489	1204	887
安徽	3275	372	1248	1121	534
福建	1984	221	774	620	369
江西	4400	675	1620	1293	812
山东	10821	1079	3280	3874	2588
河南	8431	730	2581	3077	2043
湖北	4193	627	1705	1337	524
湖南	9657	1129	2850	3336	2342
广东	6412	590	1833	2405	1584
广西	1905	194	768	710	233
海南	728	82	239	267	140
重庆	2006	238	868	700	200
四川	6707	623	2271	2482	1331
贵州	4200	244	1338	1641	977
云南	6597	337	1837	2796	1627
西藏	1519	28	241	508	742
陕西	2481	339	933	863	346
甘肃	4127	356	1189	1524	1058
青海	709	50	220	297	142
宁夏	1324	100	363	569	292
新疆	3394	158	950	1500	786

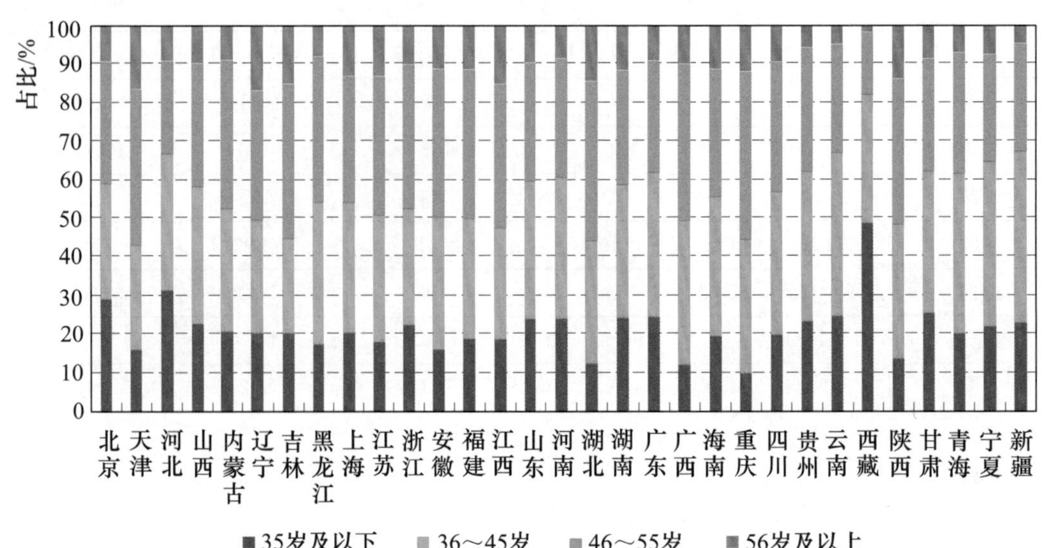

图 2-2-4　水利机关法人单位从业人员年龄地区分布图

从人员性别看，各省（自治区、直辖市）水利机关法人单位男性从业人员普遍较高，男性从业人员占比最高的是海南、陕西、江西三个省；男性从业人员占比最低的是河北、西藏、青海三个省（自治区）。具体情况见表 2-2-5 和图 2-2-5。

表 2-2-5　　水利机关法人单位从业人员性别地区分布表　　单位：人

地区	合计	女性	男性	地区	合计	女性	男性
合计	125176	31882	93294	河南	8431	2465	5966
北京	1449	438	1011	湖北	4193	819	3374
天津	701	183	518	湖南	9657	2109	7548
河北	12252	3863	8389	广东	6412	1489	4923
山西	4717	1461	3256	广西	1905	368	1537
内蒙古	4481	1271	3210	海南	728	111	617
辽宁	2264	500	1764	重庆	2006	420	1586
吉林	1501	341	1160	四川	6707	1798	4909
黑龙江	4379	1238	3141	贵州	4200	1096	3104
上海	735	191	544	云南	6597	1752	4845
江苏	3842	718	3124	西藏	1519	488	1031
浙江	3985	831	3154	陕西	2481	390	2091
安徽	3275	709	2566	甘肃	4127	1094	3033
福建	1984	368	1616	青海	709	244	465
江西	4400	772	3628	宁夏	1324	344	980
山东	10821	2958	7863	新疆	3394	1053	2341

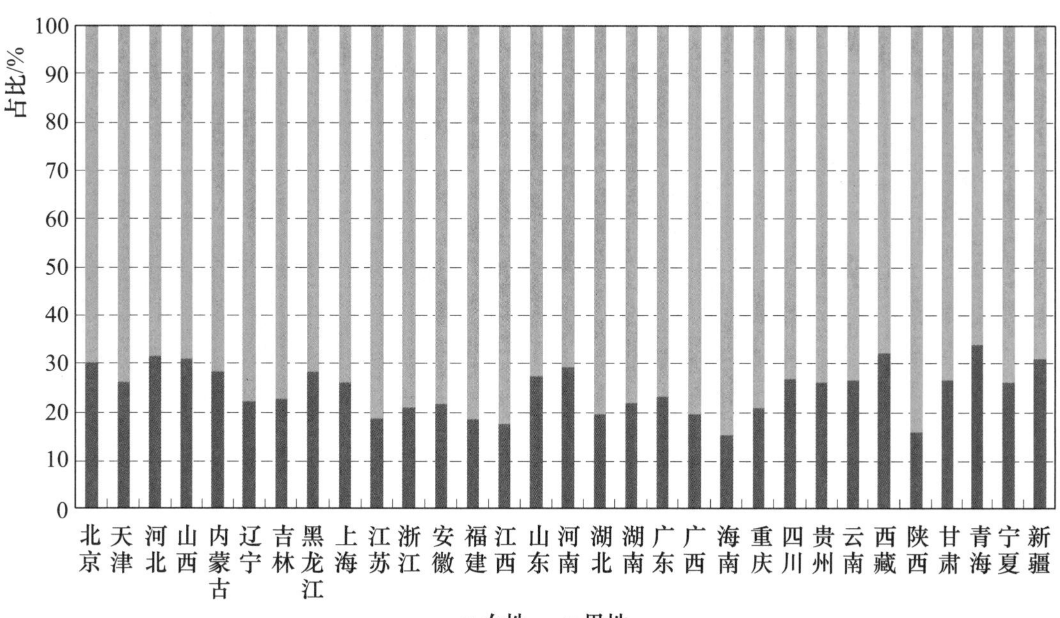

图 2-2-5　水利机关法人单位从业人员性别地区分布图

（二）东中西部水利机关法人单位从业人员状况

东部地区水利机关法人单位的总从业人数为 4.5 万人，中部地区 4.1 万人，西部 3.9 万人。具体情况如图 2-2-6 所示。

从人员学历看，西部地区水利机关法人单位的大学专科及以上学历从业人员比例最高，比重为 73.73%，中部地区为 67.76%，东部地区为 71.00%。具体情况见表 2-2-6。

表 2-2-6　　水利机关法人单位从业人员学历区域分布表

学历结构	东部		中部		西部	
	人员数量/人	占比/%	人员数量/人	占比/%	人员数量/人	占比/%
合计	45173	100	40553	100	39450	100
博士研究生	141	0.31	39	0.10	32	0.08
硕士研究生	1623	3.59	724	1.79	703	1.78
大学本科	16465	36.45	11436	28.20	13220	33.51
大学专科	13842	30.64	15281	37.68	15132	38.36
中专	5305	11.74	5690	14.03	4544	11.52
高中及以下	7797	17.26	7383	18.21	5819	14.75

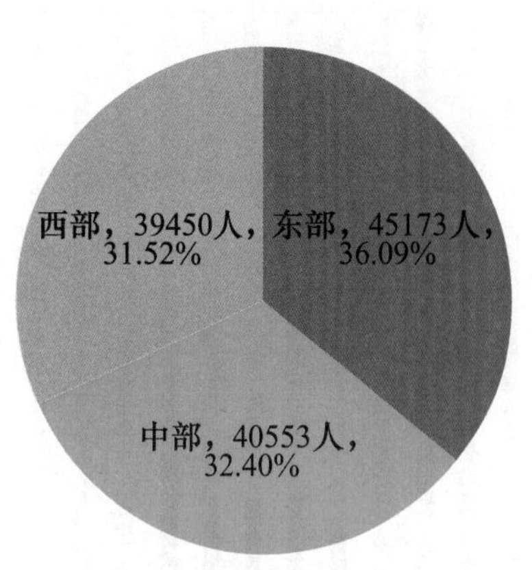

图 2-2-6 水利机关法人单位从业人员数量区域分布图

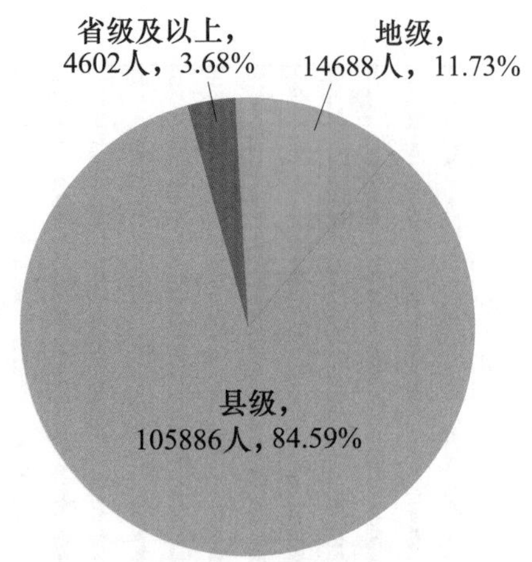

图 2-2-7 不同隶属关系水利机关法人单位从业人员数量分布图

三、不同单位人员分布情况

（一）不同隶属关系单位的人员分布情况

省级及以上水利机关法人单位的从业人员有 0.46 万人，占水利机关法人单位从业人员总量的 3.68%；地级水利机关法人单位为 1.47 万人，所占比重为 11.73%；县级水利机关法人单位为 10.59 万人，所占比重为 84.59%。具体情况如图 2-2-7 所示。

从平均人数看，省级及以上单位人数最多，平均有 90 人；地级单位平均为 36 人，县级单位平均为 34 人。

从人员学历看，全国水利机关法人单位中共有 212 名博士研究生、3050 名硕士研究生和 41121 名大学本科学历人员。大学本科及以上学历的从业人员 7.55%在省级及以上单位、20.58%在地级单位、71.87%在县级单位。从不同级别单位来看，省级及以上水利机关法人单位具有大学本科以上学历的人有 3351 人，占本级水利机关法人单位总人数的 72.82%；地级单位中具有大学本科以上学历的人有 9136 人，占 62.20%；县级单位中具有大学本科以上学历的人有 31896 人，占 30.12%。数据表明，水利机关法人单位级别越高，其高学历人员所占比重越高。具体情况见表 2-2-7 和图 2-2-8。

表 2-2-7 不同隶属关系水利机关法人单位从业人员学历分布表 单位：人

学历结构	合计	省级及以上	地 级	县 级
合 计	125176	4602	14688	105886
博士研究生	212	122	49	41

续表

学历结构	合计	省级及以上	地　级	县　级
硕士研究生	3050	771	911	1368
大学本科	41121	2458	8176	30487
大学专科	44255	697	3779	39779
中专	15539	218	681	14640
高中及以下	20999	336	1092	19571

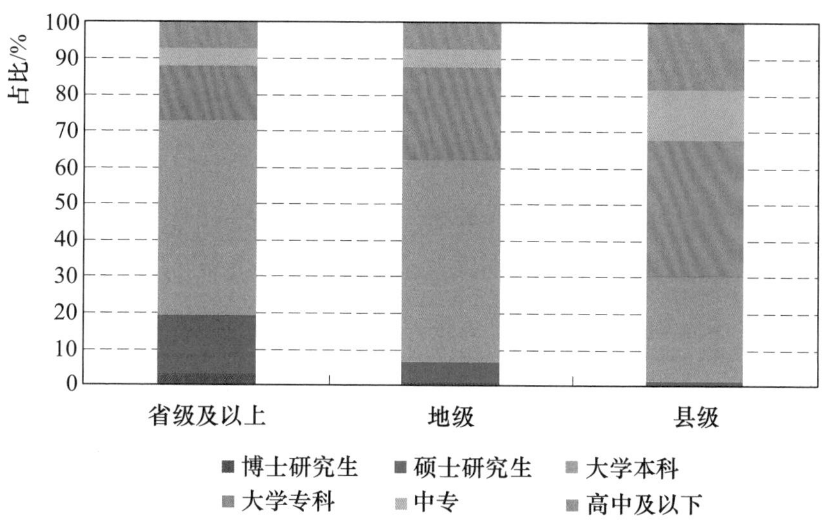

图 2-2-8　不同隶属关系水利机关法人单位从业人员学历分布图

从人员年龄看，各级水利机关法人单位从业人员均集中在 36～45 岁和 46～55 岁两个年龄段。46 岁及以上年龄段，地级单位人员所占比例最高，县级单位人员所占比例最低；35 岁及以下年龄段，县级单位人员所占比例最高，地级单位人员所占比例最低。具体情况见表 2-2-8 和图 2-2-9。

表 2-2-8　不同隶属关系水利机关法人单位从业人员年龄分布表　　单位：人

年龄类型	合　计	省级及以上	地　级	县　级
合　计	125176	4602	14688	105886
56 岁及以上	12405	537	1690	10178
46～55 岁	40103	1642	5618	32843
36～45 岁	44411	1544	4882	37985
35 岁及以下	28257	879	2498	24880

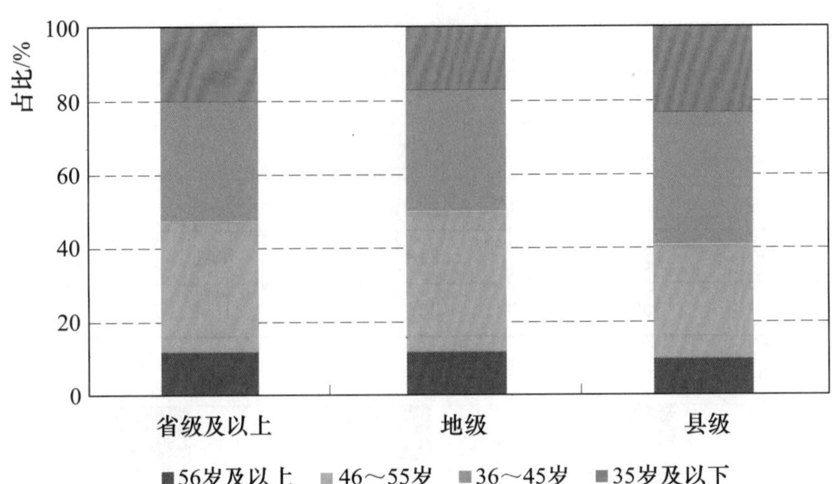

图 2-2-9　不同隶属关系水利机关法人单位从业人员年龄分布图

从性别分布看，水利机关法人单位中约 3/4 是男性从业人员。在不同级别单位中，从业人员的性别比差异不大。具体情况见表 2-2-9 和图 2-2-10。

表 2-2-9　不同隶属关系水利机关法人单位从业人员性别分布表　　单位：人

性别类型	合　计	省级及以上	地　级	县　级
合计	125176	4602	14688	105886
女性	31882	1070	3345	27467
男性	93294	3532	11343	78419

（二）水利部、厅（局）和水务厅（局）的人员分布情况

在全国水利机关法人单位中，水利部、厅（局）和水务厅（局）数量分别为 1447 个和 1444 个，从业人员均约 5.4 万人，单位人员规模基本一致。“其他”类型单位从业人员约 1.8 万人。学历情况见表 2-2-10 和图 2-2-11。

表 2-2-10　不同单位名称水利机关法人单位从业人员学历分布表　　单位：人

学历结构	合计	水利部、厅（局）	水务厅（局）	其他
合计	125176	53526	53679	17971
博士研究生	212	108	52	52
硕士研究生	3050	1272	997	781
大学本科	41121	17091	16596	7434
大学专科	44255	18895	19483	5877
中专	15539	6687	7200	1652
高中及以下	20999	9473	9351	2175

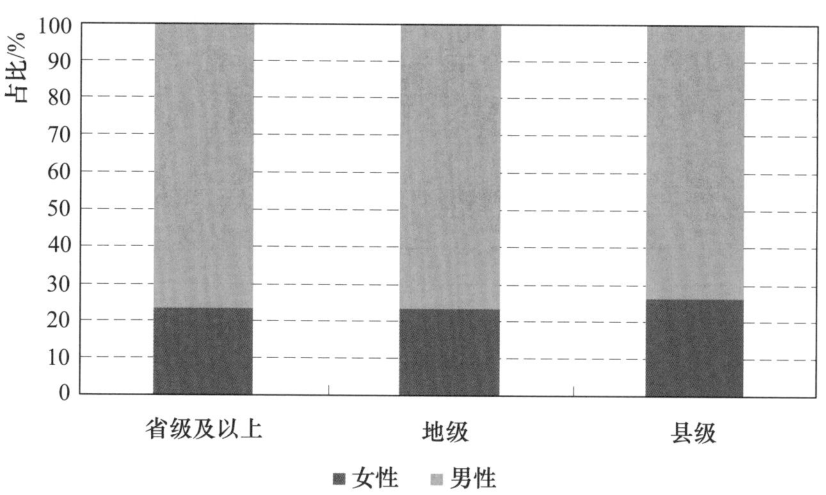

图 2-2-10 不同隶属关系水利机关法人单位从业人员性别分布图

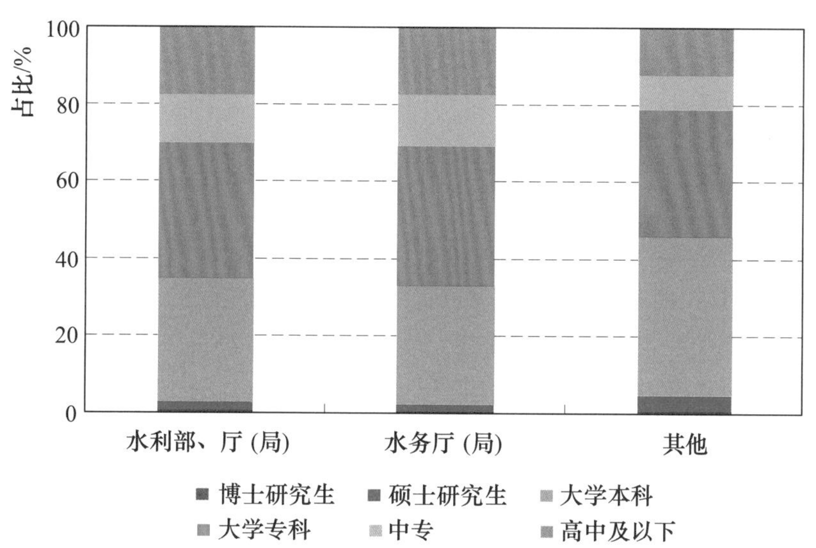

图 2-2-11 不同单位名称水利机关法人单位从业人员学历分布图

从人员年龄看，三类水利机关法人单位从业人员的年龄结构相差不大，“其他”类型单位 45 岁及以下年龄人数所占比例较高。具体情况见表 2-2-11。

表 2-2-11　不同单位名称水利机关法人单位从业人员年龄分布表　单位：人

年龄类型	合计	水利部、厅（局）	水务厅（局）	其他
合计	125176	53526	53679	17971
56 岁及以上	12405	5678	5309	1418
46～55 岁	40103	17652	17167	5284
36～45 岁	44411	18743	19167	6501
35 岁及以下	28257	11453	12036	4768

从人员性别看，“水利部、厅（局）”中男性所占比例最高，“其他”机关中女性所占比重最高。具体情况见表 2-2-12。

表 2-2-12　不同单位名称水利机关法人单位从业人员性别分布表　单位：人

性别类型	合计	水利部、厅（局）	水务厅（局）	其他
合计	125176	53526	53679	17971
男性	93294	40827	39539	12928
女性	31882	12699	14140	5043

第三节　计算机和网站拥有情况

一、总体情况

2011 年年底，水利机关法人单位年末在用计算机数共 88793 台，拥有网站 1567 个。其中，省级及以上水利机关法人单位拥有的计算机数和网站数分别为 6753 台和 63 个，分别占总量的 7.61%和 4.02%；地级水利机关法人单位拥有计算机数和网站数分别为 16776 台和 313 个，分别占总量的 18.89%和 19.97%；县级水利机关法人单位拥有的计算机数和网站数分别为 65264 台和 1191 个，分别占总量的 73.50%和 76.01%。具体情况见表 2-3-1。

表 2-3-1　不同隶属关系水利机关法人单位计算机和网站数量统计表

计算机和网络拥有数量	合　计	省级及以上	地　级	县　级
年末在用计算机数量/台	88793	6753	16776	65264
年末拥有网站数量/个	1567	63	313	1191

从平均拥有计算机和网站数来看，省级及以上单位平均每单位分别有 132 台计算机，地级和县级单位分别平均有 41 台、21 台计算机。

二、区域分布情况

从地区分布来看，广东、湖南、四川等省水利机关法人单位计算机数量在5000台以上；青海、海南、天津和宁夏等省（自治区、直辖市）水利机关法人单位计算机数量低于1000台。云南、河南、湖南等省水利机关法人单位网站数量在90个以上；青海、宁夏、天津、海南等省（自治区、直辖市）水利机关法人单位网站数量低于10个。具体情况见表2-3-2。

表2-3-2　水利机关法人单位计算机和网站数量地区分布表

地区	单位数量/个	计算机数量/台	网站数量/个	地区	单位数量/个	计算机数量/台	网站数量/个
合计	3586	88793	1567	河南	176	4104	97
北京	21	2082	17	湖北	154	3769	86
天津	17	862	5	湖南	151	5785	92
河北	171	3825	79	广东	167	6900	88
山西	128	2287	45	广西	128	2054	24
内蒙古	128	2556	52	海南	23	666	2
辽宁	116	1930	32	重庆	61	2250	55
吉林	73	1377	18	四川	224	5249	85
黑龙江	300	3348	29	贵州	118	3521	40
上海	22	1196	18	云南	160	4618	109
江苏	116	4171	77	西藏	84	1033	27
浙江	106	3948	76	陕西	116	1788	52
安徽	127	2857	57	甘肃	107	2186	34
福建	117	2411	52	青海	47	438	7
江西	115	2867	52	宁夏	27	910	6
山东	160	4992	81	新疆	126	2813	73

第三章　水利事业法人单位普查成果

本章从水利事业法人单位的机构、人员、计算机、科研状况、行业资质情况等几个方面介绍其数量和分布特征。

第一节　机　构　数　量

一、调查对象

水利事业法人单位是为了实现社会公益目的，由水利机关法人单位或其管理的法人单位，利用国有资产依法设立从事水利活动的组织。水利事业法人单位在水资源管理、水利工程管理、水利科研和后勤服务等各项事业中发挥着重要作用。

二、总体情况

2011 年年底，水利事业法人单位共有 32370 个，占全部水利法人单位总数的 61.72%。

按照隶属关系分，中央、省（自治区、直辖市）、地（区、市、州、盟）、县（区、市、旗）、乡（镇、街道）5 级事业法人单位中，省级及以上单位 1627 个，占比 5.03%；地级单位 3715 个，占比 11.48%；县级及以下单位 27028 个，占比 83.50%。具体情况如图 3－1－1 所示。

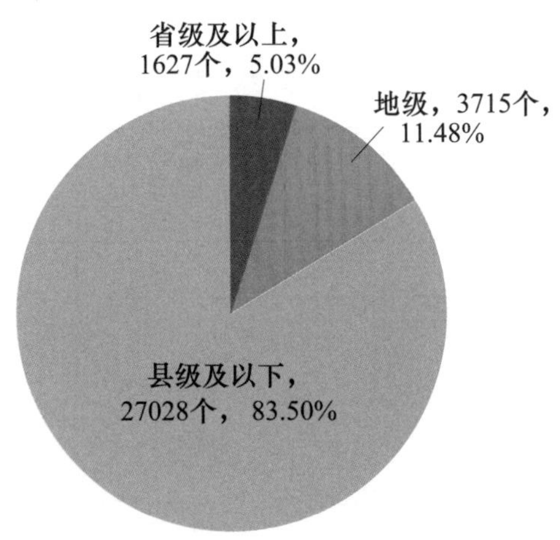

图 3－1－1　不同隶属关系水利事业法人单位分布图

按照人员规模分，我国水利事业法人单位人员数量在 30 人以下的有 26786 个，占全部水利事业法人单位总量的 82.7%；人员数量在 31～120 人的单位有 4734 个，占 14.6%；人员数量在 120 人以上的事业法人单位有 850 个，占 2.6%。具体情况如图 3－1－2 所示。

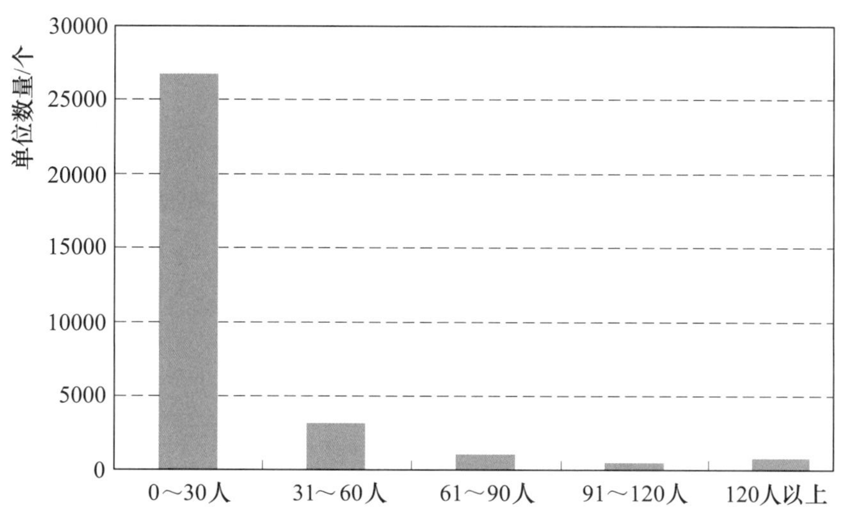

图 3-1-2　不同人员规模水利事业法人单位分布图

按照资产规模分，我国水利事业法人单位以资产在 50 万元以下的单位为主，共 17061 个，占事业法人单位总数的 52.7%；单位资产在 50 万（含）～1 亿元的单位 14477 个，占 44.7%；单位资产 1 亿元及以上的事业单位 832 家，占 2.6%。具体情况如图 3-1-3 所示。

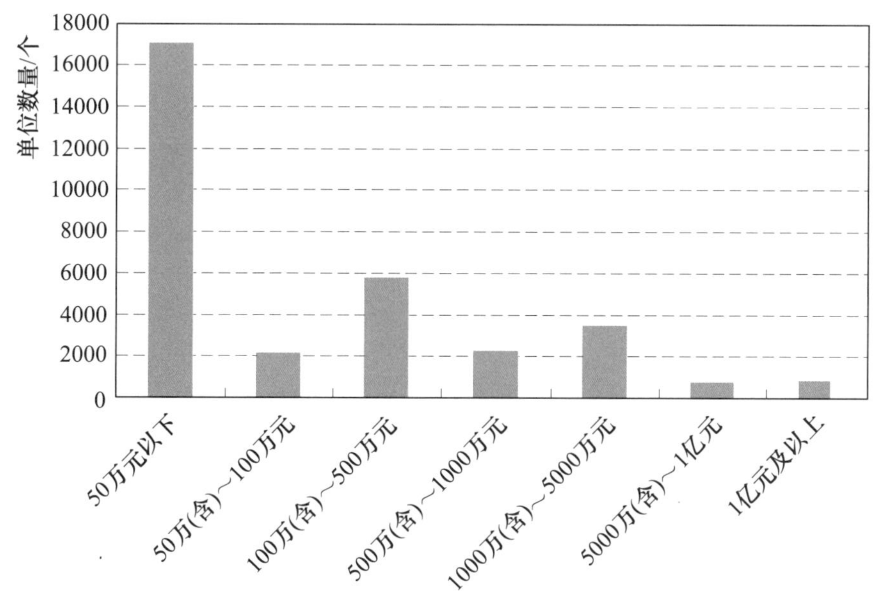

图 3-1-3　不同资产规模水利事业法人单位分布图

按照国家统计局《国民经济行业分类》(GB/T 4754—2002)，我国水利事业法人单位涉及多个行业大类，主要分布在水利管理业、国家机构、农林牧渔服务业、专业服务业四大类，属于以上四个行业的水利事业法人单位占全部水利事业法人单位的比重为 89.69%。其中，从事水利管理业的水利事业法人单位最多，有 20355 个，占全部水利事业法人单位的比重为 62.9%。具体情况如图 3-1-4 所示。

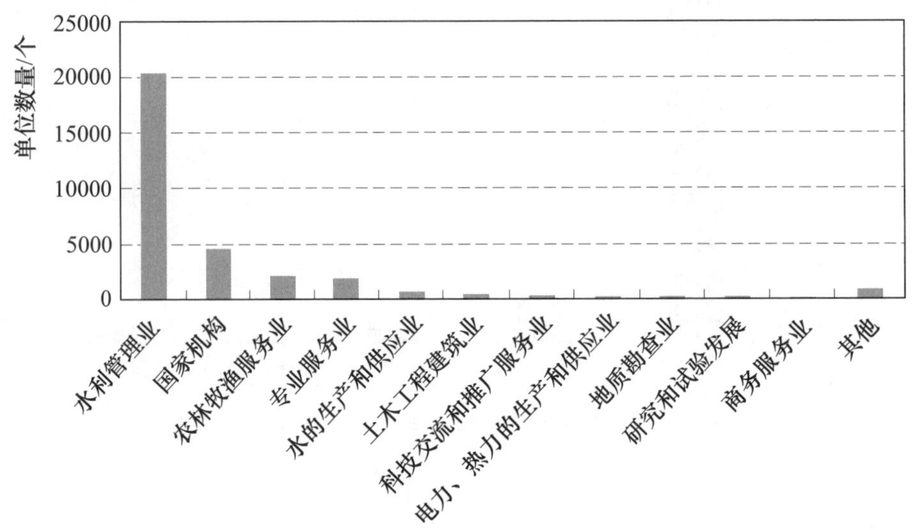

图 3-1-4　不同行业类别水利事业法人单位分布图

三、区域分布情况

从地区分布看，平均每省（自治区、直辖市）有 1044 个水利事业法人单位。单位数量最多的三个省是湖南（2333 个）、江苏（2134 个）、四川（1941 个）；单位数量最少的三个省（自治区、直辖市）是上海（210 个）、海南（148 个）、西藏（17 个）。具体情况如图 3-1-5 所示。

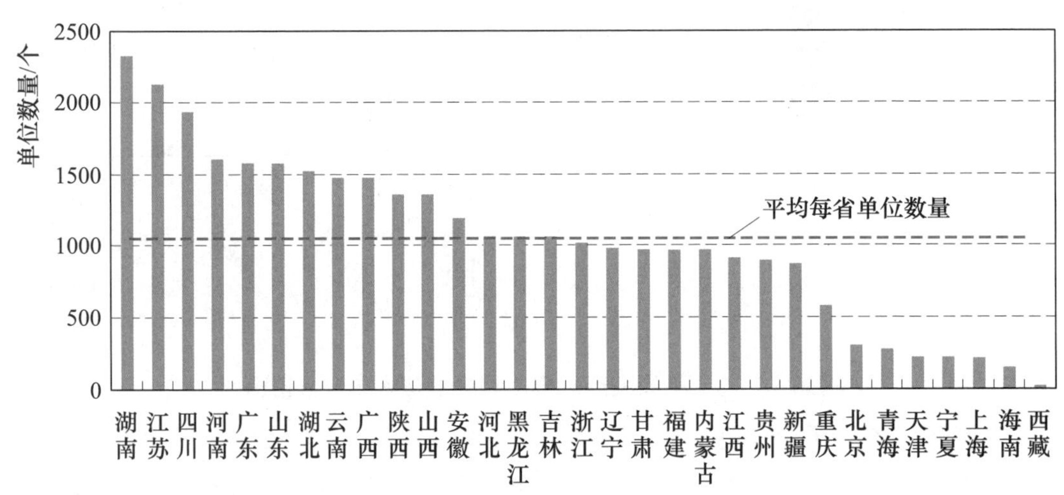

图 3-1-5　水利事业法人单位地区分布图

从水利事业法人单位的人员规模看，全国水利事业法人单位以人员数量60人及以下的单位为主，人员规模在60人以上的单位占7.57%；分地区看，人员规模在60人以上的单位比例最高的三个省（直辖市）是海南（16.2%）、天津（16.0%）、河南（14.9%），人员规模在60人以上的单位比例最小的四个省（直辖市）是青海（2.6%）、云南（2.0%）、贵州（1.9%）和重庆（1.9%）。具体情况见表3-1-1和图3-1-6。

表3-1-1　　不同人员规模水利事业法人单位地区分布表　　单位：人

地区	合计	0～30人	31～60人	61～90人	91～120人	120人以上
合计	32370	26786	3133	1087	514	850
北京	306	214	50	15	8	19
天津	219	147	37	12	8	15
河北	1071	778	170	55	26	42
山西	1358	1123	145	36	20	34
内蒙古	972	787	106	39	12	28
辽宁	986	807	92	34	22	31
吉林	1064	867	114	42	18	23
黑龙江	1070	865	108	50	25	22
上海	210	164	23	7	5	11
江苏	2134	1869	169	47	18	31
浙江	1017	908	61	29	9	10
安徽	1191	958	125	51	25	32
福建	977	888	59	16	6	8
江西	921	794	60	24	17	26
山东	1582	1227	172	72	45	66
河南	1606	1069	298	102	54	83
湖北	1523	1156	202	67	32	66
湖南	2333	1986	189	65	39	54
广东	1584	1261	189	72	23	39
广西	1474	1320	85	32	15	22
海南	148	97	27	11	6	7
重庆	580	555	14	5	3	3
四川	1941	1809	62	26	16	28
贵州	898	849	32	12	1	4
云南	1480	1384	66	20	6	4

续表

地区	合计	0～30人	31～60人	61～90人	91～120人	120人以上
西藏	17	14	1	1	0	1
陕西	1361	1020	222	61	19	39
甘肃	979	755	129	44	18	33
青海	274	257	10	5	1	1
宁夏	218	184	13	4	4	13
新疆	876	674	103	31	13	55

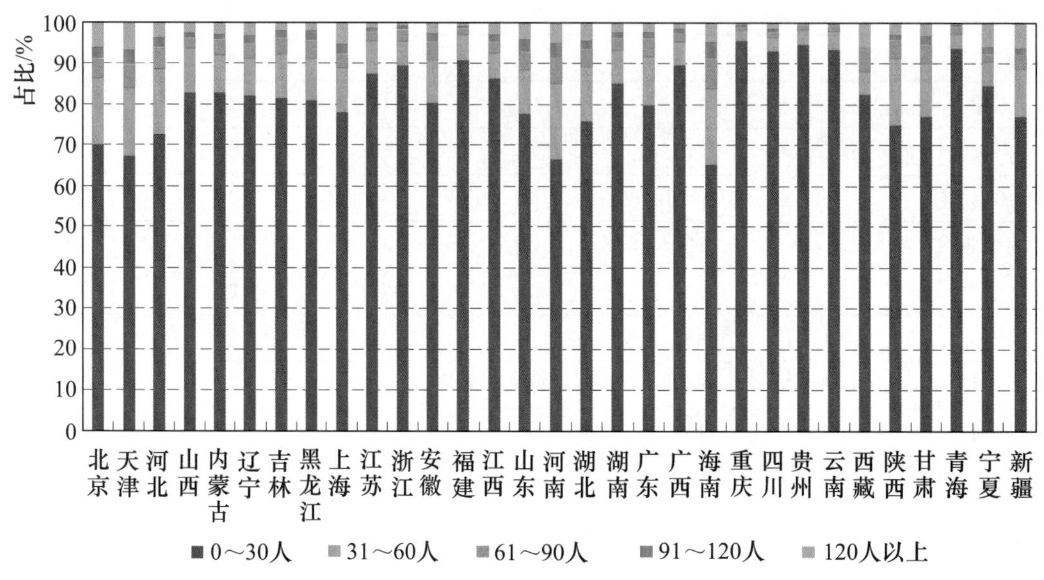

图3-1-6　不同人员规模水利事业法人单位地区分布图

从水利事业法人单位的资产规模看，单位资产在1000万元及以上的水利事业法人单位有5068个，占15.66%；分地区看，比例最高的三个省（直辖市）是北京（45.1%）、天津（42.0%）、上海（39.5%），比例最低的三个省（直辖市）是陕西（7.6%）、重庆（6.9%）、贵州（4.2%）。具体情况见表3-1-2和图3-1-7。

表3-1-2　　不同资产规模水利事业法人单位地区分布表　　单位：个

地区	合计	50万元以下	50万（含）～100万元	100万（含）～500万元	500万（含）～1000万元	1000万（含）～5000万元	5000万（含）～1亿元	1亿元及以上
合计	32370	17061	2149	5812	2280	3479	757	832
北京	306	55	12	62	39	84	24	30
天津	219	36	16	46	29	51	17	24

续表

地区	合计	50万元以下	50万（含）～100万元	100万（含）～500万元	500万（含）～1000万元	1000万（含）～5000万元	5000万（含）～1亿元	1亿元及以上
河北	1071	479	65	243	107	112	26	39
山西	1358	591	120	370	100	137	20	20
内蒙古	972	527	91	202	56	69	13	14
辽宁	986	492	141	193	54	69	17	20
吉林	1064	595	90	174	79	99	16	11
黑龙江	1070	660	84	165	39	92	20	10
上海	210	26	8	69	24	44	18	21
江苏	2134	456	164	604	318	389	112	91
浙江	1017	463	68	212	82	113	39	40
安徽	1191	523	71	218	86	186	41	66
福建	977	602	48	139	62	99	11	16
江西	921	567	47	149	58	68	17	15
山东	1582	809	65	216	98	224	64	106
河南	1606	896	137	278	87	122	35	51
湖北	1523	575	149	396	146	189	34	34
湖南	2333	1511	106	324	144	212	23	13
广东	1584	567	96	357	154	298	61	51
广西	1474	894	80	262	88	131	9	10
海南	148	21	9	47	25	38	5	3
重庆	580	379	35	108	18	29	6	5
四川	1941	1473	51	176	74	121	22	24
贵州	898	707	37	69	47	29	8	1
云南	1480	1038	59	139	65	131	31	17
西藏	17	5	1	5	3	2	1	0
陕西	1361	768	178	253	58	78	8	18
甘肃	979	496	65	178	77	127	22	14
青海	274	160	21	42	20	27	3	1
宁夏	218	157	7	14	10	18	5	7
新疆	876	533	28	102	33	91	29	60

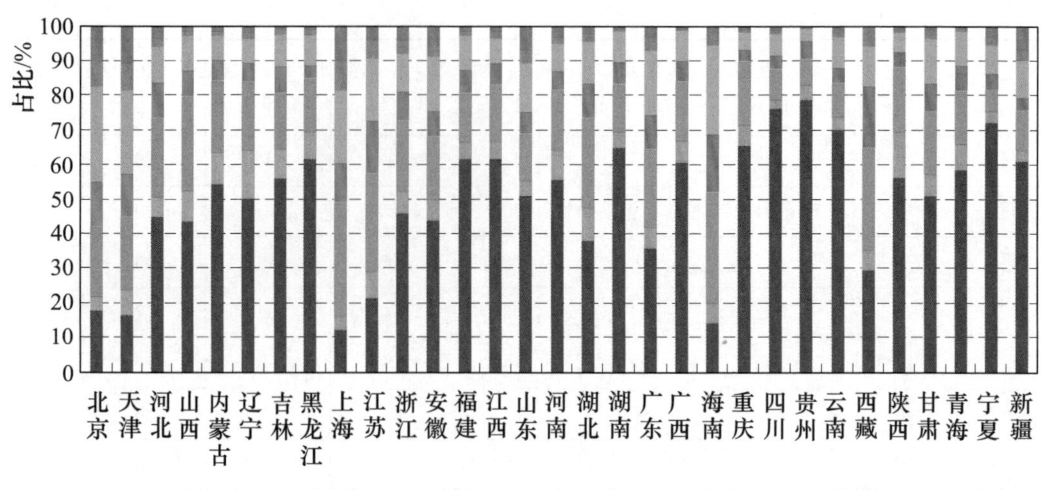

图 3-1-7　不同资产规模水利事业法人单位地区分布图

从水利事业法人单位的行业分布看，以水利管理业、国家机构类、农林牧渔服务业和专业服务类四个行业大类为主；分地区看，上述四类水利事业法人单位数量占各省（自治区、直辖市）水利事业法人单位总数量比例最高的三个省（直辖市）是重庆（97%）、云南（96%）、江西（96%），比例最低的三个省（自治区、直辖市）为天津（75%）、河北（75%）、西藏（71%）。具体情况见表 3-1-3 和图 3-1-8。

表 3-1-3　　不同行业类别水利事业法人单位地区分布表　　单位：个

地区	合计	农林牧渔服务业	电力、热力的生产和供应业	水的生产和供应业	土木工程建筑业	商务服务业	研究和试验发展	专业服务业	科技交流和推广服务业	地质勘查业	水利管理业	国家机构	其他（包含49个行业大类）
合计	32370	2147	276	669	461	147	210	1885	388	257	20355	4617	958
北京	306	0	0	11	6	5	6	35	3	2	175	34	29
天津	219	3	0	7	1	6	2	21	8	0	137	4	30
河北	1071	66	33	58	30	8	6	32	44	7	527	180	80
山西	1358	165	20	83	23	9	17	51	16	15	791	91	77
内蒙古	972	40	1	28	12	2	7	89	15	14	589	133	42
辽宁	986	58	5	12	20	4	7	77	33	7	523	221	19

续表

地区	合计	农林牧渔服务业	电力、热力的生产和供应业	水的生产和供应业	土木工程建筑业	商务服务业	研究和试验发展	专业服务业	科技交流和推广服务业	地质勘查业	水利管理业	国家机构	其他（包含49个行业大类）
吉林	1064	59	2	5	23	3	12	82	43	9	678	112	36
黑龙江	1070	132	3	14	11	2	9	66	1	7	677	112	36
上海	210	19	0	4	1	0	5	4	0	3	122	45	7
江苏	2134	151	4	9	30	8	16	50	13	15	1617	143	78
浙江	1017	15	26	2	12	4	3	77	15	14	592	243	14
安徽	1191	143	10	3	11	3	8	73	3	6	694	207	30
福建	977	27	14	4	7	1	8	52	11	17	589	240	7
江西	921	40	6	3	3	3	6	64	0	9	681	98	8
山东	1582	72	3	31	61	16	13	100	9	22	924	257	74
河南	1606	75	11	33	63	14	12	69	43	21	923	229	113
湖北	1523	38	8	10	21	14	11	95	27	8	984	253	54
湖南	2333	136	44	20	21	9	4	108	4	8	1639	309	31
广东	1584	56	36	25	6	4	6	71	0	3	1170	182	25
广西	1474	189	17	19	15	3	9	55	2	17	960	165	23
海南	148	6	4	1	0	0	0	5	0	1	108	17	6
重庆	580	11	0	2	1	3	2	42	1	2	459	53	4
四川	1941	46	6	31	4	2	5	94	44	5	1236	441	27
贵州	898	35	3	9	11	3	5	45	1	0	605	173	8
云南	1480	32	4	13	11	5	1	131	5	4	1067	192	15
西藏	17	0	2	0	1	0	1	3	0	0	3	6	1
陕西	1361	155	8	72	19	7	5	114	33	15	754	145	34
甘肃	979	111	4	74	20	2	13	85	3	8	451	180	28
青海	274	13	0	11	8	3	0	16	2	5	177	37	2
宁夏	218	14	0	3	5	1	1	29	0	1	142	19	3
新疆	876	240	2	72	4	3	10	50	9	12	361	96	17

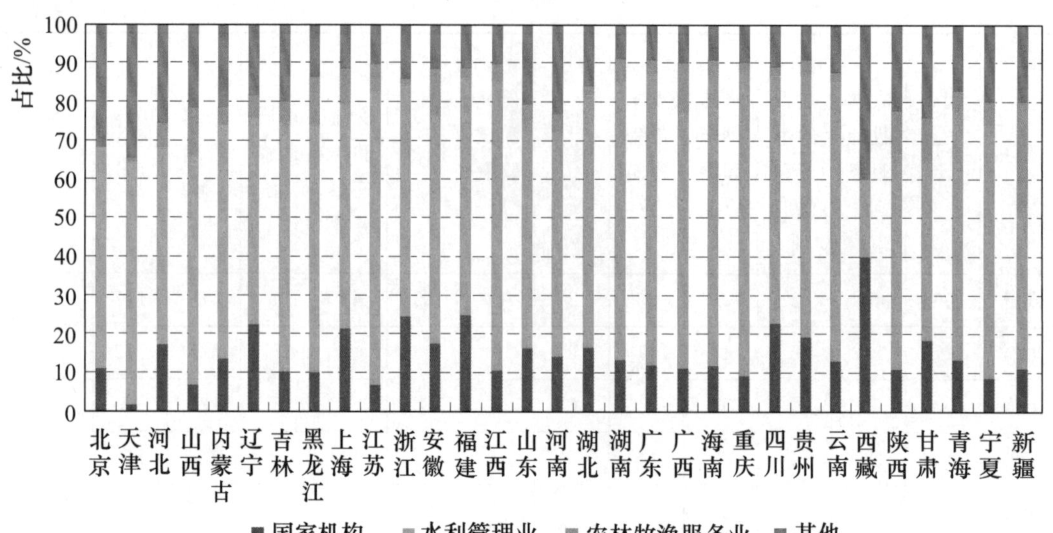

图 3-1-8　不同行业类别水利事业法人单位地区分布图

从区域分布来看，东部地区水利事业法人单位 10234 个，平均每个省（直辖市）930 个；中部地区 11066，平均每个省 1383 个；西部地区 11070 个，平均每个省（自治区、直辖市）923 个。具体情况如图 3-1-9 所示。

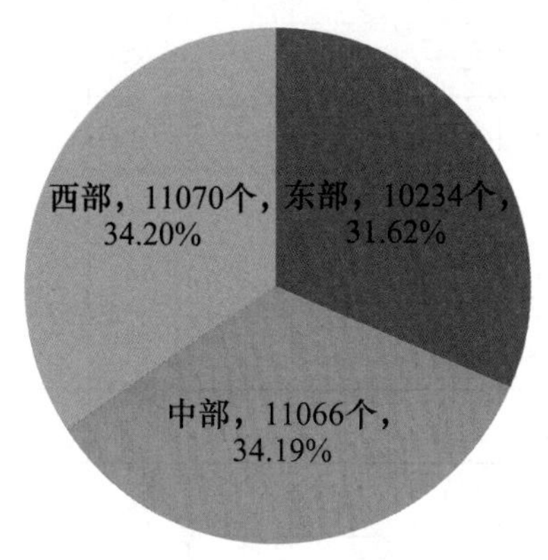

图 3-1-9　水利事业法人单位区域分布图

第二节　人　员　数　量

水利事业法人单位年末从业人员是指 2011 年年底在水利事业法人单位工作，并取得劳动报酬或收入的年末实有人员，包括在各级水利事业法人单位工作的在岗人员、兼职人员、再就业的离退休人员、借用的外单位人员等。

一、总体情况

我国水利事业法人单位2011年底共有从业人员72.2万人，占水利法人单位从业人员总数的51.9%，平均每个单位22人。

水利事业法人单位从业人员可分为具有博士研究生学历、硕士研究生学历、大学本科学历、大学专科学历、中专学历、高中及以下学历等6类。水利事业法人单位中具有大学专科及以上学历的从业人员占44.69%，具有大学本科及以上学历的从业人员占19.77%，具体情况如图3-2-1所示。

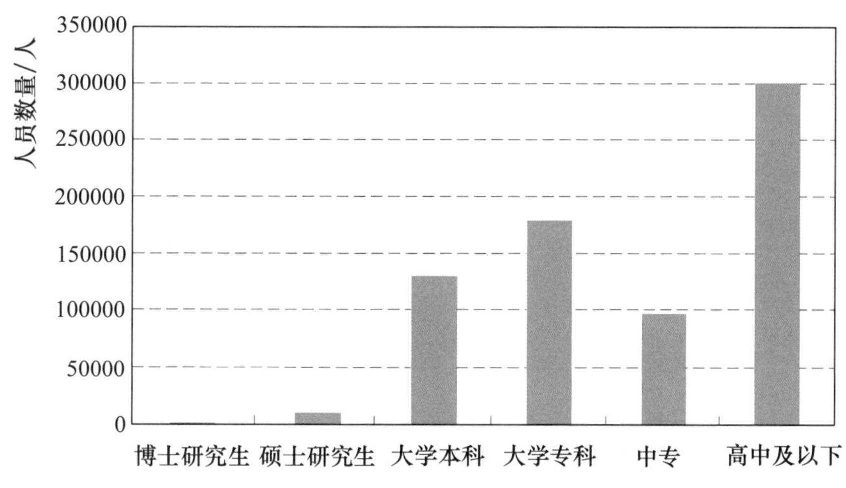

图3-2-1　水利事业法人单位从业人员学历分布图

水利事业法人单位从业人员的年龄分为56岁及以上、46～55岁、36～45岁、35岁及以下4类。水利事业法人单位从业人员的年龄和性别分布情况见表3-2-1。由表可见，水利事业法人单位从业人员的年龄主要集中在36～45岁，为28.0万人，占38.8%；从性别分布看，男性从业人员有51.4万人，占比71.2%。

表3-2-1　　水利事业法人单位从业人员年龄及性别分布表

年龄和性别类型		人员数量/人	占比/%
年龄	合计	721855	100.0
	56岁及以上	56358	7.81
	46～55岁	189947	26.31
	36～45岁	279937	38.78
	35岁及以下	195613	27.10
性别	合计	721855	100.0
	女性	208021	28.82
	男性	513834	71.18

按照专业技术职称划分标准，水利事业法人单位从业人员的职称分为高级、中级、初级3类。水利事业法人单位从业人员中有26.2万人具有专业技术职称，占全部从业人员的36.25%。具有专业技术职称从业人员中，具有高级职称的有4.0万人，占全部从业人员的5.59%，占具有专业技术职称从业人员的15.42%；中级职称9.7万人，占全部从业人员的13.44%，占具有专业技术职称从业人员的37.07%；初级职称12.4万人，占全部从业人员的17.22%，占具有专业技术职称从业人员的47.51%。具体情况如图3-2-2所示。

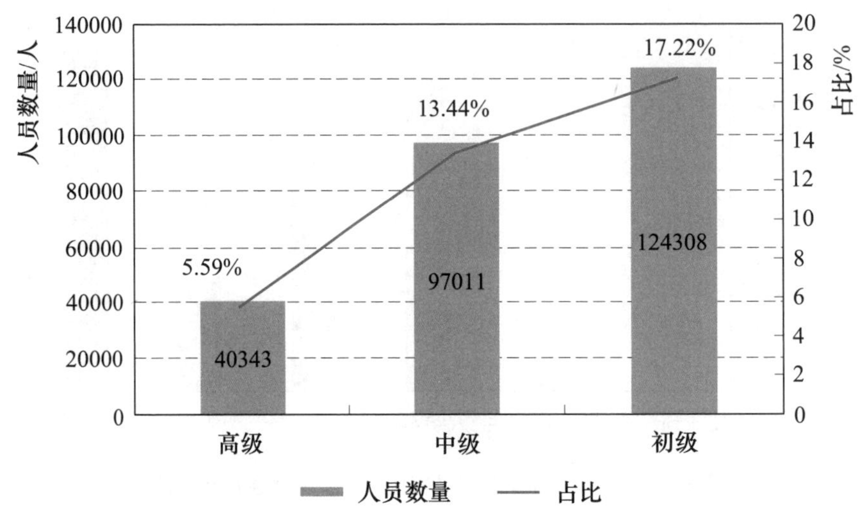

图3-2-2　水利事业法人单位从业人员专业技术职称分布图

按照技术等级划分标准，水利事业法人单位工人技术等级分为高级技师、技师、高级工、中级工、初级工5类。水利事业法人单位有37.6万工人，其中，具有技术等级的有33.5万人，具有高级技师技术等级的有0.4万人，占全部从业人员的0.53%，占具有技术等级工人的1.15%；技师2.5万人，占全部从业人员的3.44%，占具有技术等级工人的7.41%；高级工13.4万人，占全部从业人员的18.57%，占具有技术等级工人的40.03%；中级工9.7万人，占全部从业人员的13.49%，占具有技术等级工人的29.07%；初级工7.5万人，占全部从业人员的10.37%，占具有技术等级工人的22.35%。具体情况如图3-2-3所示。

二、区域分布情况

分地区看，平均每个省（自治区、直辖市）水利事业法人单位的从业人员2.3万人，从业人员数最多的三个省是河南（59337人）、湖北（45165

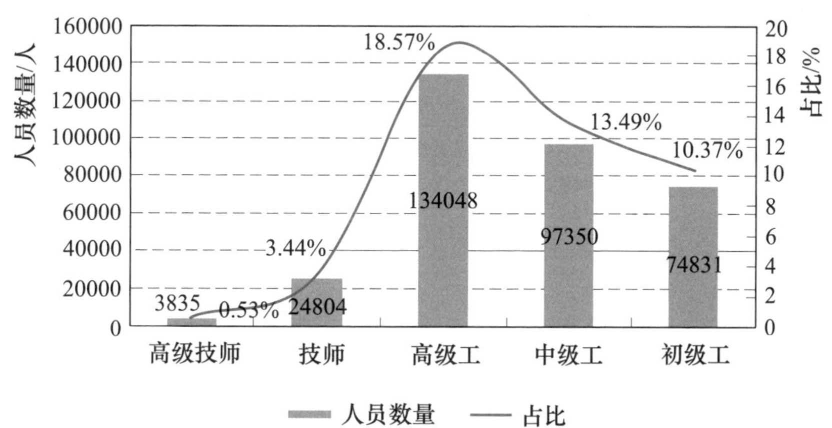

图 3-2-3　水利事业法人单位从业人员中工人技术等级分布图

人）、山东（44966 人）；从业人员数最少的三个省（自治区、直辖市）是重庆（5618 人）、青海（3889 人）、西藏（483 人）。具体情况如图 3-2-4 所示。

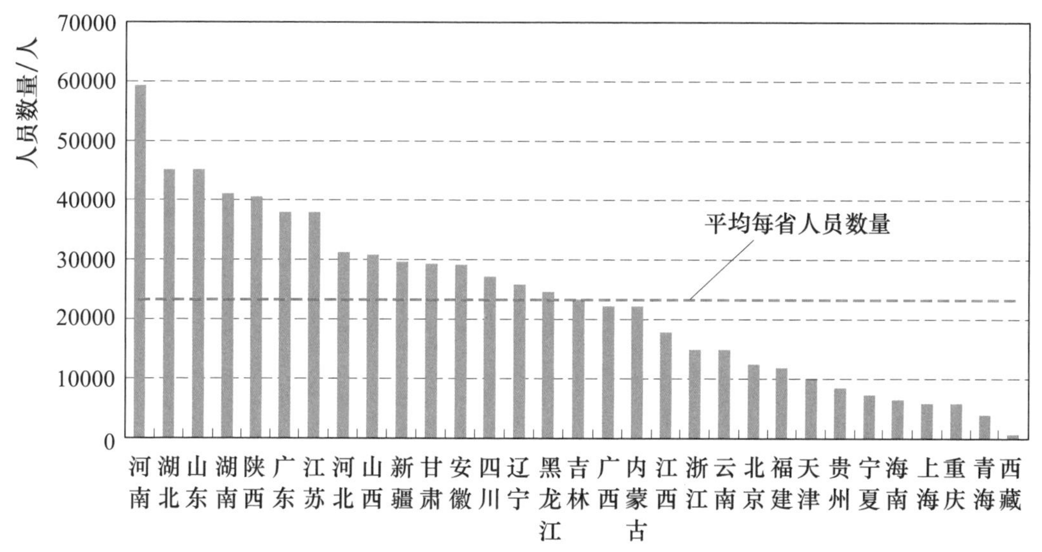

图 3-2-4　水利事业法人单位从业人员数量地区分布图

从人员学历看，全国水利事业法人单位从业人员中，具有大专及以上学历的从业人员占 44.69％；分地区看，大专及以上学历从业人员所占比例最高的三个省（直辖市）是贵州（66.54％）、北京（64.26％）、云南（63.15％），占比最低的三个省是广东（36.98％）、湖南（31.31％）、海南（18.37％）。分地区水利事业法人单位从业人员学历分布见表 3-2-2 和图 3-2-5。

表 3-2-2 水利事业法人单位从业人员学历地区分布表 单位：人

地区	合计	博士研究生	硕士研究生	大学本科	大学专科	中专	高中及以下
合计	721855	1441	10575	130710	179873	97977	301279
北京	12518	489	941	3769	2845	1153	3321
天津	9806	23	312	3347	1681	991	3452
河北	31319	6	256	5392	7331	4987	13347
山西	30810	10	312	4952	7558	3782	14196
内蒙古	22106	16	250	4204	6476	2246	8914
辽宁	25886	34	482	5507	6258	2638	10967
吉林	23324	27	273	3564	5255	3816	10389
黑龙江	24644	11	292	4580	5869	3649	10243
上海	5718	21	233	1971	1358	382	1753
江苏	37657	148	710	6903	9199	3433	17264
浙江	14872	70	673	4411	3790	1303	4625
安徽	29209	21	382	3446	7213	4430	13717
福建	11748	3	153	2699	2851	1583	4459
江西	17817	20	197	2749	3787	2000	9064
山东	44966	34	725	13143	11104	7281	12679
河南	59337	73	644	9327	13416	7792	28085
湖北	45165	207	851	6009	10943	6647	20508
湖南	41166	9	301	4211	8369	7680	20596
广东	38014	136	924	5313	7683	5193	18765
广西	22250	11	300	3652	5690	3714	8883
海南	6414	1	19	395	763	383	4853
重庆	5618	2	85	1330	1944	554	1703
四川	27134	32	459	5541	8949	3516	8637
贵州	8351	4	72	2388	3093	1033	1761
云南	14766	5	108	3706	5505	1914	3528
西藏	483	1	8	111	158	76	129
陕西	40700	9	264	5347	10963	5751	18366
甘肃	29405	13	118	4867	8260	3760	12387
青海	3880	0	10	767	1450	623	1030
宁夏	7304	2	45	1549	2658	1011	2039
新疆	29468	3	176	5560	7454	4656	11619

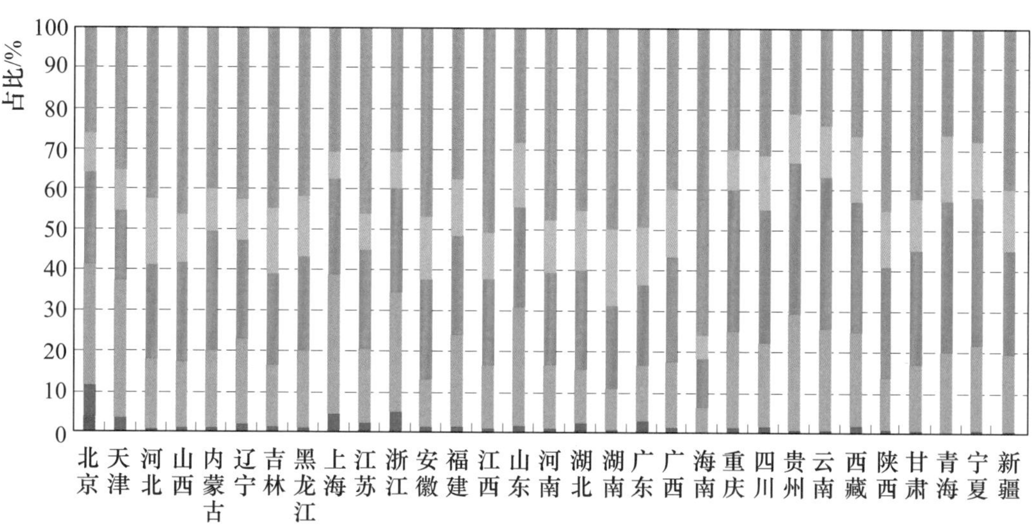

图 3-2-5 水利事业法人单位从业人员学历地区分布图

从人员年龄看，全国水利事业法人单位从业人员中，46 岁以下从业人员占 65.88%；分地区看，46 岁以下从业人员所占比例最高的三个省（自治区）是西藏（76.81%）、河南（72.10%）、云南（71.65%），占比最低的三个省（直辖市）是海南（58.33%）、上海（57.78%）、天津（56.51%）。具体情况见表 3-2-3 和图 3-2-6。

表 3-2-3　　水利事业法人单位从业人员年龄地区分布表　　单位：人

地区	合计	56 岁及以上	46～55 岁	36～45 岁	35 岁及以下
合计	721855	56358	189947	279937	195613
北京	12518	1274	3697	3436	4111
天津	9806	1246	3019	2371	3170
河北	31319	2254	7256	11678	10131
山西	30810	2074	6944	12092	9700
内蒙古	22106	1515	7243	9247	4101
辽宁	25886	1922	7027	9564	7373
吉林	23324	2010	6543	9129	5642
黑龙江	24644	1910	7409	9730	5595
上海	5718	678	1736	1576	1728
江苏	37657	4080	11017	14063	8497
浙江	14872	1443	4556	4926	3947
安徽	29209	1653	7948	13158	6450

续表

地区	合计	56岁及以上	46～55岁	36～45岁	35岁及以下
福建	11748	948	3599	4616	2585
江西	17817	1572	4905	6598	4742
山东	44966	3678	13220	16657	11411
河南	59337	3367	13186	23353	19431
湖北	45165	4210	13574	17729	9652
湖南	41166	3186	9649	17389	10942
广东	38014	3478	10051	13563	10922
广西	22250	2018	5249	9230	5753
海南	6414	627	2046	2281	1460
重庆	5618	470	1463	2442	1243
四川	27134	2488	7152	10838	6656
贵州	8351	371	2056	3314	2610
云南	14766	702	3484	5912	4668
西藏	483	20	92	156	215
陕西	40700	3181	8388	15653	13478
甘肃	29405	1874	6877	12312	8342
青海	3880	311	971	1728	870
宁夏	7304	455	1842	3049	1958
新疆	29468	1343	7748	12147	8230

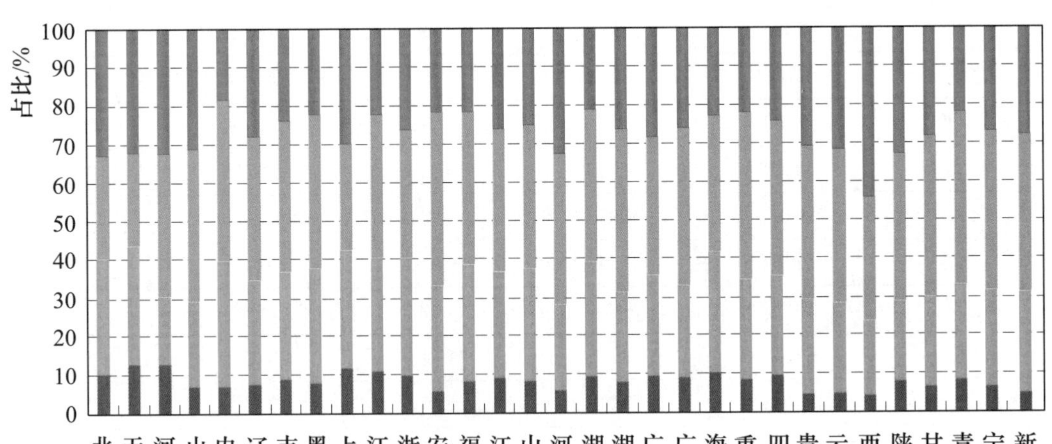

图3-2-6　水利事业法人单位从业人员年龄地区分布图

从人员性别看，全国水利事业法人单位从业人员中，女性从业人员占28.82%；分地区看，女性从业人员占比最高的三个省（直辖市）是北京（34.20%）、陕西（33.73%）、河南（32.86%），占比最低的三个省是江西（24.18%）、福建（23.65%）、江苏（23.60%）。具体情况见表3-2-4和图3-2-7。

表3-2-4 水利事业法人单位从业人员性别地区分布表 单位：人

地区	合计	男性	女性	地区	合计	男性	女性
合计	721855	513834	208021	河南	59337	39838	19499
北京	12518	8237	4281	湖北	45165	31729	13436
天津	9806	7124	2682	湖南	41166	30199	10967
河北	31319	21615	9704	广东	38014	28486	9528
山西	30810	21143	9667	广西	22250	16236	6014
内蒙古	22106	14969	7137	海南	6414	4612	1802
辽宁	25886	18526	7360	重庆	5618	3966	1652
吉林	23324	16647	6677	四川	27134	19031	8103
黑龙江	24644	17760	6884	贵州	8351	5834	2517
上海	5718	4165	1553	云南	14766	10786	3980
江苏	37657	28771	8886	西藏	483	334	149
浙江	14872	11076	3796	陕西	40700	26971	13729
安徽	29209	21442	7767	甘肃	29405	21116	8289
福建	11748	8970	2778	青海	3880	2722	1158
江西	17817	13508	4309	宁夏	7304	5211	2093
山东	44966	32476	12490	新疆	29468	20334	9134

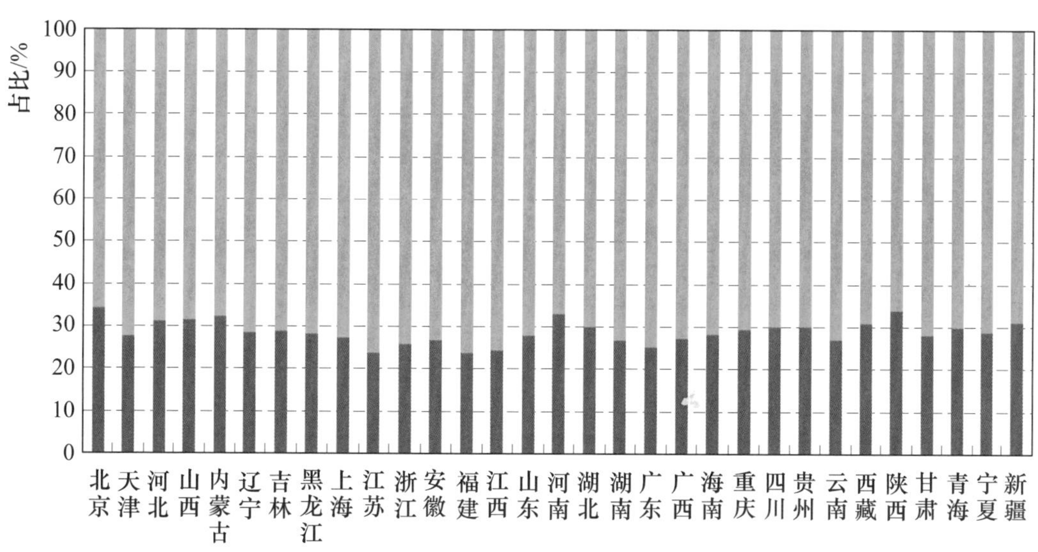

图3-2-7 水利事业法人单位从业人员性别地区分布图

从人员职称看，全国水利事业法人单位具有专业技术职称从业人员中，中级及以上技术职称的从业人员占52.49%；分地区看，中级及以上技术职称从业人员占具有专业技术职称从业人员比例最高的三个省（自治区）是内蒙古（64.93%）、浙江（61.69%）、黑龙江（61.23%）；最低的三个省（直辖市）是贵州（44.47%）、上海（43.98%）、海南（43.40%）。具体情况见表3-2-5和图3-2-8。

表3-2-5　水利事业法人单位从业人员专业技术职称地区分布表　　单位：人

地区	合计	高级		中级	初级
			正高级		
合计	261662	40343	5910	97011	124308
北京	5474	1534	450	1815	2125
天津	3995	1047	102	1248	1700
河北	10057	1953	302	3037	5067
山西	11390	1445	181	4066	5879
内蒙古	6778	1383	231	3018	2377
辽宁	10193	1713	430	4222	4258
吉林	9259	1670	327	3483	4106
黑龙江	9104	1736	292	3838	3530
上海	2169	240	36	714	1215
江苏	14247	1934	335	5352	6961
浙江	7397	1366	189	3197	2834
安徽	8807	1311	149	3329	4167
福建	4777	766	72	2084	1927
江西	5498	718	75	1869	2911
山东	23431	3522	374	8314	11595
河南	18146	3224	553	6407	8515
湖北	16509	2614	398	6548	7347
湖南	12275	1124	175	4534	6617
广东	9832	1549	217	2882	5401
广西	7883	809	91	3272	3802
海南	758	102	13	227	429
重庆	2191	303	20	974	914
四川	11593	1699	150	4575	5319

续表

地区	合计	高级		中级	初级
			正高级		
贵州	3816	306	54	1391	2119
云南	7826	725	67	3206	3895
西藏	254	49	6	76	129
陕西	13730	2041	204	4847	6842
甘肃	8522	885	106	2970	4667
青海	2303	296	31	863	1144
宁夏	3330	466	51	1257	1607
新疆	10118	1813	229	3396	4909

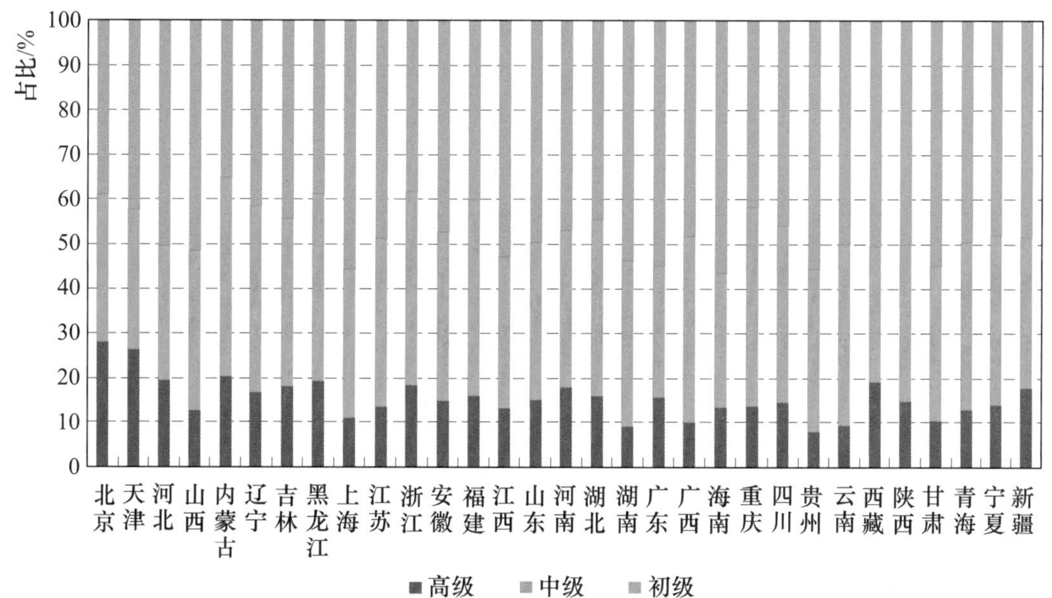

图 3-2-8 水利事业法人单位从业人员专业技术职称地区分布图

从工人技术等级看，全国水利事业单位具有技术等级从业人员中，具有技师及以上技术等级从业人员占8.55%；分地区看，技师及以上技术等级从业人员所占比例最高的三个省（自治区）是内蒙古（39.91%）、黑龙江（29.21%）、浙江（22.70%）；最低的三个省（直辖市）是天津（1.26%）、湖南（1.19%）、贵州（1.14%）。具体情况见表3-2-6和图3-2-9。

表 3-2-6　　水利事业法人单位从业人员中工人技术等级地区分布表

单位：人

地区	合计	高级技师	技师	高级工	中级工	初级工
合计	334868	3835	24804	134048	97350	74831
北京	2993	15	118	998	1189	673
天津	4359	0	55	3161	847	296
河北	17992	85	2298	7727	4133	3749
山西	15421	15	1915	2693	4555	6243
内蒙古	11270	1914	2584	4033	1295	1444
辽宁	10497	29	186	4578	3195	2509
吉林	7603	41	432	1367	2033	3730
黑龙江	9974	100	2813	2922	1781	2358
上海	1809	1	29	222	965	592
江苏	16957	33	674	8564	4483	3203
浙江	3815	24	842	1758	522	669
安徽	16950	106	183	8232	4764	3665
福建	5161	56	242	2507	1334	1022
江西	9367	7	322	3326	3064	2648
山东	14152	177	1051	5663	3951	3310
河南	35711	232	2431	17626	9096	6326
湖北	21544	176	4127	8131	4697	4413
湖南	25900	40	267	10484	10131	4978
广东	14750	106	142	5151	4754	4597
广西	11451	33	164	4579	4797	1878
海南	2208	29	28	297	949	905
重庆	2010	14	127	620	699	550
四川	10419	31	836	4621	3399	1532
贵州	1934	8	14	650	670	592
云南	5878	36	189	3273	1646	734
西藏	138	10	0	35	47	46
陕西	22222	223	1518	9767	7216	3498
甘肃	14384	20	245	4890	5272	3957
青海	1022	6	115	431	209	261
宁夏	3487	218	513	804	1442	510
新疆	13490	50	344	4938	4215	3943

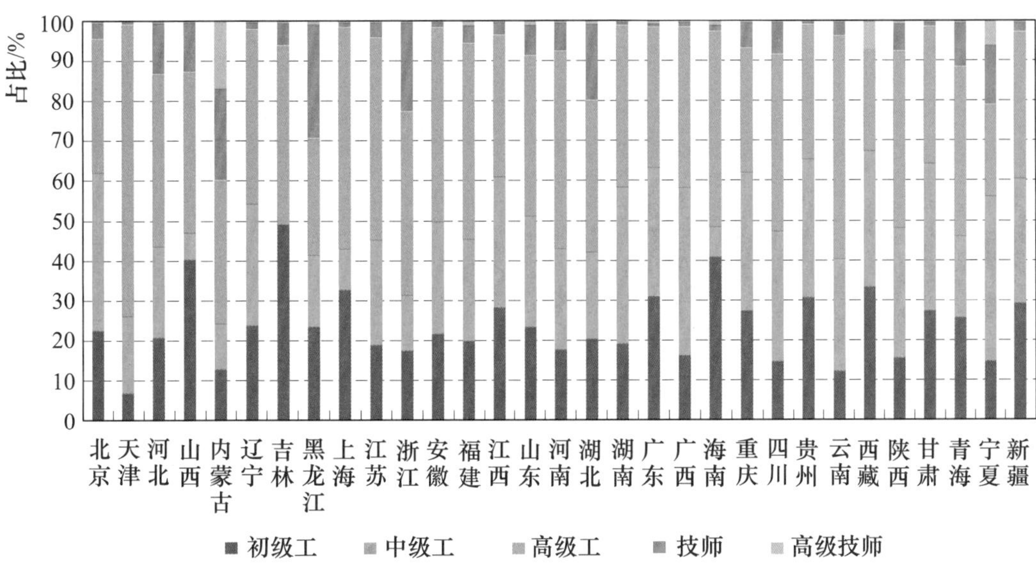

图 3－2－9　水利事业法人单位从业人员中工人技术等级地区分布图

分区域看，东部地区水利事业法人单位从业人员有 23.9 万人，中部地区有 27.1 万人，西部地区有 21.1 万人。具体情况如图 3－2－10 所示。

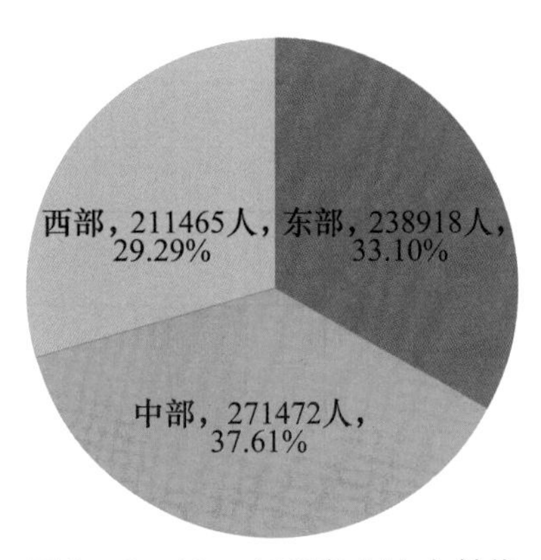

图 3－2－10　水利事业法人单位从业人员数量区域分布图

三、不同单位人员情况

（一）不同隶属关系单位的人员情况

中央级水利事业法人单位有从业人员 3.6 万人，占 5.03％；省级水利事业法人单位 10.3 万人，占 14.25％；地级水利事业法人单位 12.6 万人，占 17.47％；县级及以下水利事业法人单位 45.7 万人，占 63.24％。具体情况如图 3－2－11 所示。

从人员学历看，水利事业法人单位的隶属级别越高，其从业人员的学历水平越高。水利事业法人单位从业人员中具有大学本科及以上学历人员比重，全国为 19.77％，中央级水利事业法人单位为 44.40％，县级及以下水利事业法人单位为 10.61％。具体情况见表 3－2－7 和图 3－2－12。

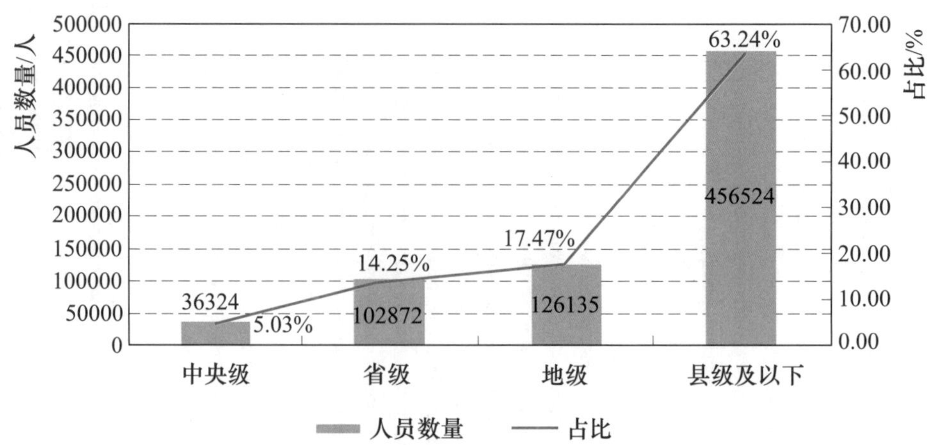

图 3-2-11 不同隶属关系水利事业法人单位从业人员数量分布图

表 3-2-7 不同隶属关系水利事业法人单位从业人员学历分布表 单位：人

隶属关系	合计	博士研究生	硕士研究生	大学本科	大学专科	中专	高中及以下
合计	721855	1441	10575	130710	179873	97977	301279
中央级	36324	939	2724	12466	8029	3304	8862
省级	102872	406	4776	36743	25111	9542	26294
地级	126135	74	2106	34042	34165	14096	41652
县级及以下	456524	22	969	47459	112568	71035	224471

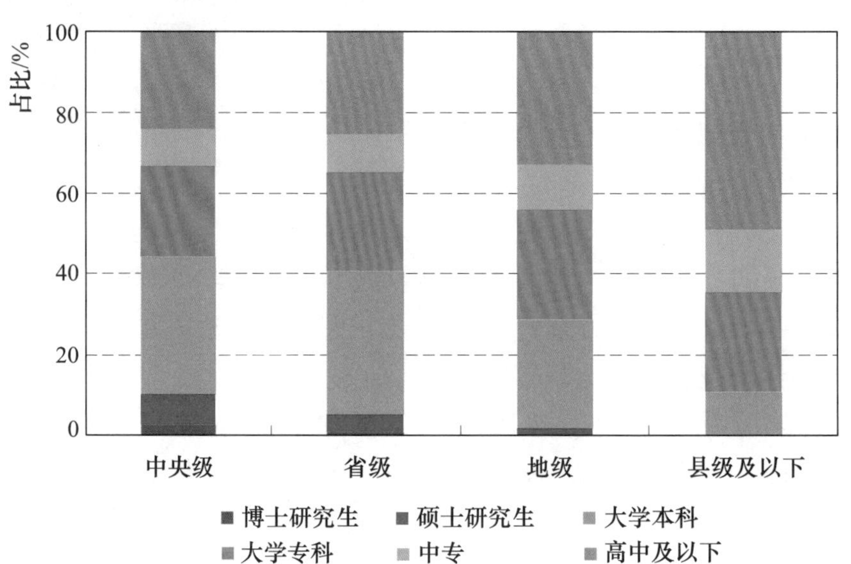

图 3-2-12 不同隶属关系水利事业法人单位从业人员学历分布图

从人员年龄看，中央级、省级、地级和县级事业单位从业人员均以 55 岁及以下人员为主。在四个级别单位中，56 岁及以上所占比重基本一致；在 46～55 岁年龄段，中央级单位所占比例最高，在 36～45 岁年龄段，县级单位所占比例最高，中央级单位最低。具体情况见表 3-2-8 和图 3-2-13。

表 3-2-8　不同隶属关系水利事业法人单位从业人员年龄分布表　　单位：人

隶属关系	合计	56 岁及以上	46～55 岁	36～45 岁	35 岁及以下
合计	721855	56358	189947	279937	195613
中央级	36324	2747	13663	10227	9687
省级	102872	7538	29608	35126	30600
地级	126135	9002	33381	48424	35328
县级及以下	456524	37071	113295	186160	119998

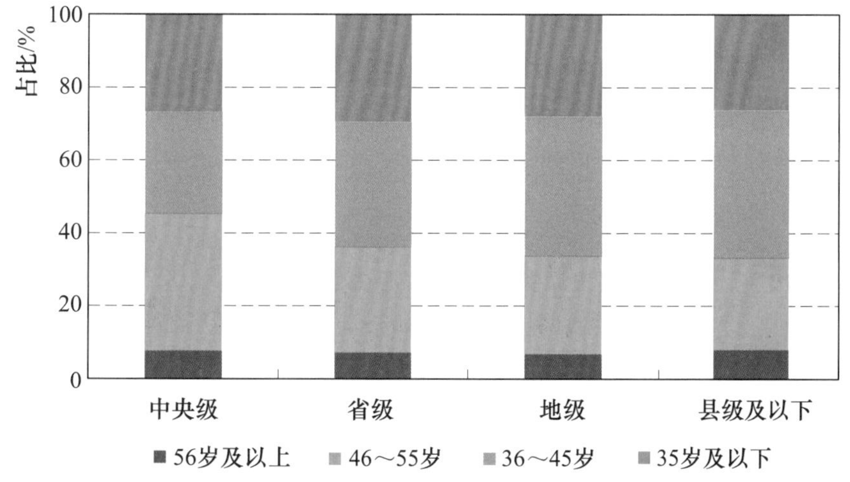

图 3-2-13　不同隶属关系水利事业法人单位从业人员年龄分布图

从人员性别看，中央级、省级、地级和县级事业法人单位中，男性从业人员均占 70%左右。具体情况见表 3-2-9 和图 3-2-14。

表 3-2-9　不同隶属关系水利事业法人单位女性从业人员数量分布图　　单位：人

隶属关系	合计	女性	男性	隶属关系	合计	女性	男性
合计	721855	208021	513834	地级	126135	38220	87915
中央级	36324	10530	25794	县级及以下	456524	128254	328270
省级	102872	31017	71855				

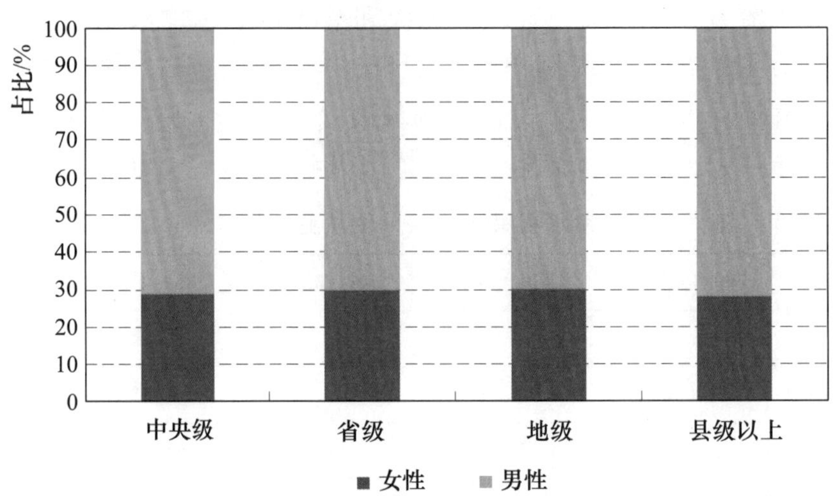

图 3-2-14 不同隶属关系水利事业法人单位从业人员性别分布图

从人员技术职称看，全国水利事业法人单位中，具有高级专业技术职称的从业人员占 15.42%；从不同隶属关系水利事业法人单位看，水利事业法人单位的隶属级别越高，具有高级专业技术职称从业人员占具有专业技术职称从业人员的比重也越高，其中，中央级水利事业法人单位具有高级专业技术职称从业人员的比重为 33.83%，县级及以下水利事业法人单位为 8.08%。具体情况见表 3-2-10 和图 3-2-15。

表 3-2-10 不同隶属关系水利事业法人单位从业人员专业技术职称分布表

单位：人

隶属关系	合计	高级	中级	初级
合计	261662	40343	97011	124308
中央级	21022	7112	7699	6211
省级	52928	12988	19872	20068
地级	50877	9189	21255	20433
县级及以下	136835	11054	48185	77596

从工人技术等级看，全国水利事业法人单位具有技术等级从业人员中，具有技师及以上技术等级从业人员占具有技术等级从业人员的比重为 8.55%；从不同隶属关系水利事业法人单位看，水利事业法人单位的隶属级别越高，具有技师及以上技术等级从业人员占具有技术等级从业人员的比重越高，中央级水利事业法人单位具有技师及以上技术等级从业人员的比重为 28.31%，县级及以下水利事业法人单位为 5.95%。具体情况见表 3-2-11 和图 3-2-16。

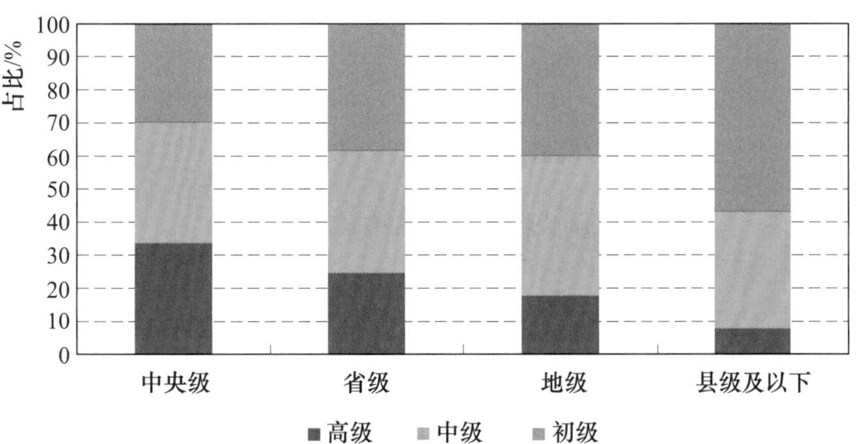

图 3-2-15　不同隶属关系水利事业法人单位从业人员专业技术职称分布图

表 3-2-11　不同隶属关系水利事业法人单位从业人员中工人技术等级分布图

单位：人

隶属关系	合计	高级技师	技师	高级工	中级工	初级工
合计	334868	3835	24804	134048	97350	74831
中央级	13025	325	3362	5641	2200	1497
省级	35316	593	3948	16628	9550	4597
地级	52592	1167	5336	22745	13616	9728
县级及以下	233935	1750	12158	89034	71984	59009

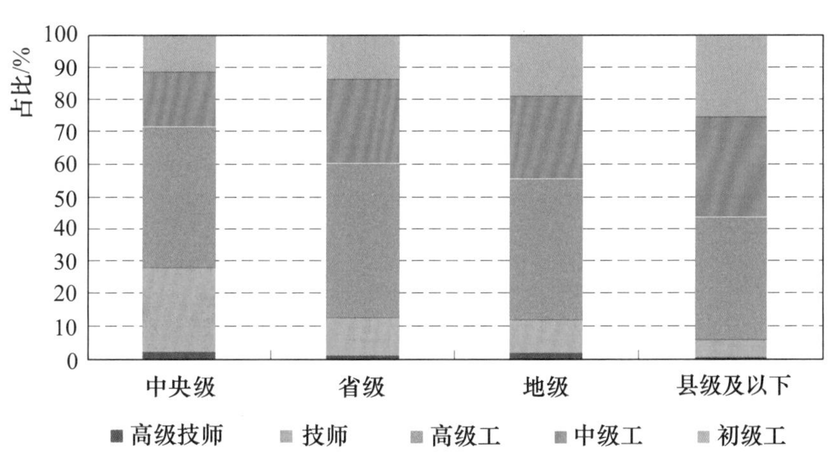

图 3-2-16　不同隶属关系水利事业法人单位从业人员中工人技术等级分布图

（二）不同规模单位的人员情况

1. 不同人员规模单位的人员情况

从人员规模看，0～30 人和 120 人以上的水利事业法人单位从业人员总数较多，占全部水利事业法人单位从业人员人数的 63%。具体情况如图 3-2-17 所示。

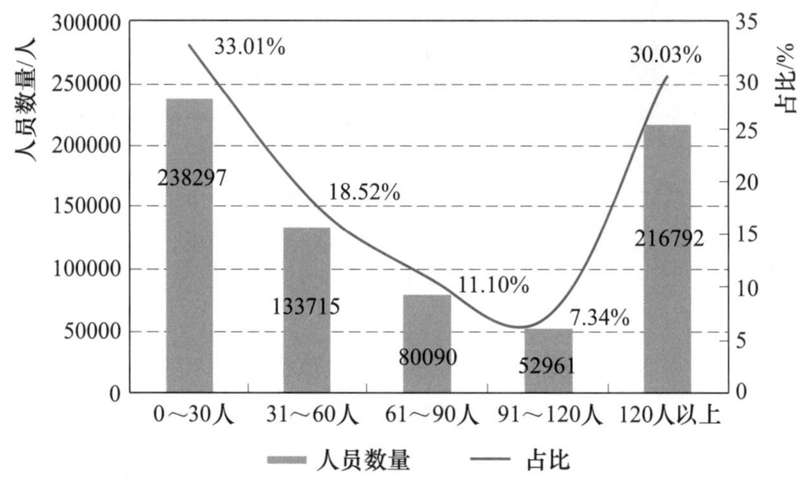

图 3-2-17　不同人员规模水利事业法人单位从业人员数量分布图

从人员学历看，人员规模在 120 人以上的水利事业法人单位中，大学本科及以上学历的从业人员占比最高，为 21.84%；人员规模 31～60 人的水利事业法人单位中大学本科及以上学历的从业人员占比最低，为 16.68%。具体见表 3-2-12 和图 3-2-18。

表 3-2-12　不同人员规模水利事业法人单位从业人员学历分布表　　单位：人

人员规模	合计	博士研究生	硕士研究生	大学本科	大专本科	中专	高中及以下
合计	721855	1441	10575	130710	179873	97977	301279
0～30 人	238297	152	2225	46421	71695	33922	83882
31～60 人	133715	120	1459	20718	31974	18123	61321
61～90 人	80090	89	1047	13146	17856	10956	36996
91～120 人	52961	56	633	9321	11704	7156	24091
120 人以上	216792	1024	5211	41104	46644	27820	94989

从人员年龄看，不同人员规模的水利事业法人单位中从业人员的年龄结构差异不大，都以 36～45 岁从业人员为主。具体情况见表 3-2-13 和图3-21-19。

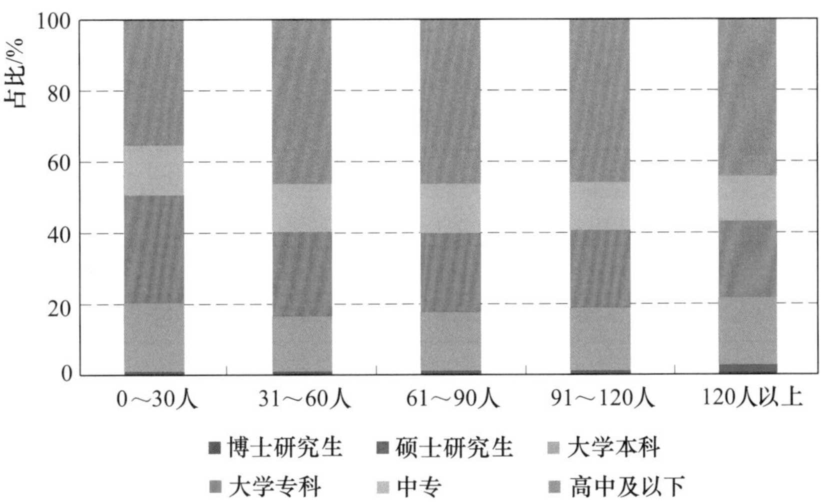

图 3-2-18　不同人员规模水利事业法人单位从业人员学历分布图

表 3-2-13　不同人员规模水利事业法人单位从业人员年龄分布表　　单位：人

人员规模	合　计	56 岁及以上	46～55 岁	36～45 岁	35 岁及以下
合计	721855	56358	189947	279937	195613
0～30 人	238297	18492	61934	95446	62425
31～60 人	133715	10487	33794	52767	36667
61～90 人	80090	6006	21035	30954	22095
91～120 人	52961	4337	14425	20105	14094
120 人以上	216792	17036	58759	80665	60332

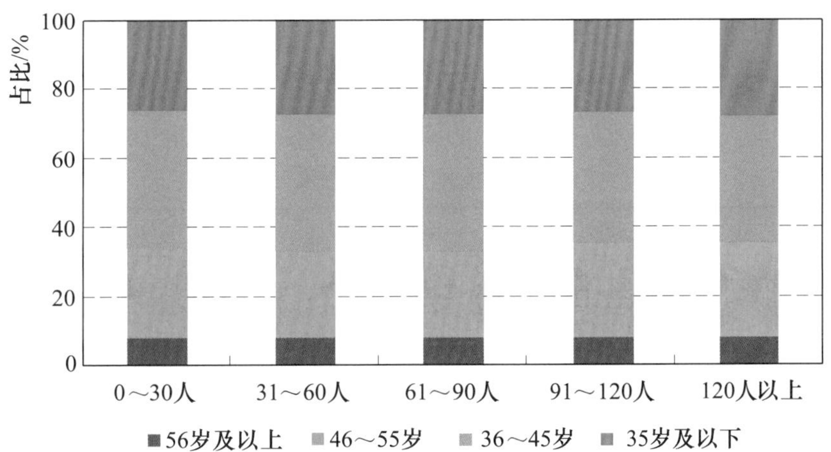

图 3-2-19　不同人员规模水利事业法人单位从业人员年龄分布图

从人员性别看，不同人员规模的水利事业法人单位中，从业人员的性别结构差异不大，都以男性从业人员为主。具体情况见表 3－2－14 和图 3－2－20。

表 3－2－14　不同人员规模水利事业法人单位从业人员性别分布表　　单位：人

人员规模	合计	女性	男性	人员规模	合计	女性	男性
合计	721855	208021	513834	61～90 人	80090	23338	56752
0～30 人	238297	64788	173509	91～120 人	52961	15478	37483
31～60 人	133715	38358	95357	120 人以上	216792	66059	150733

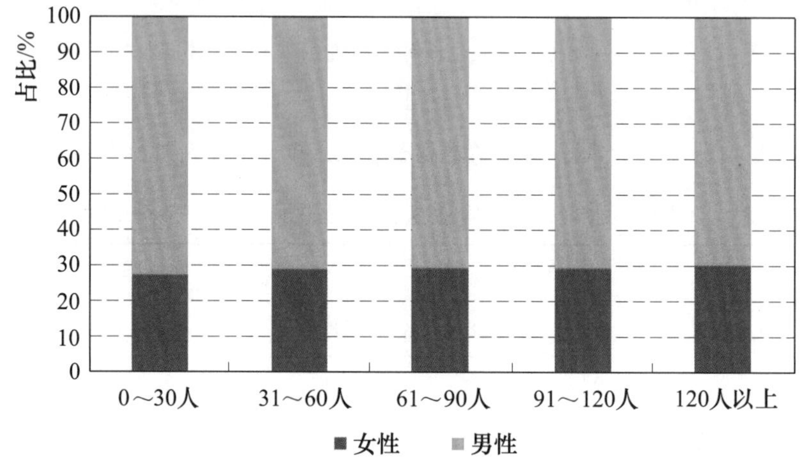

图 3－2－20　不同人员规模水利事业法人单位从业人员性别分布图

从人员技术职称看，水利事业法人单位的人员规模越大，具有高级专业技术职称从业人员占具有专业技术职称从业人员的比重也越高；其中，人员规模在 120 人以上的水利事业法人单位具有高级专业技术职称从业人员占 20.99%，人员规模在 0～30 人的水利事业法人单位具有高级专业技术职称从业人员占 11.11%。具体情况见表 3－2－15 和图 3－2－21。

表 3－2－15　不同人员规模水利事业法人单位从业人员专业技术职称分布表　　单位：人

人员规模	合计	高级	中级	初级
合计	261662	40343	97011	124308
0～30 人	96864	10757	37965	48142
31～60 人	42817	6059	15461	21297
61～90 人	26851	4322	9759	12770
91～120 人	17836	2982	6604	8250
120 人以上	77294	16223	27222	33849

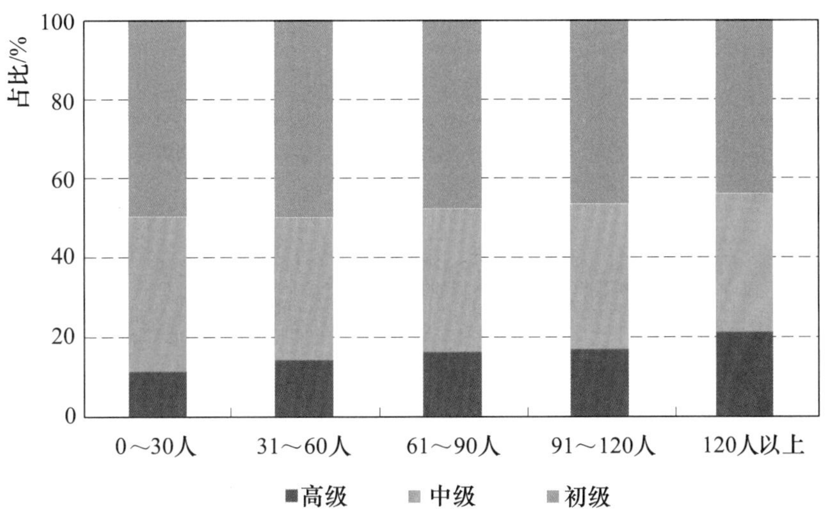

图 3-2-21 不同人员规模水利事业法人单位从业人员专业技术职称分布图

从工人技术等级看，不同人员规模水利事业法人单位中，具有的技术等级从业人员的技术等级结构差异不大。具体情况见表 3-2-16 和图 3-2-22。

表 3-2-16 不同人员规模水利事业法人单位从业人员中工人技术等级分布图

单位：人

人员规模	高级技师	技师	高级工	中级工	初级工
合计	3835	24804	134048	97350	74831
0～30 人	1288	6656	36479	27804	22553
31～60 人	700	4878	26052	19358	15527
61～90 人	532	3120	16646	11019	8460
91～120 人	317	2000	11257	7329	5489
120 人以上	998	8150	43614	31840	22802

2. 不同资产规模单位人员情况

按资产规模分，资产在 1000 万（含）～5000 万元之间的水利事业法人单位从业人员最多，占 22.78%；其次是资产在 50 万元以下的单位，占 19.35%。具体情况如图 3-2-23 所示。

从人员学历看，资产规模在 1 亿元及以上单位水利事业法人单位具有大学本科及以上学历从业人员所占比重为 28.56%；5000 万（含）～1 亿元为 18.91%；1000 万（含）～5000 万元为 16.66%；500 万（含）～1000 万元为

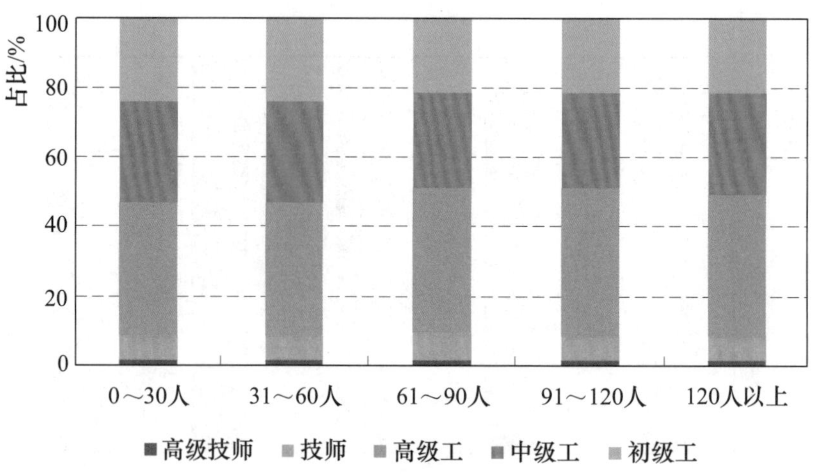

图 3-2-22　不同人员规模水利事业法人单位从业人员中工人技术等级分布图

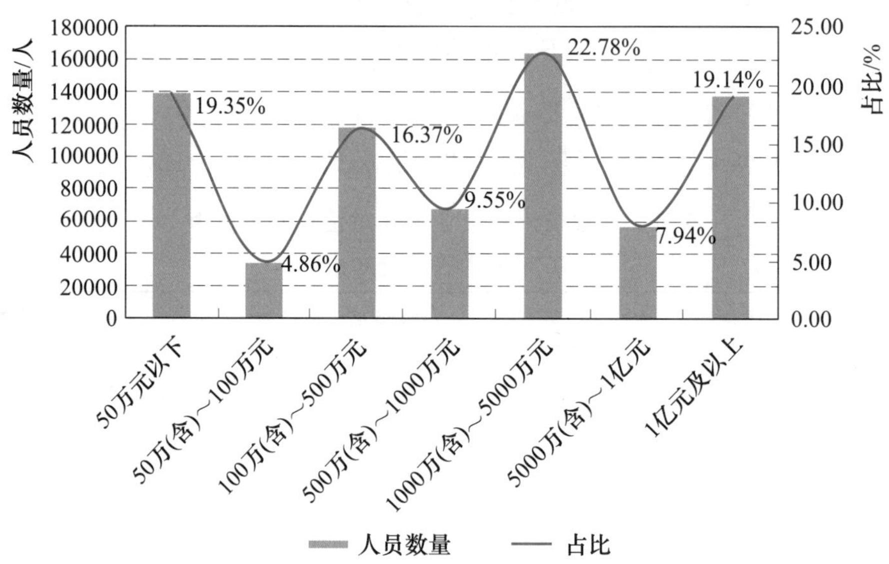

图 3-2-23　不同资产规模水利事业法人单位从业人员数量分布图

17.17%；100 万（含）～500 万元为 16.65%；50 万（含）～100 万元为 18.53%；50 万元以下为 19.33%。具体情况见表 3-2-17 和图 3-2-24。

表 3-2-17　不同资产规模水利事业法人单位从业人员学历分布表　　单位：人

资产规模	合计	博士研究生	硕士研究生	大学本科	大学专科	中专	高中及以下
合计	721855	1441	10575	130710	179873	97977	301279
50 万元以下	139619	35	813	26147	44948	21435	46241

续表

资产规模	合计	博士研究生	硕士研究生	大学本科	大学专科	中专	高中及以下
50 万（含）～100 万元	35097	6	267	6230	9660	4893	14041
100 万（含）～500 万元	118176	56	998	18626	28913	16083	53500
500 万（含）～1000 万元	68953	41	672	11129	14838	9528	32745
1000 万（含）～5000 万元	164467	163	2010	25219	35328	23295	78452
5000 万（含）～1 亿元	57328	153	1048	9638	13310	8016	25163
1 亿元及以上	138215	987	4767	33721	32876	14727	51137

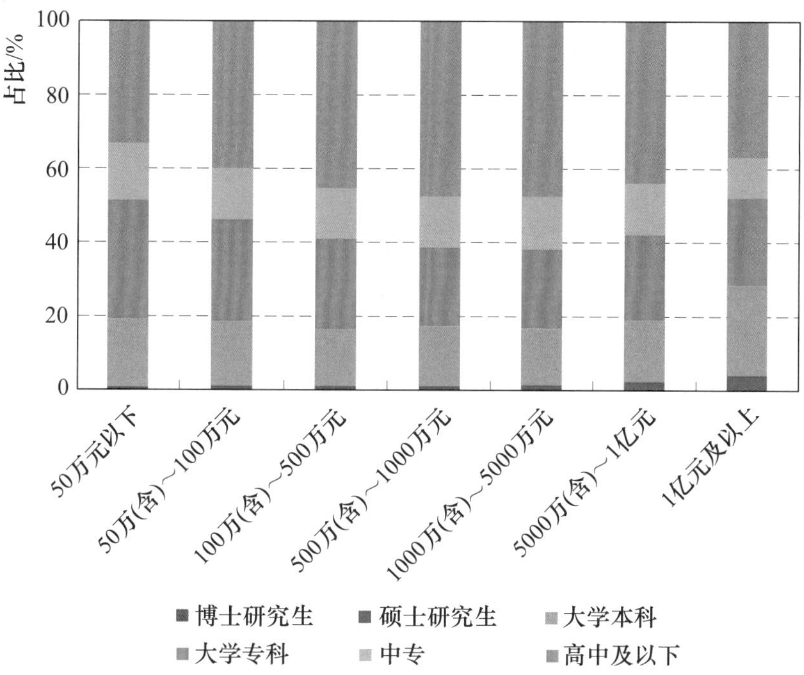

图 3－2－24　不同资产规模水利事业法人单位从业人员学历分布图

从人员年龄看，不同资产规模的水利事业法人单位从业人员的年龄结构差异不大，都以 36～45 岁的从业人员为主。具体情况见表 3－2－18 和图 3－2－25。

表 3－2－18　不同资产规模水利事业法人单位从业人员年龄分布表　　单位：人

资产规模	合计	56 岁及以上	46～55 岁	36～45 岁	35 岁及以下
合计	721855	56358	189947	279937	195613
50 万元以下	139619	9731	33788	56416	39684
50 万（含）～100 万元	35097	2395	8697	14041	9964

续表

资产规模	合计	56 岁及以上	46～55 岁	36～45 岁	35 岁及以下
100 万（含）～500 万元	118176	9306	30134	48103	30633
500 万（含）～1000 万元	68953	5426	18026	26670	18831
1000 万（含）～5000 万元	164467	13867	43281	63893	43426
5000 万（含）～1 亿元	57328	4610	15664	21751	15303
1 亿元及以上	138215	11023	40357	49063	37772

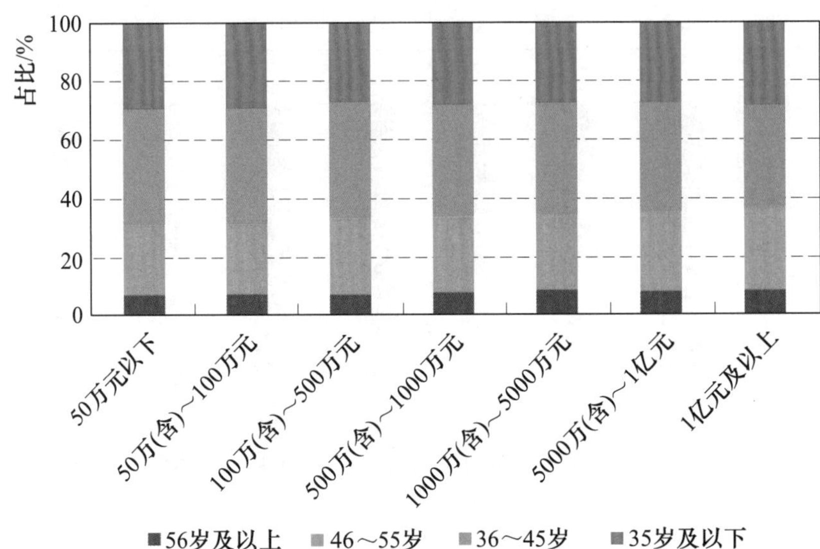

图 3-2-25　不同资产规模水利事业法人单位从业人员年龄分布图

从人员性别看，不同资产规模的水利事业法人单位中从业人员的性别结构相差不大，都以男性从业人员为主。具体情况见表 3-2-19 和图 3-2-26。

表 3-2-19　不同资产规模水利事业法人单位从业人员性别分布表　　单位：人

资产规模	合　计	女　性	男　性
合计	721855	208021	513834
50 万元以下	139663	40711	98925
50 万（含）～100 万元	35097	10578	24519
100 万（含）～500 万元	118176	34565	83611
500 万（含）～1000 万元	68953	19329	49624
1000 万（含）～5000 万元	164467	46467	118000
5000 万（含）～1 亿元	57328	16067	41261
1 亿元以上	138171	40304	97867

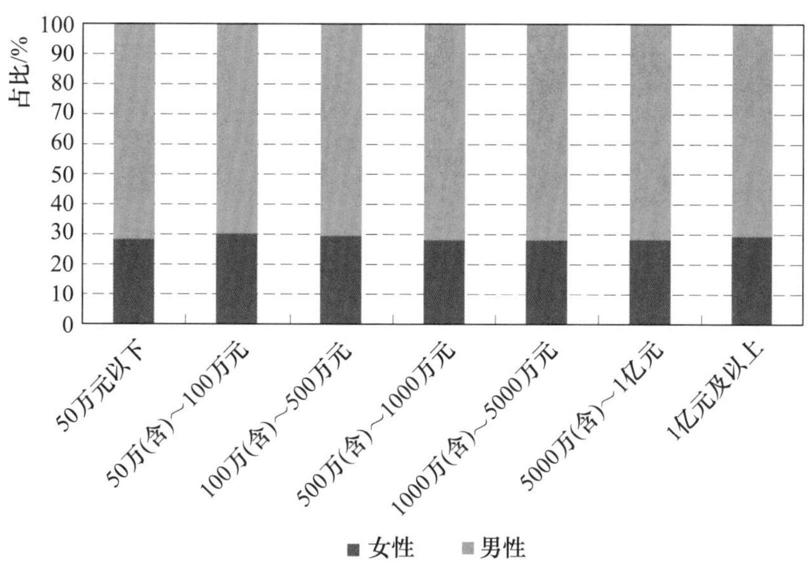

图 3-2-26 不同资产规模水利事业法人单位从业人员性别分布图

从人员技术职称看，水利事业法人单位的资产规模越大，具有高等级专业技术职称从业人员的比重也越高。具体情况见表3-2-20 和图3-2-27。

表 3-2-20 不同资产规模水利事业法人单位从业人员专业技术职称分布表

单位：人

资产规模	合　计	高　级	中　级	初　级
合计	261662	40343	97011	124308
50 万元以下	59349	6266	23720	29363
50 万（含）～100 万元	12188	1699	4778	5711
100 万（含）～500 万元	38025	4718	13894	19413
500 万（含）～1000 万元	22095	3345	7824	10926
1000 万（含）～5000 万元	52816	7850	18636	26330
5000 万（含）～1 亿元	20128	3557	6836	9735
1 亿元及以上	57061	12908	21323	22830

从工人技术等级看，不同资产规模的水利事业法人单位中，资产规模在 1 亿元及以上的单位具有高级工以上技术等级从业人员所占比重相对较高，其他规模的单位差异不大。具体情况见表 3-2-21 和图 3-2-28。

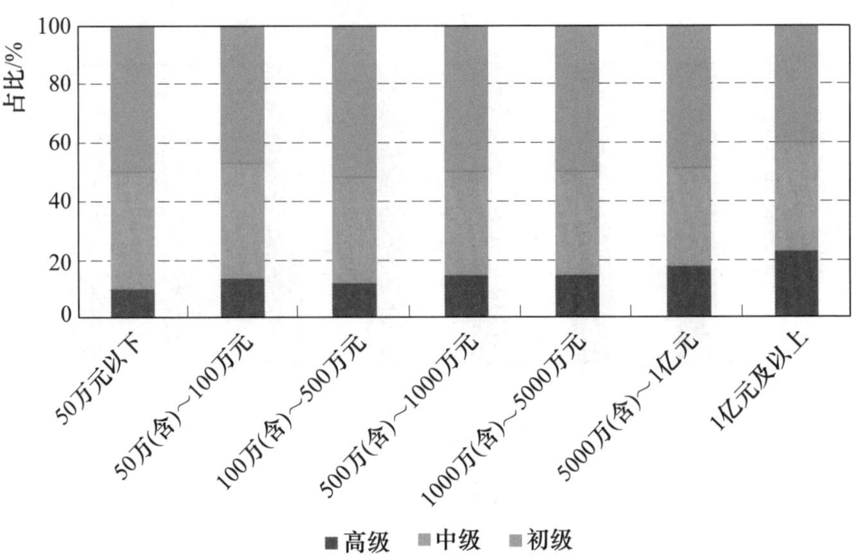

图 3-2-27 不同资产规模水利事业法人单位从业人员专业技术职称分布图

表 3-2-21 不同资产规模水利事业法人单位从业人员中工人技术等级分布表

单位：人

资产规模	高级技师	技师	高级工	中级工	初级工
合计	3835	24804	134048	97350	74831
50 万元以下	783	4321	21719	15658	12454
50 万（含）～100 万元	185	1158	6036	4709	3773
100 万（含）～500 万元	1069	4039	21549	16154	13986
500 万（含）～1000 万元	272	2340	13813	9977	8286
1000 万（含）～5000 万元	638	5122	32642	24993	18835
5000 万（含）～1 亿元	118	1716	11040	7679	7327
1 亿元及以上	770	6108	27249	18180	10170

（三）不同行业类别单位的人员情况

属于水利管理业类的事业法人单位有 40.8 万人，占全部水利事业法人单位从业人员的 56.5%；属于国家机构类的事业法人单位有从业人员 6.6 万人，占比为 9.1%；属于农林牧渔服务业类的事业法人单位有从业人员 6.1 万人，占比为 8.5%，属于专业服务业类的事业法人单位有从业人员 4.9 万人，占比为 6.8%。具体情况如图 3-2-29 所示。

从人员学历看，大学专科及以上学历从业人员所占比重，专业服务业类事业法人单位最高，国家机构类事业法人单位次之。具体情况见表 3-2-22 和图 3-2-30。

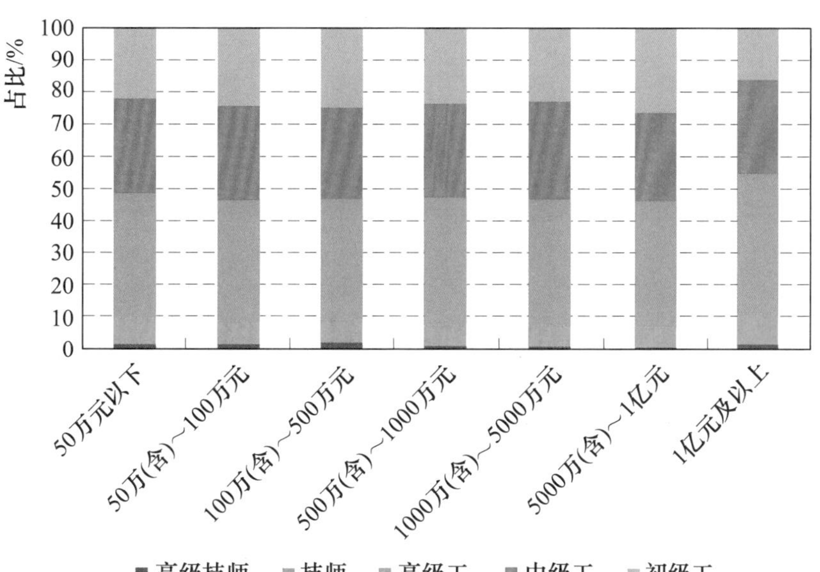

图 3-2-28　不同资产规模水利事业法人单位从业人员中工人技术等级分布图

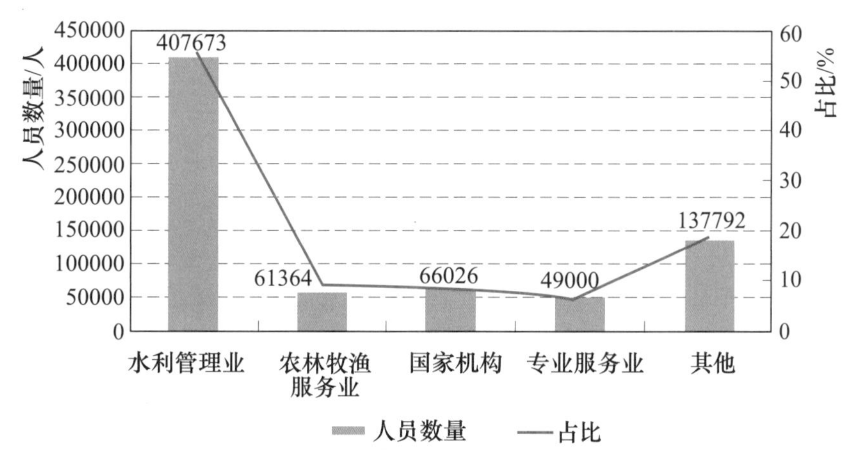

图 3-2-29　不同行业类别水利事业法人单位从业人员数量分布图

表 3-2-22　不同行业类别水利事业法人单位从业人员学历分布表　　单位：人

行业大类	合计	博士研究生	硕士研究生	大学本科	大学专科	中专	高中及以下
合计	721855	1441	10575	130710	179873	97977	301279
水利管理业	407673	231	3176	60227	103850	57779	182410
农林牧渔服务业	61364	4	101	4498	12149	10100	34512
国家机构	66026	111	1420	20259	21728	7526	14982
专业服务业	49000	116	1678	19625	13471	5209	8901
其他	137792	979	4200	26101	28675	17363	60474

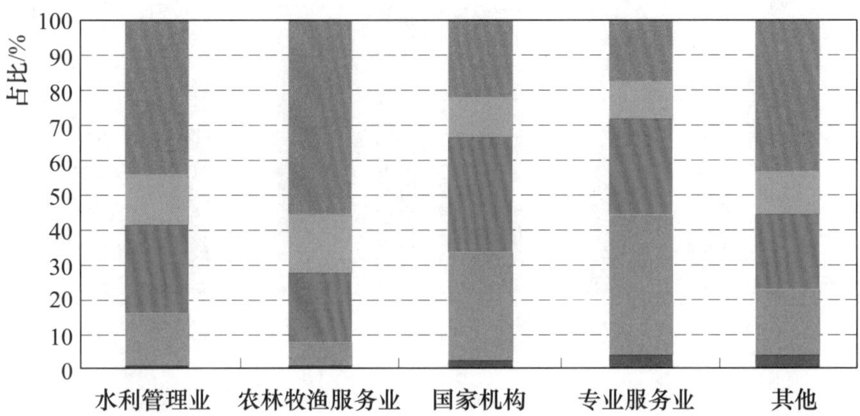

图 3-2-30　不同行业类别水利事业法人单位从业人员学历分布图

从人员年龄看，不同行业类别的水利事业法人单位中，从业人员的年龄结构差异不大。具体情况见表 3-2-23 和图 3-2-31。

表 3-2-23　不同行业类别水利事业法人单位从业人员年龄分布表　　单位：人

行业大类	合　计	56 岁及以上	46～55 岁	36～45 岁	35 岁及以下
合计	721855	56358	189947	279937	195613
水利管理业	407673	34589	107527	160670	104887
农林牧渔服务业	61364	5256	14675	25753	15680
国家机构	66026	4325	18265	25056	18380
专业服务业	49000	2821	12459	17218	16502
其他	137792	9367	37021	51240	40164

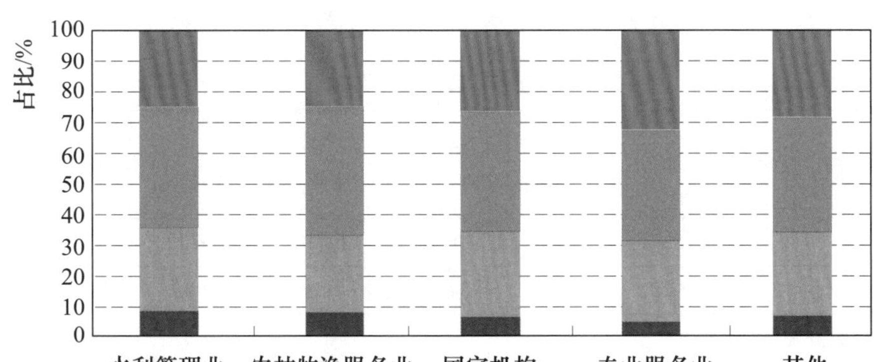

图 3-2-31　不同行业类别水利事业法人单位从业人员年龄分布图

从人员性别看，不同行业类别的水利事业法人单位中，从业人员的性别结构差异不大，都以男性从业人员为主。具体情况见表3-2-24和图3-2-32。

表3-2-24 不同行业类别水利事业法人单位从业人员性别分布表 单位：人

行业大类	合 计	女 性	男 性
合计	721855	208021	513834
水利管理业	407673	113465	294208
农林牧渔服务业	61364	16664	44700
国家机构	66026	18888	47138
专业服务业	49000	15102	33898
其他	137792	43902	93890

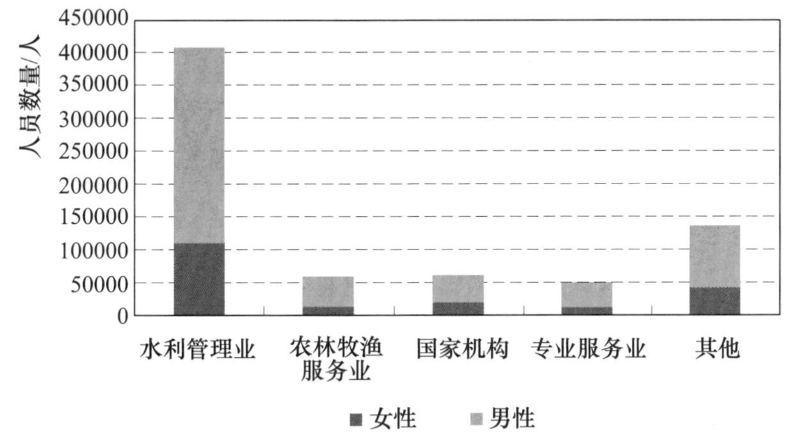

图3-2-32 不同行业类别水利事业法人单位从业人员性别分布图

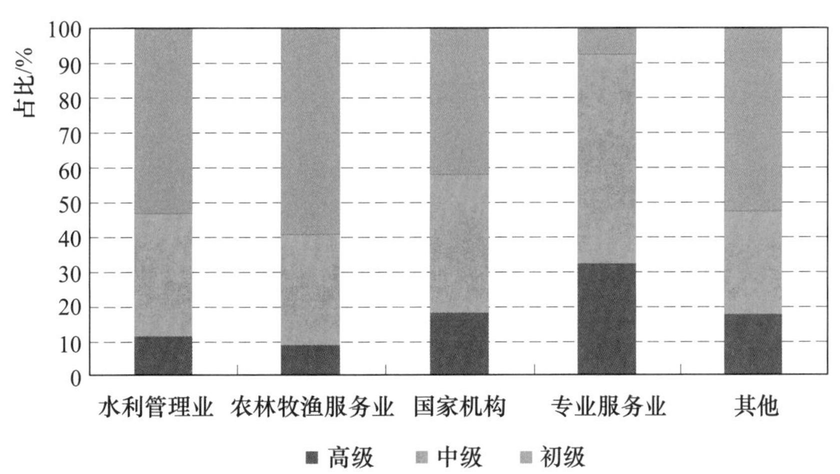

图3-2-33 不同行业类别水利事业法人单位从业人员专业技术职称分布图

从人员技术职称看，具有中级以上专业技术职称从业人员占具有技术职称从业人员的比重，专业服务业类事业法人单位最高，国家机构类事业法人单位次之。具体情况如图 3-2-33 所示。

从工人技术等级看，具有高级工以上技术等级从业人员占具有技术等级从业人员的比重，专业服务业类事业法人单位最高，国家机构类事业法人单位次之。具体情况如图 3-2-34 所示。

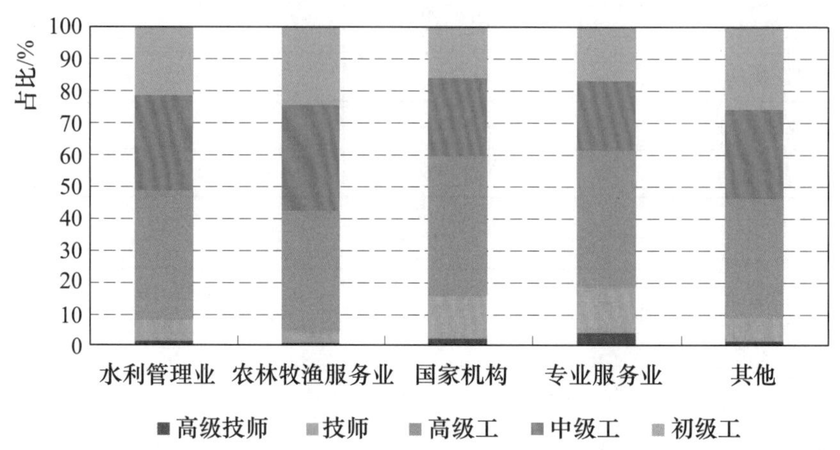

图 3-2-34　不同行业类别水利事业法人单位从业人员中工人技术等级分布图

第三节　资　产　状　况

水利事业法人单位资产状况指单位拥有或控制的能以货币计量的经济资源，包括各种财产、债权和其他权利。

一、总体情况

2011 年年底，水利事业法人单位的总资产为 4665.5 亿元。

按隶属关系分，中央级水利事业法人单位资产有 552.9 亿元，占水利事业法人单位总资产的 11.9%；省级水利事业法人单位资产有 1140.3 亿元，占 24.4%；地级水利事业法人单位资产有 984.8 亿元，占 21.1%；县级及以下水利事业法人单位资产有 1987.5 亿元，占 42.6%。具体情况如图 3-3-1 所示。

按人员规模分，水利事业法人单位的资产变化呈现"V"字形，人员规模在 0～30 人、120 人以上的单位，其资产约占全部水利事业法人单位资产总量的 65%。按单位平均资产分，120 人以上规模的水利事业法人单位平均资产最多，约为 2 亿元。具体情况如图 3-3-2 所示。

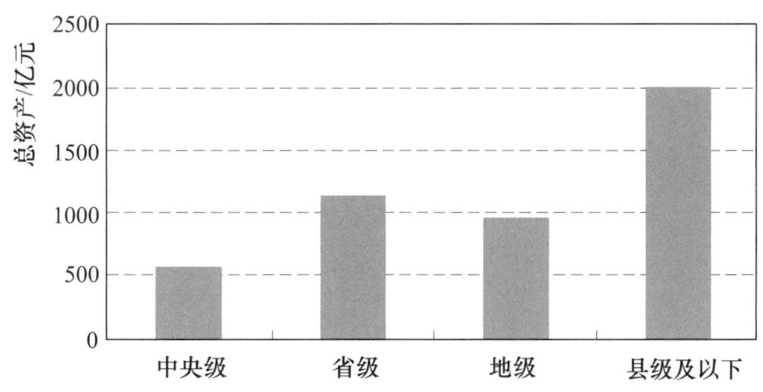

图 3-3-1 不同隶属关系水利事业法人单位总资产分布图

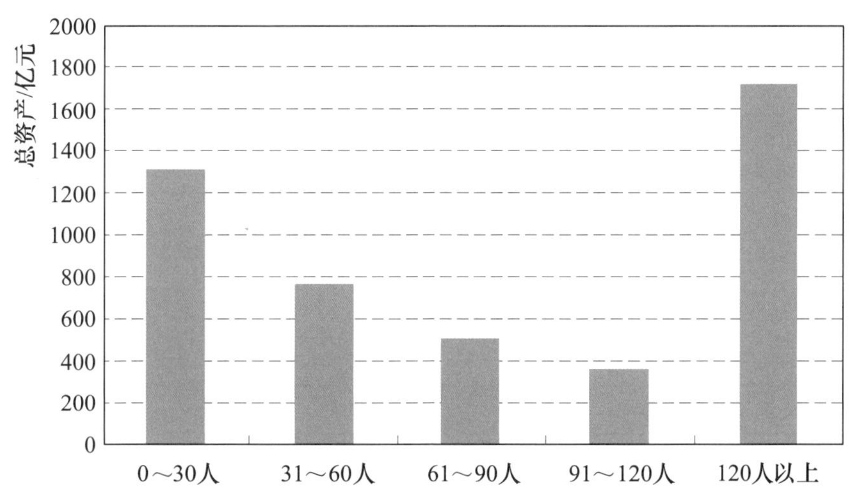

图 3-3-2 不同人员规模水利事业法人单位总资产分布图

按资产规模分，资产在1亿元及以上的水利事业法人单位的总资产和平均资产都最多。具体情况见表3-3-1。

表 3-3-1 不同资产规模水利事业法人单位资产分布表

资产规模	50万元以下	50万（含）～100万元	100万（含）～500万元	500万（含）～1000万元	1000万（含）～5000万元	5000万（含）～1亿元	1亿元及以上
总资产/亿元	9.03	15.54	145.13	162.46	784.64	529.60	3019.08
单位平均资产/万元	5.3	72.3	249.7	712.6	2255.3	6996.1	36287.0

按行业类别分，水利管理业类事业法人单位的总资产最高，有 2987.0 亿元，占比 64.0%；国家机构类事业法人单位总资产有 676.5 亿元，占比 14.5%。其他行业类别的水利事业法人单位总资产占比均不足 25.0%。具体情况见表 3-3-2。

表 3-3-2　不同行业类别水利事业法人单位总资产分布表

行业大类	总资产/亿元	占比/%
合计	4665.5	100
水利管理业	2987.0	64.0
国家机构	676.5	14.5
农林牧渔服务业	275.0	5.9
水的生产和供应业	172.1	3.7
其他	134.3	2.9
专业技术服务业	134.1	2.9
土木工程建筑业	102.4	2.2
研究和实验发展	68.6	1.5
电力、热力生产和供应业	59.2	1.3
地质勘查业	32.8	0.7
商务服务业	15.0	0.3
科技交流和推广服务业	8.4	0.2

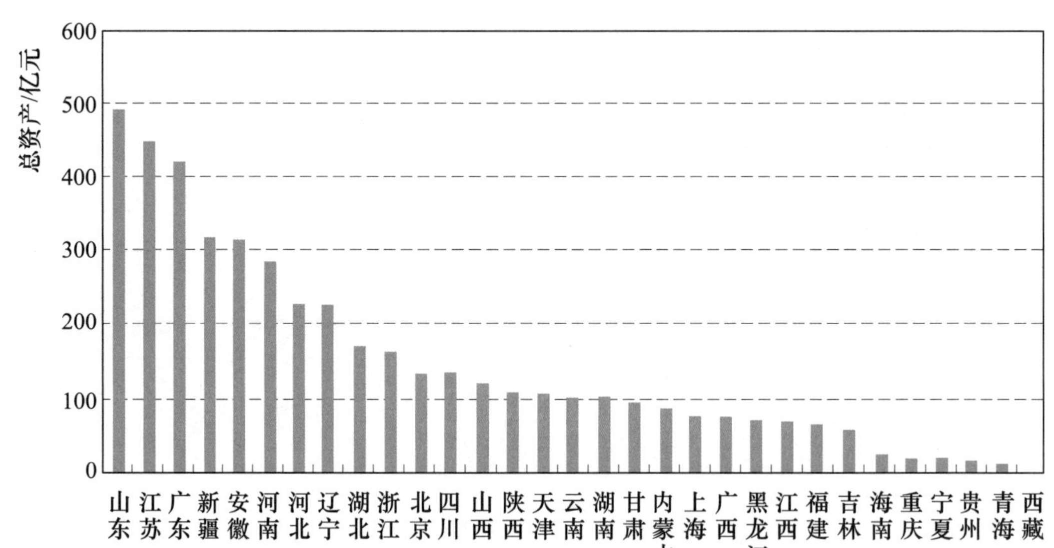

图 3-3-3　水利事业法人单位总资产地区分布图

二、区域分布情况

分地区看，资产超过 300 亿元的省（自治区）有 5 个，分别是山东、安徽、新疆、江苏和广东；资产在 50 亿～300 亿元区间的省（自治区、直辖市）共有 20 个；资产低于 50 亿元的省（自治区、直辖市）有 6 个。从单位平均水平看，全国水利事业法人单位平均资产为 1441.3 万元；单位平均资产在 1000 万～4000 万元之间的省（自治区、直辖市）共有 12 个；单位平均资产在 500 万元以下的省（自治区、直辖市）有 4 个。具体情况如图 3－3－3 所示。

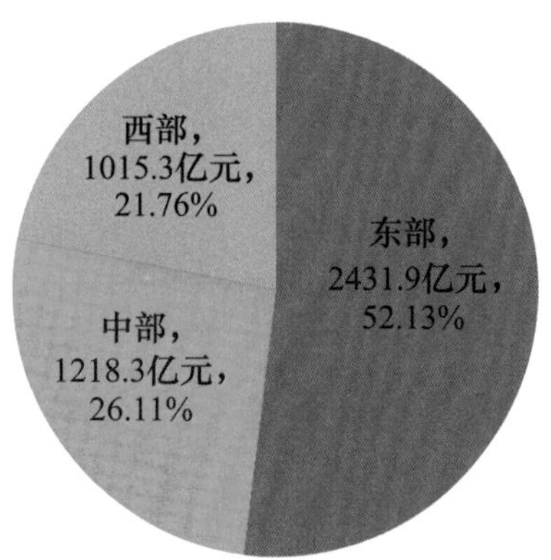

图 3－3－4　水利事业法人单位总资产区域分布图

分区域看，东部地区水利事业法人单位的总资产有 2431.9 亿元，平均每省（直辖市）221.1 亿元；中部地区总资产为 1218.3 亿元，平均每省 152.3 亿元；西部水利事业法人单位总资产为 1015.3 亿元，平均每省（自治区、直辖市）的资产分别为 84.6 亿元。从单位平均看，东部地区水利事业法人单位平均资产最多，西部地区单位平均资产相对较少。具体情况如图 3－3－4 所示。

第四节　计算机、资质和科研情况

一、计算机数量情况

全国水利事业法人单位共有计算机 24.5 万台，人均 0.34 台。

从隶属关系看，县级及以下水利事业法人单位拥有的计算机总数最多，为 86764 台。中央级水利事业法人单位人均拥有计算机数量最高，为 0.9 台。具体情况如图 3－4－1 所示。

从单位规模看，0～30 人的单位拥有计算机数量共 88479 台，120 人以上的单位共 82459 台。人均拥有计算机数量最高的是 120 人以上单位。具体情况如图 3－4－2 所示。

资产规模在 1 亿元及以上的单位拥有计算机总数和人均数量在不同资产规模单位中最高。具体情况如图 3－4－3 所示。

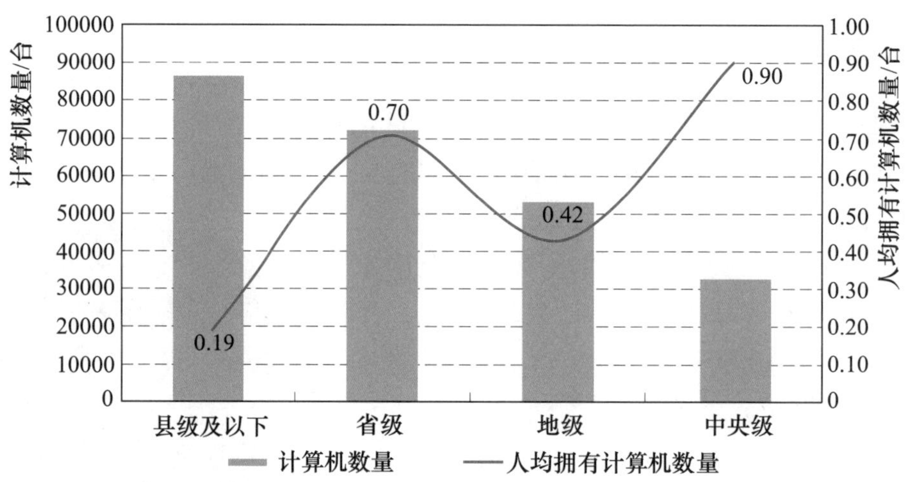

图 3-4-1 不同隶属关系水利事业法人单位拥有计算机数量分布图

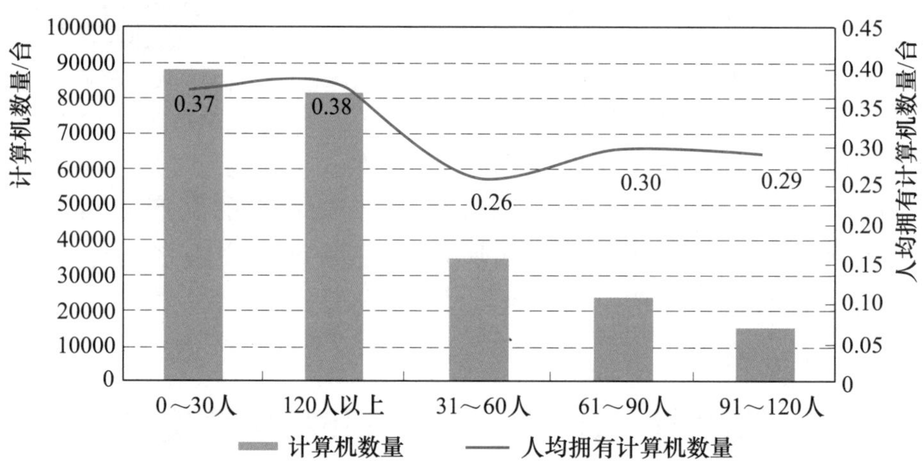

图 3-4-2 不同人员规模水利事业法人单位拥有计算机数量分布图

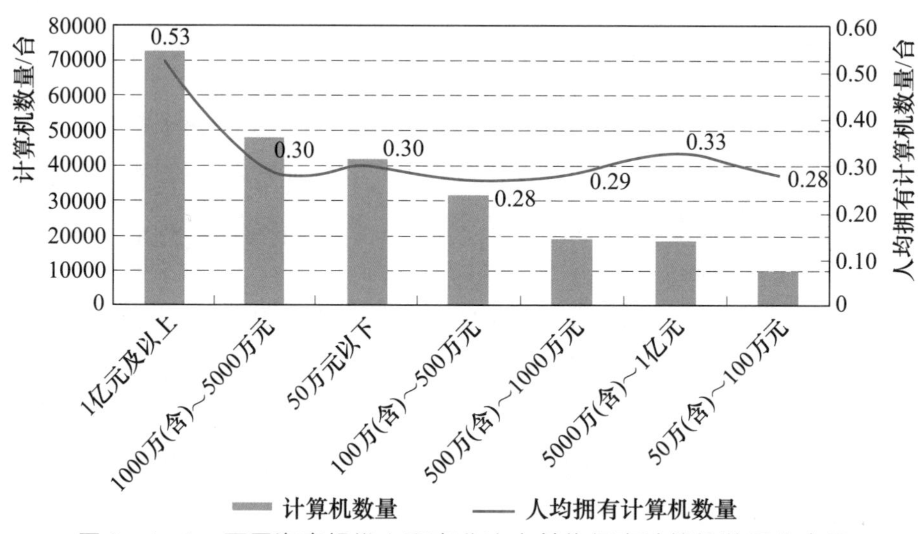

图 3-4-3 不同资产规模水利事业法人单位拥有计算机数量分布图

分地区看，平均每省（自治区、直辖市）拥有计算机数量为 7910 台，拥有计算机数量最多的三个省是河南（16732 台）、山东（16206 台）、广东（15225 台）；拥有计算机数量最少的三个省（自治区）是青海（1436 台）、海南（803 台）、西藏（301 台）。具体情况如图 3-4-4 所示。

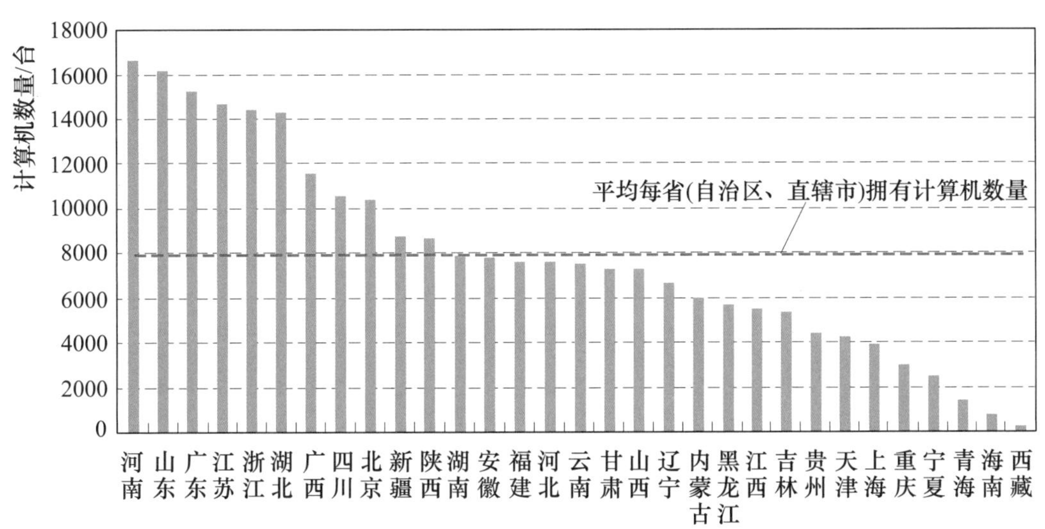

图 3-4-4　水利事业法人单位拥有计算机数量地区分布图

二、科研情况

近三年来，水利事业法人单位中有 85 个单位有专利发明，共获得发明专利 561 项；获得过软件著作权的单位 38 个，共有软件著作权 290 项；承担过国家、省部级科技项目的单位 191 个，共承担科技项目 1359 项。具体情况见表 3-4-1。

表 3-4-1　　水利事业法人单位科研水平分布表

科研水平	单位数量/个	单位占比/%	项目数量/项
合计	314	100	2210
近三年的专利发明	85	27.1	561
近三年获得的软件著作权	38	12.1	290
近三年承担过国家、省部科技计划项目	191	60.8	1359

分地区看，近三年江苏有 9 个单位拥有专利发明，共有专利发明 83 个；河南有 8 个单位拥有专利发明，共有专利发明 33 个。山西、辽宁、黑龙江、上海、四川、云南和宁夏七省（自治区、直辖市）拥有专利发明的单位数量均

为 1 个，拥有的专利发明数量分别为 2 个、11 个、2 个、5 个、1 个、1 个和 1 个。具体情况如图 3-4-5 所示。

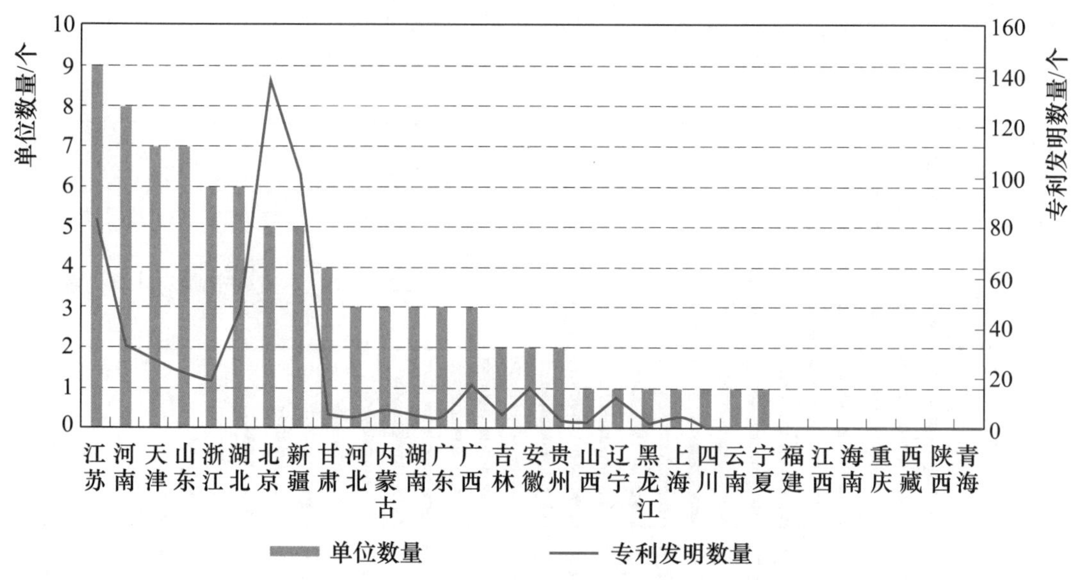

图 3-4-5 水利事业法人单位近三年专利发明单位数量及发明专利数量分布图

近三年获得过软件著作权单位数量最多的省（自治区、直辖市）是浙江，其次为天津。具体情况如图 3-4-6 所示。

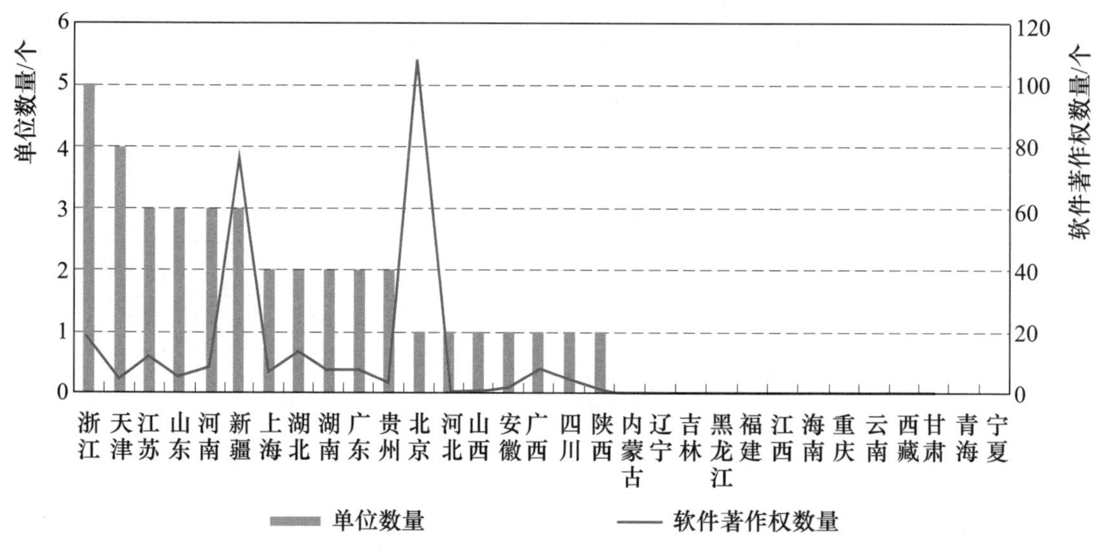

图 3-4-6 水利事业法人单位近三年软件著作权单位数量及软件著作权数量分布图

近三年承担过国家、省部级科技项目的单位中，江苏有 17 个单位共承担项目 292 项、浙江有 13 个单位共承担项目 110 项、湖北有 12 个单位共承担项目 260 项。具体情况如图 3-4-7 所示。

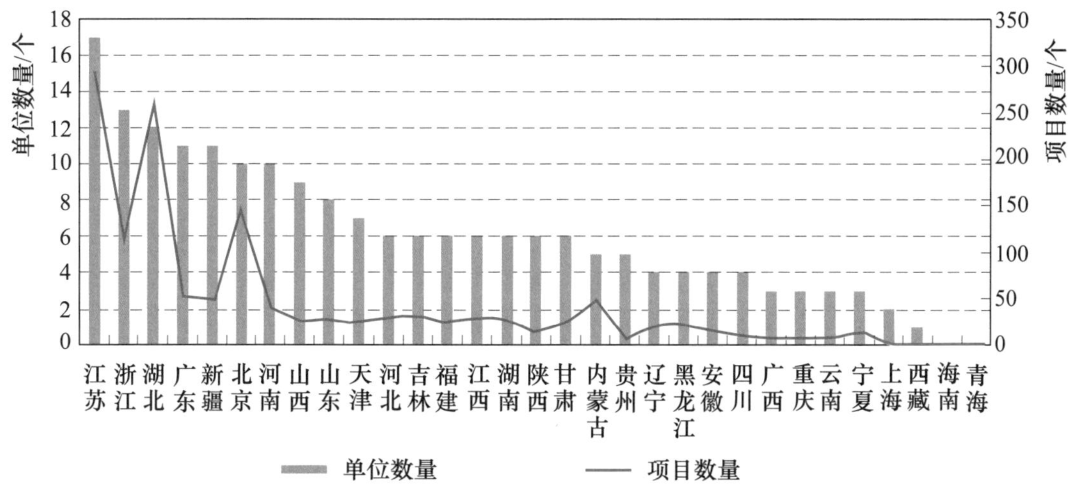

图 3-4-7 近三年承担国家、省部级科技项目水利事业法人单位数量及项目数量分布图

三、资质状况

全国共有 3899 个水利事业法人单位具有专业资质，其中，具有计量认证资质的单位 420 家，包括国家级资质 235 家，省级资质 185 家；具有编制开发建设项目水土保持方案资格的单位 830 个，包括甲级资质单位 50 家，乙级资质单位 290 家；具有工程勘察综合类资质的单位有 55 个。具体情况见表 3-4-2。

表 3-4-2 水利事业法人单位资质拥有情况统计表

资质类型	单位数量/个	占比/%	等级分类		
			甲级	乙级	丙级
合计	3899	12.1	828	2021	1050
计量认证资质	420	1.3	235	185	0
工程设计行业资质（水利）	735	2.3	59	229	447
工程设计行业资质（水电）	141	0.4	25	116	0
工程勘察综合类资质	55	0.2	55	0	0
工程勘察专业类资质（水文地质勘察）	336	1.0	58	165	113
水文、水资源调查评价资质	503	1.6	124	379	0
建设项目水资源论证资质	469	1.4	88	381	0

续表

资质类型	单位数量/个	占比/%	等级分类		
			甲级	乙级	丙级
水土保持监测资质	263	0.8	74	189	0
编制开发建设项目水土保持方案资格	830	2.6	50	290	490
水利工程质量监测资质	147	0.5	60	87	0

注 计量认证资质分为国家级和省级，表中甲级资质即为国家级资质，乙级资质即为省级资质。

分地区来看，平均每省（自治区、直辖市）有126个单位具有资质。具有资质最多的三个省是云南（335个）、湖南（249个）、山东（239个）；具有资质最少的三个省（自治区、直辖市）为天津（24个）、海南（19个）、西藏（14个）。具体情况如图3-4-8所示。

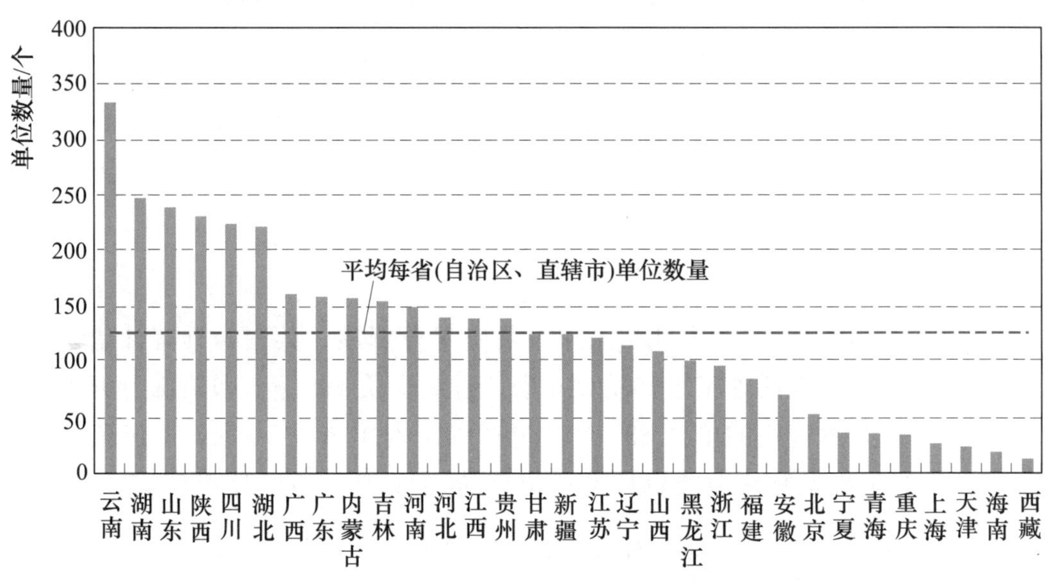

图3-4-8 水利事业法人单位行业资质地区分布图

第五节 重点水利事业法人单位普查成果

按照单位类型，水利事业法人单位可分为水文单位、水土保持单位、水资源管理与保护单位、水政监察单位、水利规划设计咨询单位、水利科研咨询机构、防汛抗旱管理单位、河道、堤防管理单位、水库管理单位、灌区管理单位、水利工程综合管理单位等。本节对水利事业法人单位中的水库管理单位，灌区管理单位，河道、堤防管理单位，泵站管理单位，水利工程综合管理单位和水文单位的数量、从业人员情况、资产状况普查成果进行介绍。

一、水库管理类事业法人单位

水库管理类事业法人单位（以下简称水库管理单位）有 4331 个，从业人员 11.3 万人，总资产 1084.1 亿元。

（一）机构数量及分布情况

水库管理单位最多的三个省是广东（335 个）、四川（325 个）、湖南（311 个）；单位数最少的三个省（自治区、直辖市）是宁夏（8 个）、西藏（2 个）、上海（0 个）。具体情况如图 3－5－1 所示。

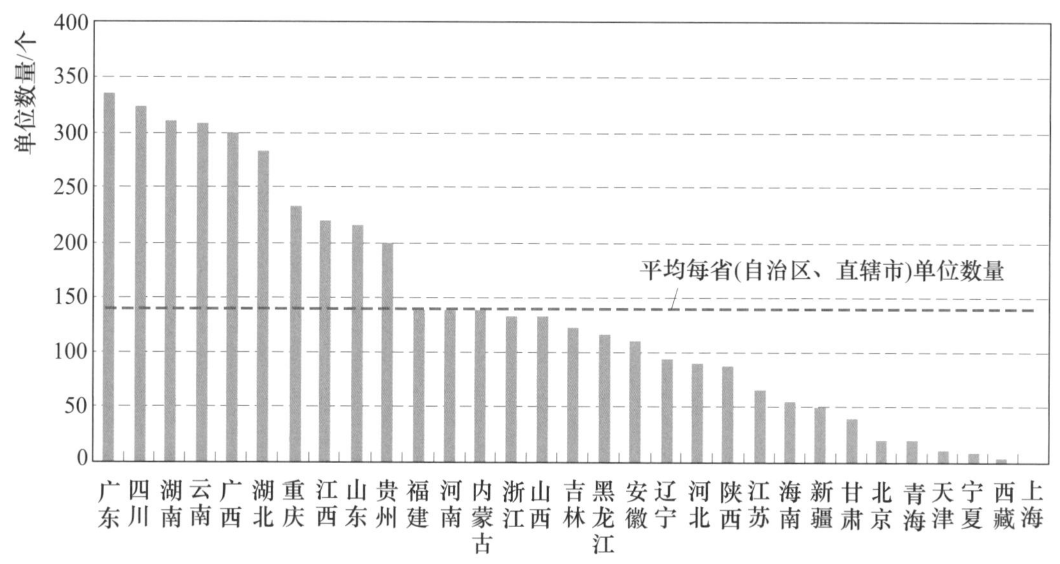

图 3－5－1　水库管理类事业法人单位地区分布图

分区域看，东部地区有水库管理单位 1171 个，占全国水库管理单位总数的 27.0%，平均每省（直辖市）有 106 个；中部地区 1442 个，占 33.3%，平均每省有 180 个；西部地区 1718 个，占 39.7%，平均每省（自治区、直辖市）有 143 个。具体情况如图 3－5－2 所示。

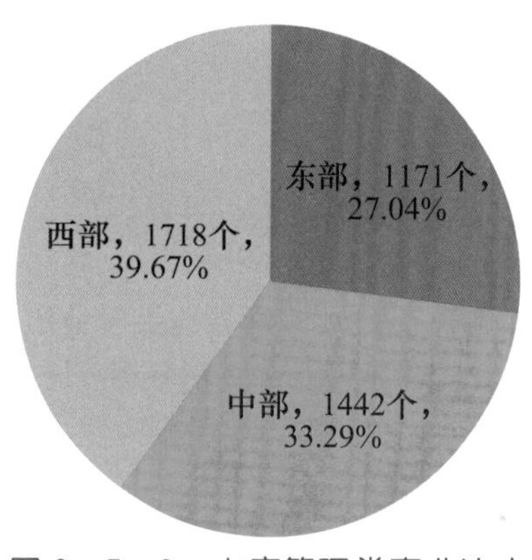

图 3－5－2　水库管理类事业法人单位区域分布图

（二）从业人员数量及结构

水库管理单位从业人员有 11.3 万人，人员数量最多的三个省是广东（11709 人）、湖南（10455 人）、湖北（9387 人）；人员数量最少的三个省（自治区、直辖市）为西藏（81人）、宁夏（69人）、上海（0人）。具体情况如图3-5-3所示。

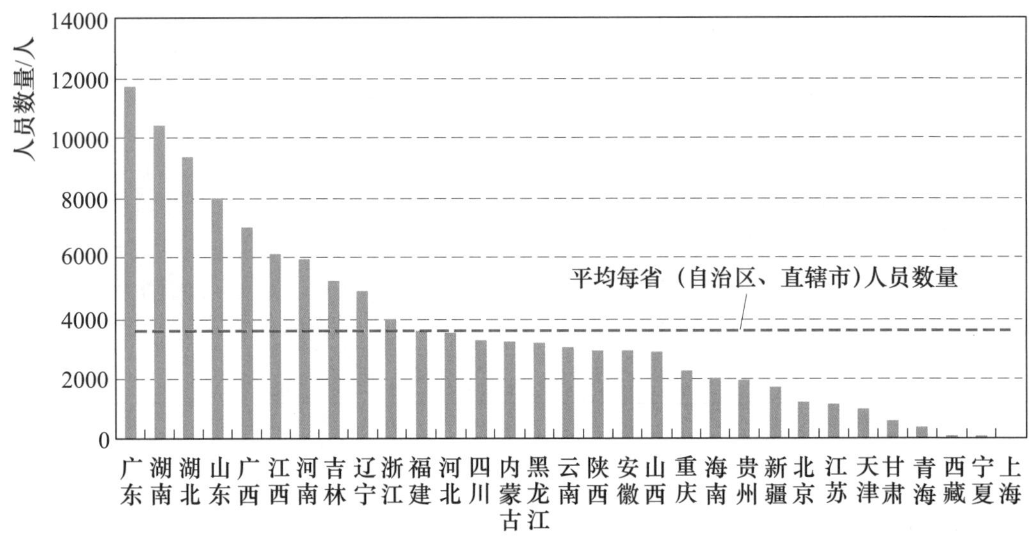

图3-5-3　水库管理类事业法人单位从业人员数量地区分布图

分区域看，东部地区水库管理单位有4.1万名从业人员，平均每省（直辖市）有0.37万人；中部地区有4.6万人，平均每省有0.58万人；西部地区2.6万人，平均每省（自治区、直辖市）有0.22万人。具体情况如图3-5-4所示。

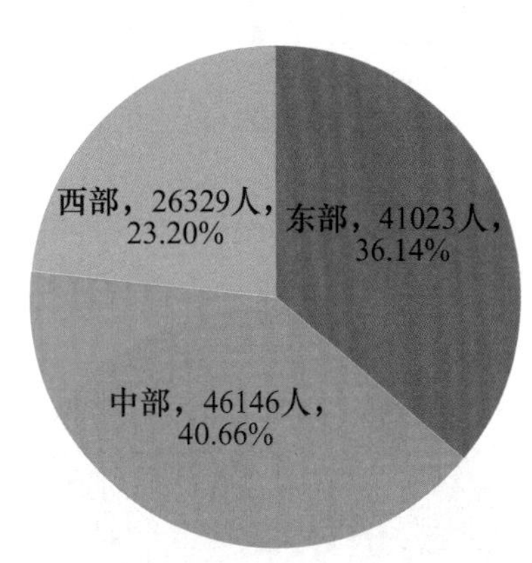

图3-5-4　水库管理类事业法人单位从业人员数量区域分布图

从人员学历看，水库管理单位高中及以下学历从业人员有6.4万人，占56.5%；大学专科及以上学历从业人员有3.3万人，占29%。具体情况如图3-5-5所示。

从人员年龄看，水库管理单位中36～45岁年龄段的从业人员最多，有4.6万人，占40.8%；其次是46～55岁和35岁及以下，分别有3.0万人和2.7万人，占比分别为26.2%和23.8%；56岁及以上年龄段的从业人员最少，有1.1万人，占9.3%。具体情况如图3-5-6所示。

从人员性别看，水库管理单位有男性从业人员8.4万人，占74.18%；女性从业人员2.9万人，占25.82%。具体情况如图3-5-7所示。

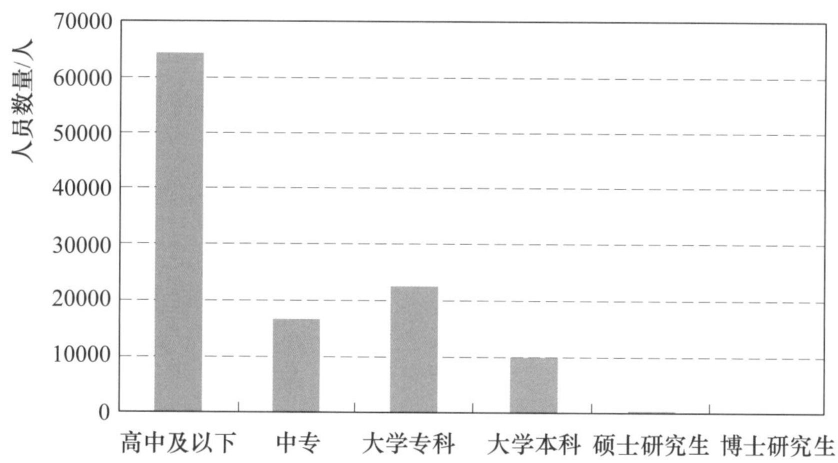

图 3－5－5　水库管理类事业法人单位从业人员学历分布图

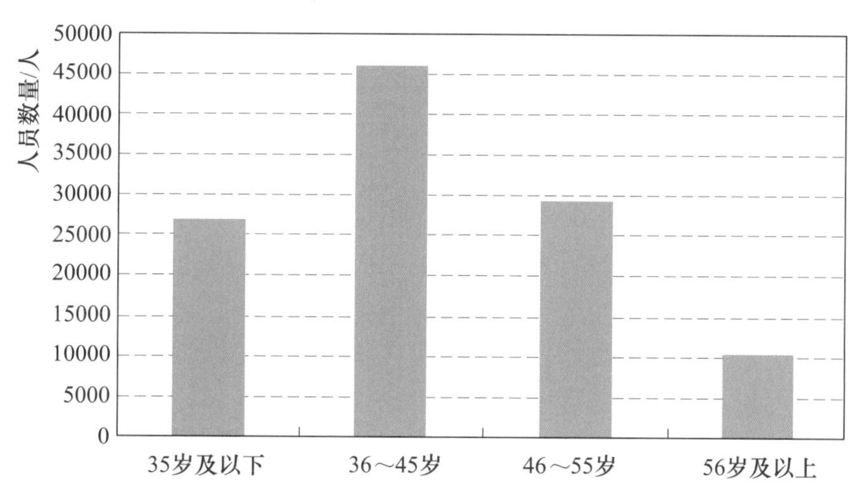

图 3－5－6　水库管理类事业法人单位从业人员年龄分布图

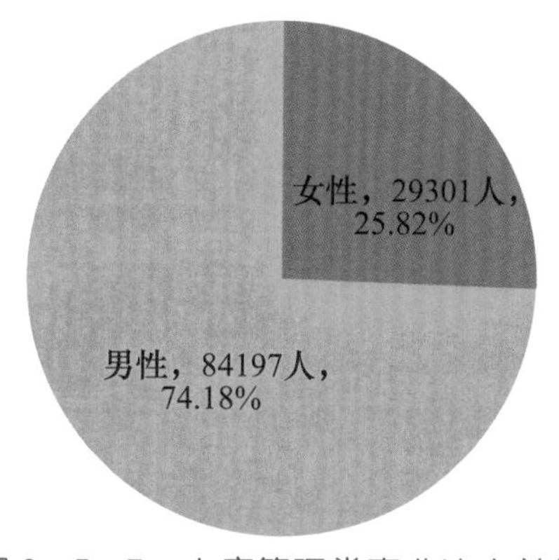

图 3－5－7　水库管理类事业法人单位从业人员性别分布图

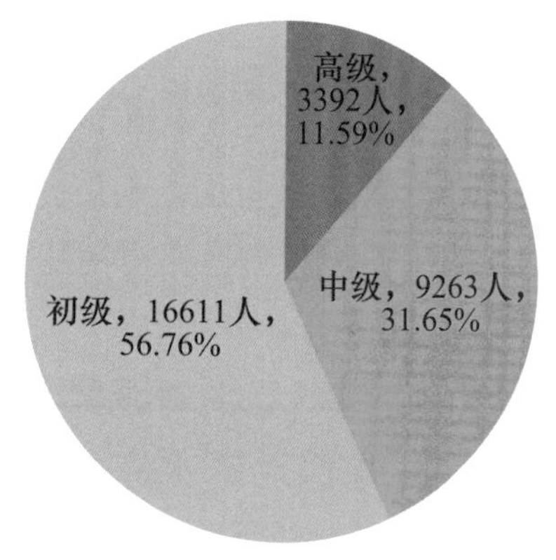

图 3－5－8　水库管理类事业法人单位从业人员专业技术职称分布图

从人员专业技术职称看，水库管理单位中具有专业技术职称的从业人员有2.9万人，占全部人员的25.79%。具有专业技术职称的从业人员中，高级技术职称从业人员有3392人，占11.59%；中级技术职称从业人员有9263人，占31.65%；初级技术职称从业人员有16611人，占56.76%。具体情况如图3-5-8所示。

从工人技术等级看，水库管理单位中具有技术等级的从业人员有6.4万人，占全部从业人员的56.0%。具体情况如3-5-9所示。

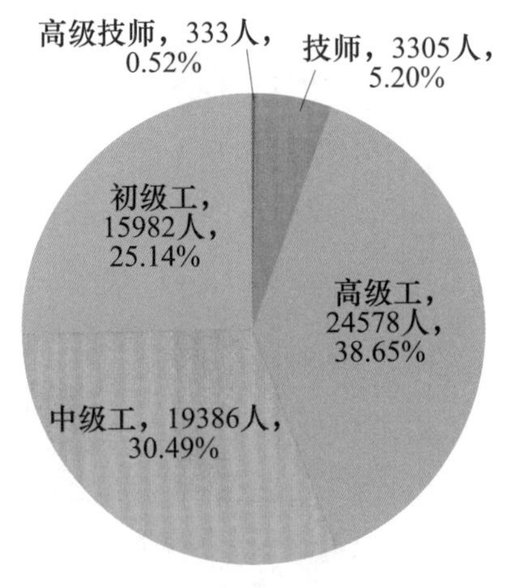

图3-5-9 水库管理类事业法人单位从业人员中工人技术等级分布图

（三）资产状况

水库管理单位总资产共有1084.1亿元，总资产最高的三个省是辽宁（177.7亿元）、河北（105.2亿元）、山东（100.7亿元）；总资产最低的三个省（自治区、直辖市）是宁夏（9144万元）、西藏（4568万元）、上海（0元）。具体情况如图3-5-10所示。

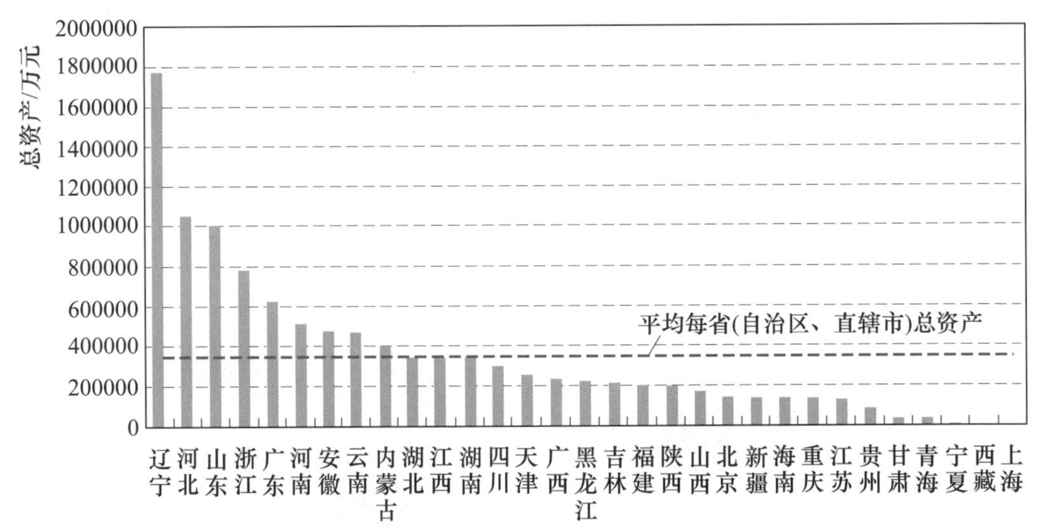

图3-5-10 水库管理类事业法人单位总资产地区分布图

分区域看，东部地区水库管理单位资产有613.8亿元，平均每省（直辖市）有55.8亿元；中部地区和西部地区水库管理单位资产分别为264.3亿元和206.0亿元，平均每省（自治区、直辖市）有33.0亿元和17.2亿元。具体情况如图3-5-11所示。

二、灌区管理类事业法人单位

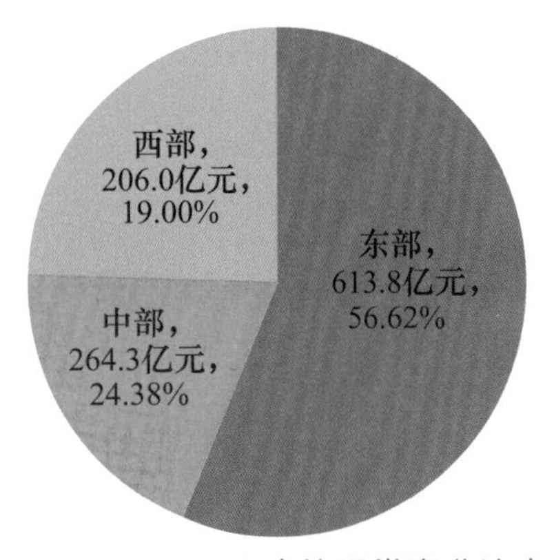

图 3－5－11　水库管理类事业法人单位总资产区域分布图

全国灌区管理类事业法人单位（以下简称灌区管理单位）有 2181 个，从业人员有 9.0 万人，总资产有 467.4 亿元。

（一）机构数量及分布情况

全国灌区管理单位有 2181 个，单位数最多的三个省（自治区）是黑龙江（209 个）、新疆（200 个）、甘肃（198 个）；单位数最少的三个省（自治区、直辖市）是天津（1 个）、上海（0 个）、西藏（0 个）。具体情况如图 3－5－12 所示。

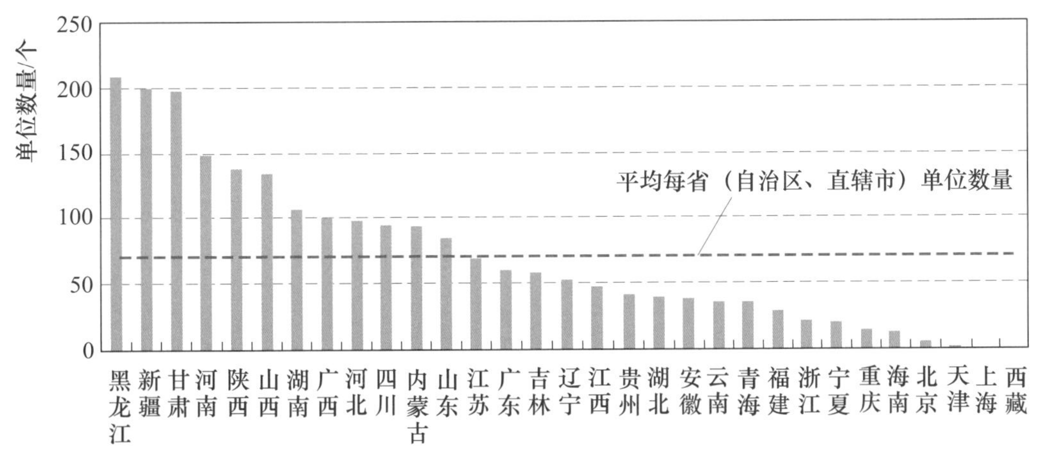

图 3－5－12　灌区管理类事业法人单位地区分布图

分区域看，东部地区灌区管理单位有 431 个，平均每省（直辖市）有 39 个；中部地区有 781 个，平均每省有 98 个；西部地区有 969 个，平均每省（自治区、直辖市）有 81 个。具体情况如图 3－5－13 所示。

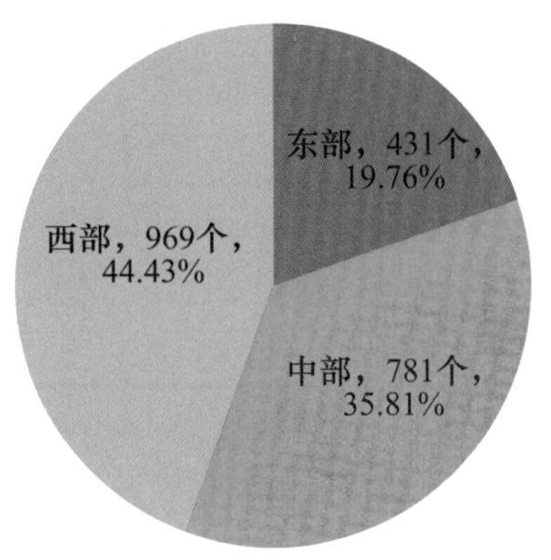

图 3－5－13　灌区管理类事业法人单位区域分布图

（二）从业人员数量及结构

灌区管理单位从业人员有 9.0 万人，平均每省（自治区、直辖市）有 2913 人，从业人员最多的三个省是甘肃（11292 人）、陕西（9714 人）、河南（8286 人）；从业人员最少的三个省（自治区、直辖市）是天津（83人）、上海（0人）和西藏（0人）。具体情况如图3-5-14所示。

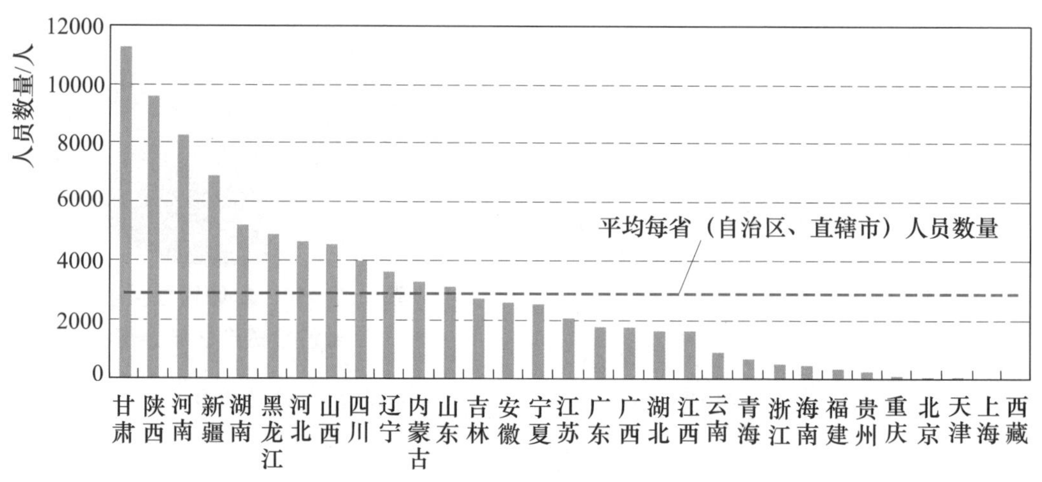

图3-5-14　灌区管理类事业法人单位从业人员数量地区分布图

分区域看，东部地区灌区管理单位从业人员1.7万人，平均每省（直辖市）有从业人员0.15万人；中部地区3.2万人，平均每省有从业人员0.39万人；西部地区的有4.2万人，平均每省（自治区、直辖市）有从业人员0.35万人。具体情况如图3-5-15所示。

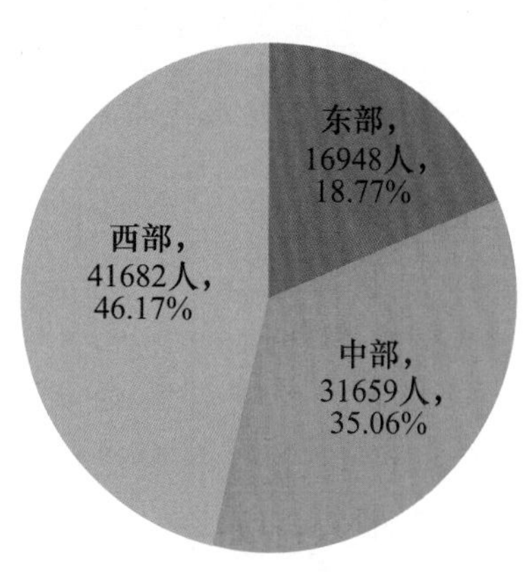

图3-5-15　灌区管理类事业法人单位从业人员数量区域分布图

从人员学历看，灌区管理单位中高中及以下学历从业人员有4.8万人，占53.1%；大学专科及以上学历从业人员有2.8万人，占比约为31%。具体情况如图3-5-16所示。

从人员年龄看，灌区管理单位中35岁及以下2.3万人，占25.8%；36～45岁年龄段的从业人员最多，有3.7万人，占41.2%；46～55岁2.2万人，占24.5%；56岁及以上年龄段的从业人员最少，有7641人，占8.5%。具体情况如图3-5-17所示。

从人员性别看，灌区管理单位有男性从业人员6.6万人，占72.90%；女性从业人员2.4万人，占27.10%。具体情况如图3-5-18所示。

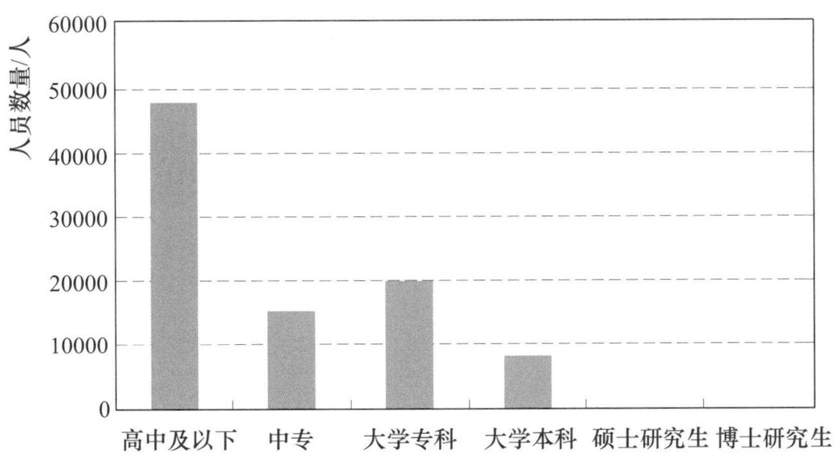

图 3-5-16　灌区管理类事业法人单位从业人员学历分布图

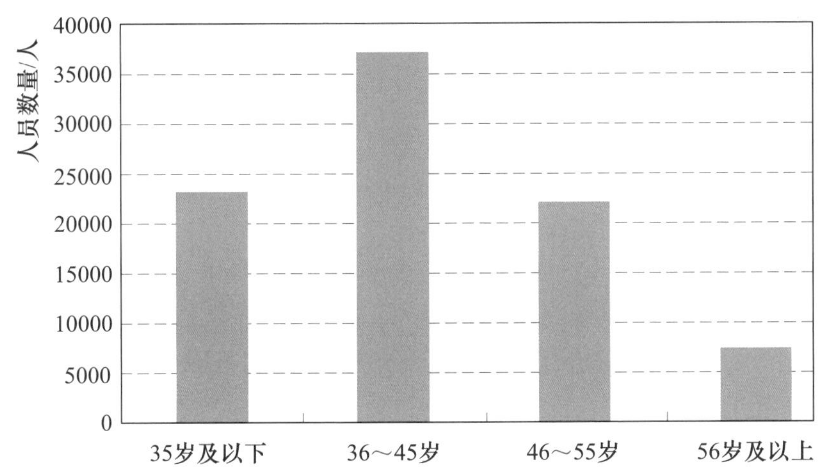

图 3-5-17　灌区管理类事业法人单位从业人员年龄分布图

从人员专业技术职称看，灌区管理单位中具有专业技术职称的从业人员有 24650 人，占灌区管理单位从业人员总数的 27.30%。灌区管理单位具有专业技术职称的人员中，具有高级技术职称的有 2382 人，占 9.66%；具有中级技术职称的有 8131 人，占 32.99%；具有初级技术职称的有 14137 人，占 57.35%。具体情况如图 3-5-19 所示。

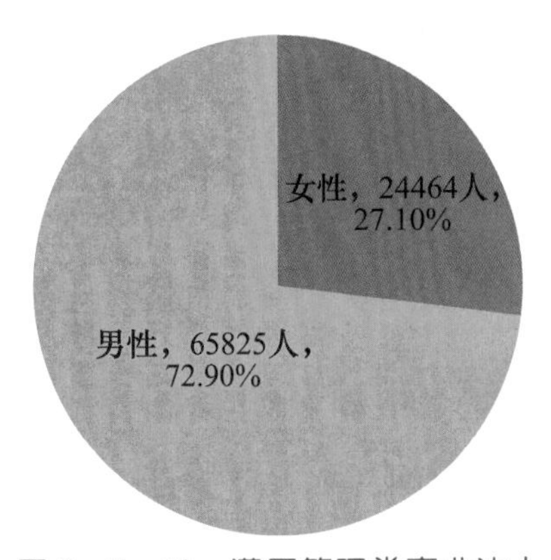

图 3-5-18　灌区管理类事业法人单位从业人员性别分布图

从工人技术等级看，灌区管理单位具有

技术等级的从业人员有5.3万人，占灌区管理单位全部从业人员的比重为58.3%。灌区管理单位中具有技术等级的从业人员中，高级技师有471人，占1%；高级工有2.1万人，占41%。具体情况如图3-5-20所示。

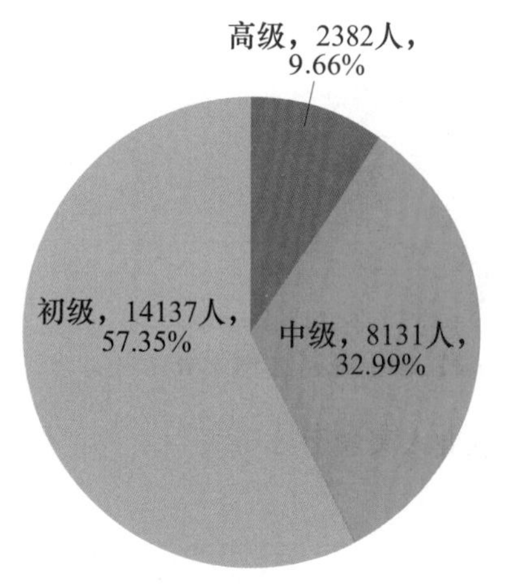

图3-5-19　灌区管理类事业法人单位从业人员专业技术职称分布图

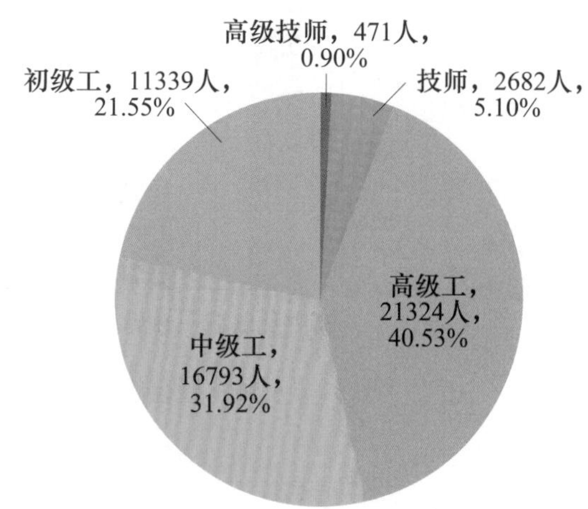

图3-5-20　灌区管理类事业法人单位从业人员中工人技术等级分布图

（三）资产状况

灌区管理单位总资产有467.4亿元，资产最高的三个省（自治区）是新疆（63.8亿元）、陕西（56.5亿元）、甘肃（44.2亿元）；资产最少的三个省（自治区、直辖市）是天津（18万元）、上海（0元）和西藏（0元）。具体情况如图3-5-21所示。

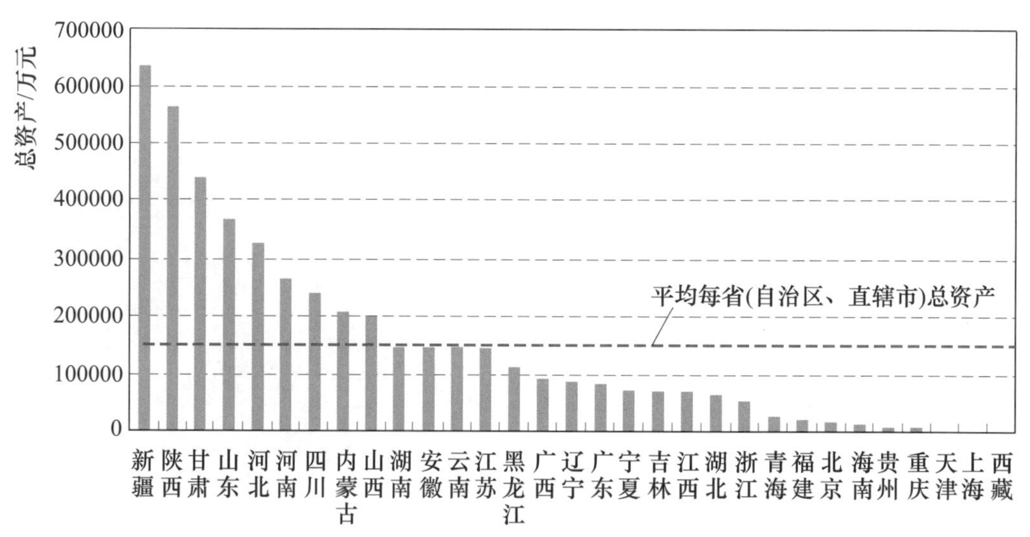

图3-5-21　灌区管理类事业法人单位总资产地区分布图

分区域看，东部地区灌区管理单位资产 112.1 亿元，平均每省（直辖市）10.2 亿元；中部地区 109.4 亿元，平均每省 13.7 亿元；西部地区 245.9 亿元，平均每省（自治区、直辖市）20.5 亿元。具体情况如图3-5-22 所示。

三、河道、堤防管理类事业法人单位

全国河道、堤防管理类事业法人单位（以下简称河道堤防管理单位）有 2003 个，从业人员有 4.9 万人，总资产有 562.7 亿元。

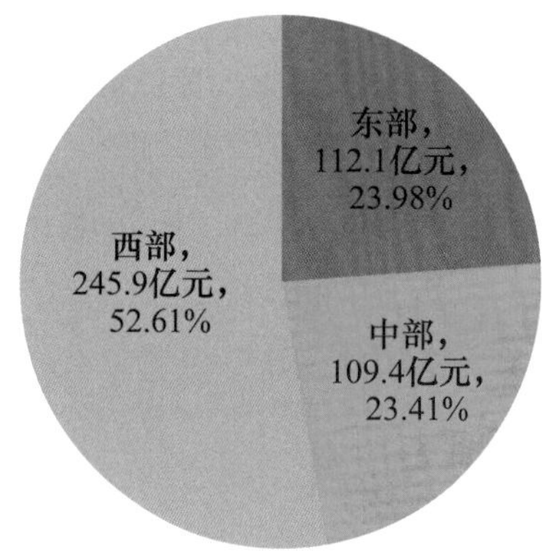

图 3-5-22 灌区管理类事业法人单位总资产区域分布图

（一）机构数量及分布情况

全国河道堤防管理单位有 2003 个，平均每省（自治区、直辖市）有 65 个，单位数量最多的三个省是湖北（177 个）、河南（174 个）、辽宁（146 个）；单位数量最少的三个省（自治区）是海南（4 个）、青海（3 个）、西藏（0 个）。具体情况如图 3-5-23 所示。

分区域看，东部地区有河道堤防管理单位 827 个，平均每省（直辖市）75 个；中部地区有 887 个，平均每省 111 个；西部地区有 289 个，平均每省（自治区、直辖市）24 个。具体情况如图 3-5-24 所示。

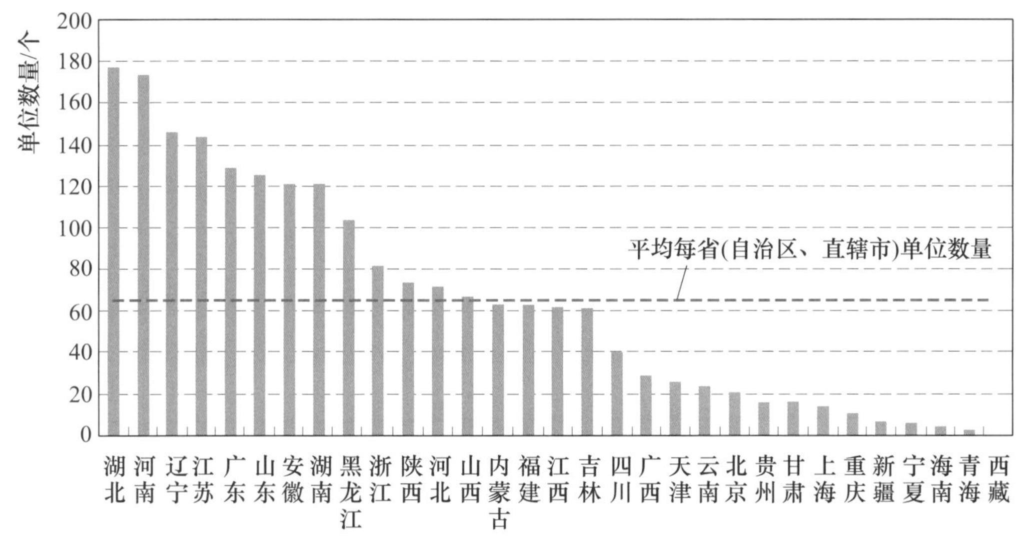

图 3-5-23 河道、堤防管理类事业法人单位地区分布图

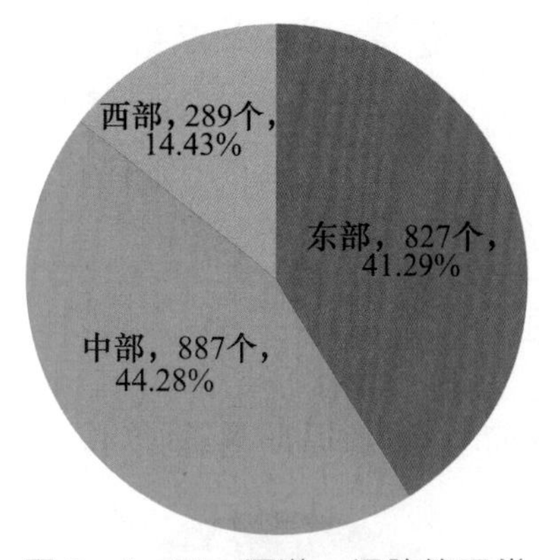

图 3-5-24 河道、堤防管理类事业法人单位区域分布图

（二）从业人员数量及结构

河道堤防管理单位共有从业人员 4.9 万人，平均每省（自治区、直辖市）1590 人，从业人员最多的三个省是湖北（7556 人）、河南（6030 人）、安徽（4347）人；从业人员最少的三个省（自治区）为青海（47 人）、海南（42 人）、西藏（0 人）。具体情况如图 3-5-25 所示。

分区域看，东部地区河道堤防管理单位从业人员有 1.9 万人，平均每省（自治区、直辖市）有 0.17 万人；中部地区有 2.5 万人，平均每省（自治区、直辖市）有 0.31 万人；西部地区有 0.5 万人，平均每省（自治区、直辖市）有 0.04 万人。具体情况如图 3-5-26 所示。

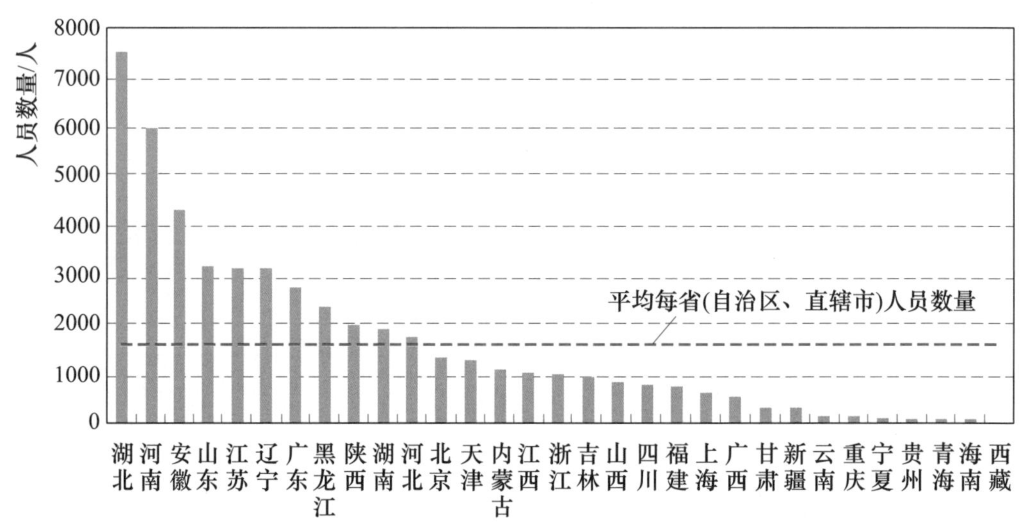

图 3-5-25 河道、堤防管理类事业法人单位从业人员数量地区分布图

从人员学历看，河道堤防管理单位高中及以下学历从业人员有 2.1 万人，占 42%；大学专科及以上学历的有 2.2 万人，占 45%。具体情况如图 3-5-27 所示。

从人员年龄看，河道堤防管理单位从业人员中，36～45 岁年龄段的从业人员最多，有 1.9 万人，占 38.6%；46～55 岁有 1.3 万人，占 26.8%；35 岁及以下有 1.3 万人，占 26.3%；56 岁及以上年龄段的有 4053 人，占 8.2%。具体情况如图 3-5-28 所示。

从人员性别看，河道堤防管理单位有男性从业人员 3.6 万人，占 71.4%；女性从业人员 1.4 万人，占 28.6%。具体情况如图 3-5-29 所示。

从人员专业技术职称看，河道堤防管理单位从业人员中，具有专业技术职称的有 1.7 万人，占河道堤防管理单位全部从业人员的 33.6%。河道堤防管理单位具有专业技术职称从业人员中，高级技术职称有 1704 人，占 10%；中级技术职称有 6232 人，占 38%；初级技术职称有 8632 人，占 52%。具体情况如图 3-5-30 所示。

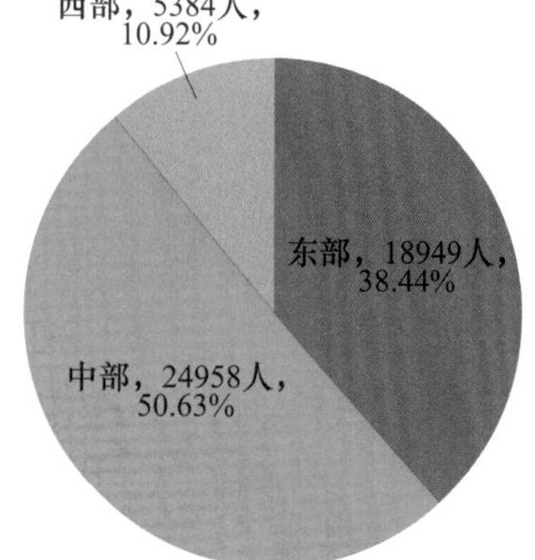

图 3-5-26　河道、堤防管理类事业法人单位从业人员数量区域分布图

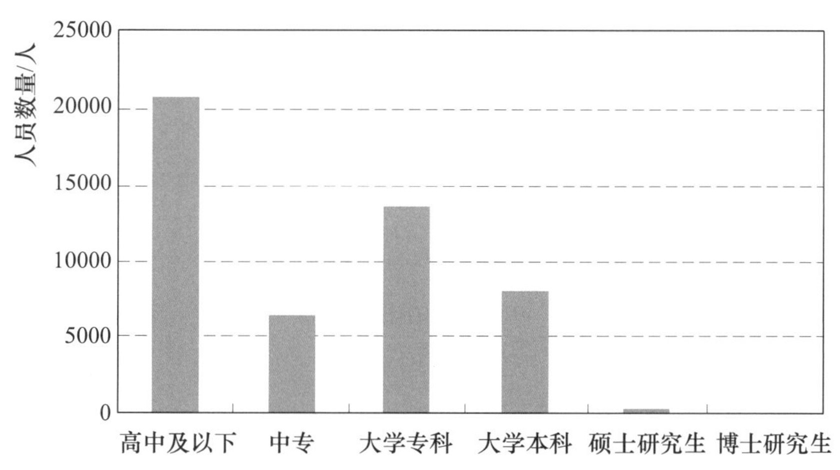

图 3-5-27　河道、堤防管理类事业法人单位从业人员学历分布图

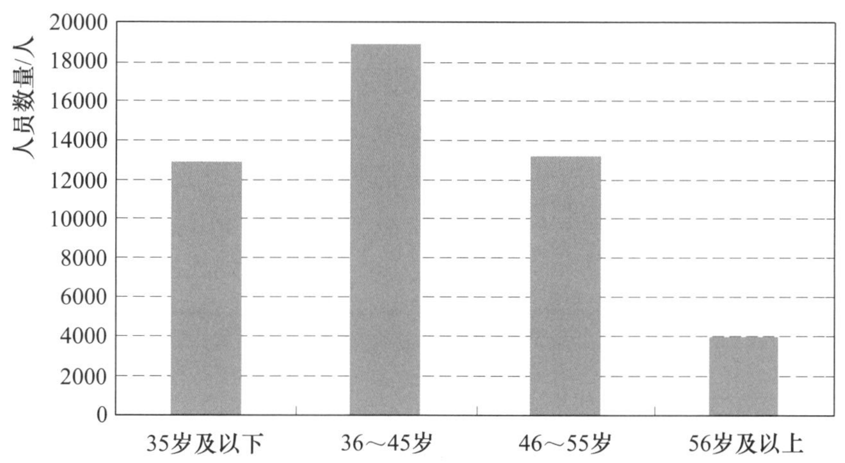

图 3-5-28　河道、堤防管理类事业法人单位从业人员年龄分布图

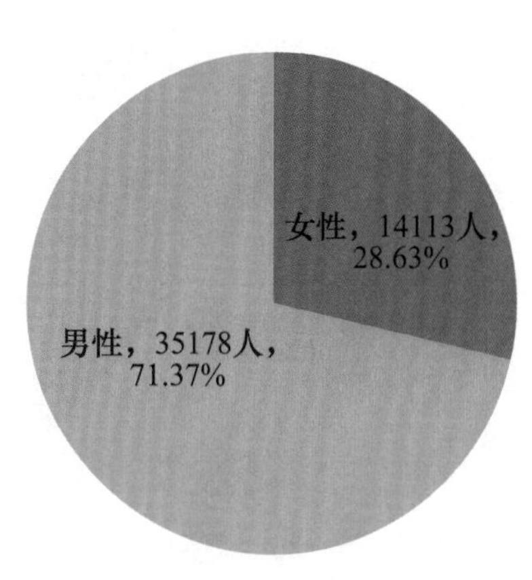

图 3－5－29 河道、堤防管理类事业法人单位从业人员性别分布图

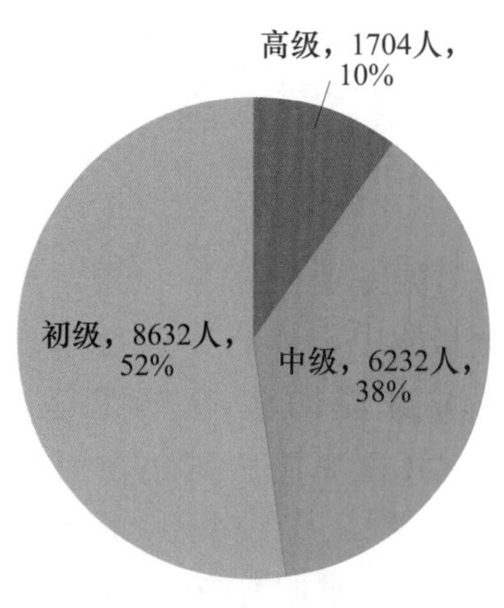

图 3－5－30 河道、堤防管理类事业法人单位从业人员专业技术职称分布图

从工人技术等级看，河道堤防管理单位从业人员中，具有技术等级的有2.4万人，占河道、堤防管理单位全部从业人员的47.9%。河道堤防管理单位具有技术等级从业人员中，高级技师189人，高级工1.1万人。具体情况如图3－5－31所示。

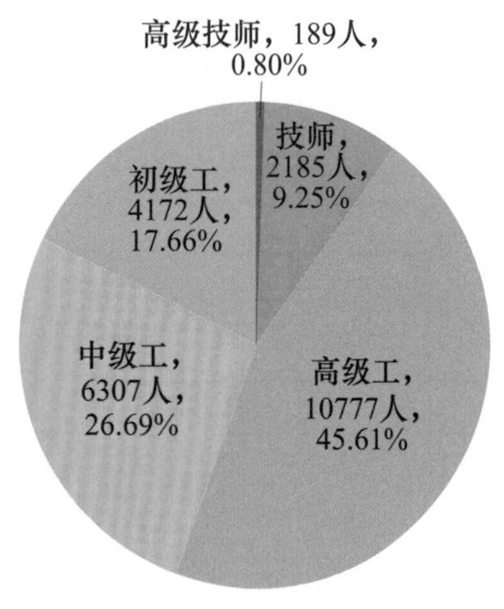

图 3－5－31 河道、堤防管理类事业法人单位从业人员中工人技术等级分布图

（三）资产状况

河道堤防管理单位总资产有562.7亿元，平均每省（自治区、直辖市）有18.2亿元，总资产最高的三个省是安徽（126.9亿元）、广东（100.7亿元）、江苏（78.5亿元）；总资产最少的三个省（自治区）为青海（65万元）、贵州（3万元）、西藏（0元）。具体情况如图3－5－32所示。

分区域看，东部地区河道堤防管理单位资产337.9亿元，平均每省（直辖市）30.7亿元；中部地区205.5亿元，平均每省25.7亿元；西部地区19.3亿元，平均每省（自治区、直辖市）1.6亿元。具体情况如图3－5－33所示。

四、泵站管理类事业法人单位

全国泵站管理类事业法人单位（以下简称泵站管理单位）有958个，从业

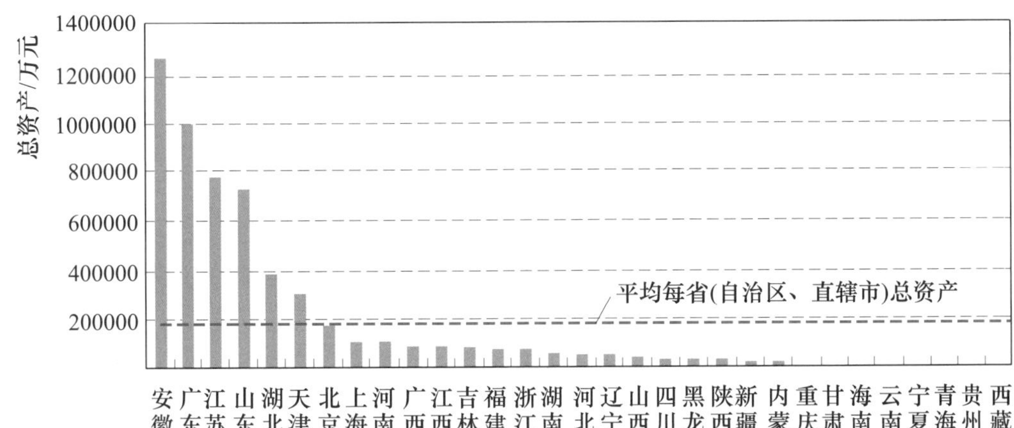

图 3－5－32　河道、堤防管理类事业法人单位总资产地区分布图

人员有 2.3 万人，总资产有 76.9 亿元。

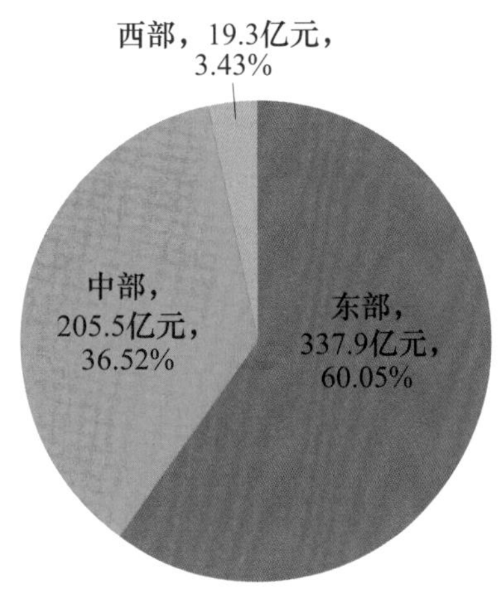

图 3－5－33　河道、堤防管理类事业法人单位总资产区域分布图

（一）机构数量及分布情况

全国泵站管理单位有 958 个，平均每省（自治区、直辖市）有 32 个，单位数量最多的三个省是安徽（252 个）、湖北（147 个）、湖南（108 个）；单位数量最少的三个省（自治区）为宁夏（2 个）、青海（1 个）、西藏（0 个）。具体情况如图 3－5－34 所示。

分区域看，东部地区有泵站管理单位 257 个，平均每省（直辖市）有 23 个；中部地区有 605 个，平均每省有 76 个；西部地区有 96 个，平均每省（自治区、直辖市）有 8 个。具体情况如图 3－5－35 所示。

（二）从业人员数量及结构

全国泵站管理单位从业人员有 2.3 万人，平均每省（自治区、直辖市）有 729 人，从业人员最多的三个省是安徽（5174 人）、湖北（4630 人）、湖南（2849 人）；从业人员最少的三个省（自治区、直辖市）为青海（9 个）、重庆（8 人）、西藏（0 人）。具体情况如图 3－5－36 所示。

分区域看，东部地区泵站管理单位从业人员 0.5 万人，平均每省（直辖市）有 0.04 万人；中部地区 1.6 万人，平均每省有 0.20 万人；西部地区 0.2 万人，平均每省（自治区、直辖市）有 0.01 万人。具体情况如图 3－5－37 所示。

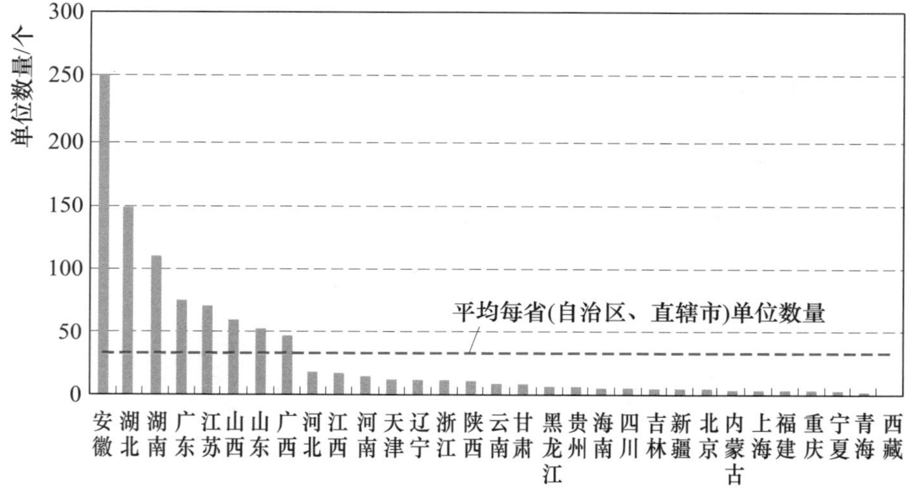

图 3-5-34　泵站管理类事业法人单位地区分布图

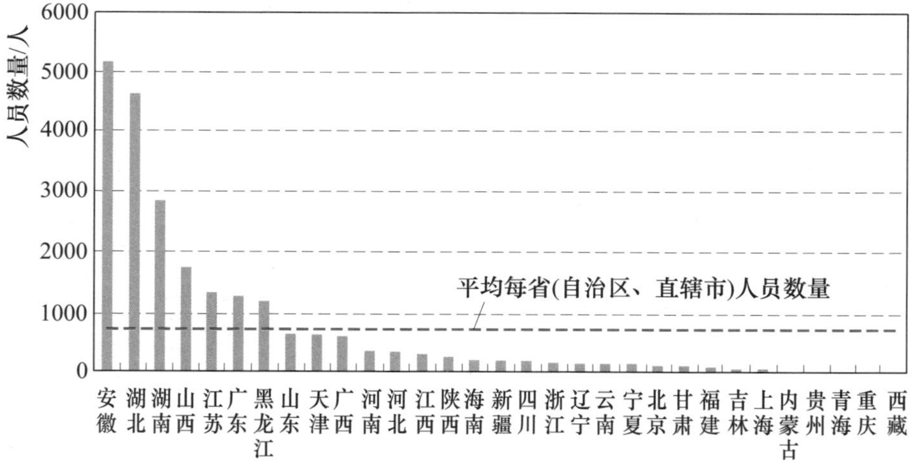

图 3-5-36　泵站管理类事业法人单位从业人员数量地区分布图

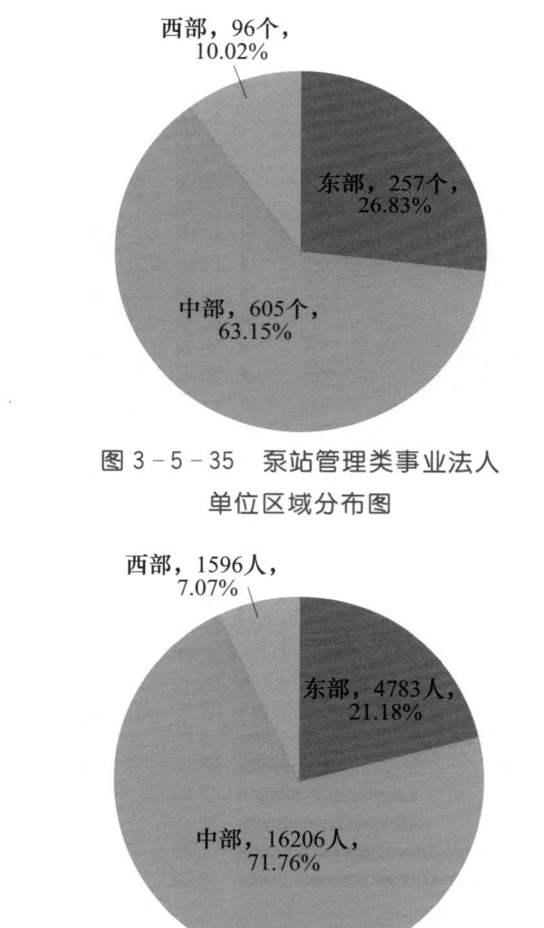

图 3-5-35　泵站管理类事业法人单位区域分布图

图 3-5-37　泵站管理类事业法人单位从业人员数量区域分布图

从人员学历看，全国泵站管理单位高中及以下学历从业人员有 1.3 万人，占 57.6%；大学专科及以上学历的有 6007 人，占 26.6%。具体情况如图 3-5-38 所示。

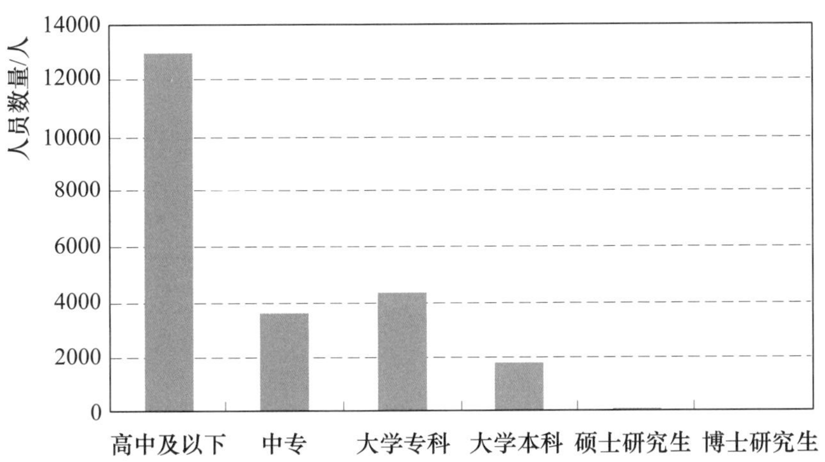

图 3-5-38　泵站管理类事业法人单位从业人员学历分布图

从人员年龄看，全国泵站管理单位从业人员中，36～45 岁年龄段的从业人员最多，有 9664 人，占 42.8%；46～55 岁有 5934 人，占 26.3%；35 岁及以下有 5009 人，占 22.2%；56 岁及以上年龄段的有 1978 人，占 8.8%。具体情况如图 3-5-39 所示。

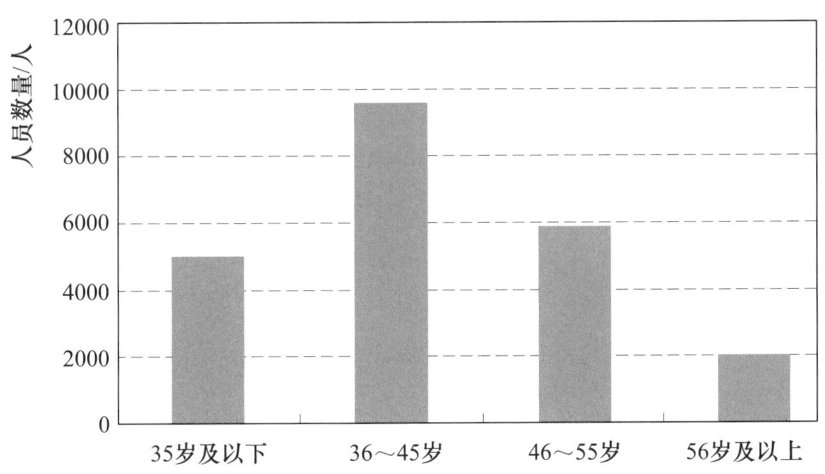

图 3-5-39　泵站管理类事业法人单位从业人员年龄分布图

从人员性别看，全国泵站管理单位有男性从业人员 1.7 万人，占 73.66%；女性从业人员 0.6 万人，占 26.34%。具体情况如图 3-5-40 所示。

从人员专业技术职称看，全国泵站管理单位从业人员中，具有专业技术职称的有 5346 人，占泵站管理单位从业人员总数的 23.67%。泵站管理单位具有专业技术职称的从业人员中，高级技术职称 397 人，占 7.43%；中级技术职称 1766 人，占 33.03%；初级技术职称 3183 人，占 59.54%。具体情况如图 3-5-41 所示。

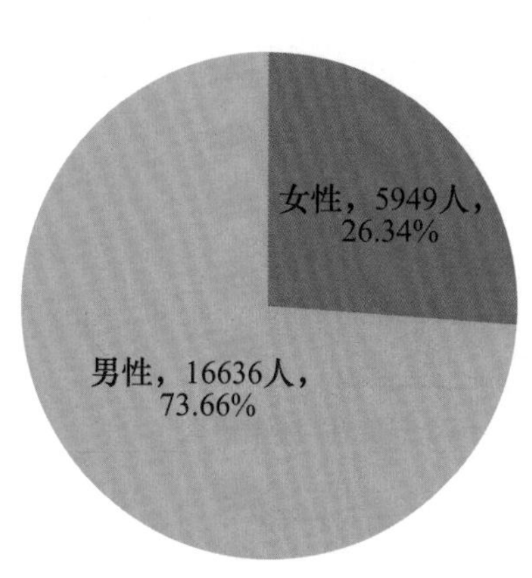

图 3-5-40　泵站管理类事业法人单位从业人员性别分布图

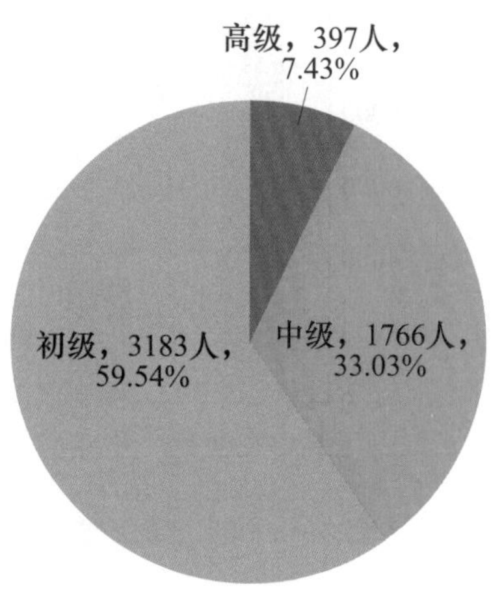

图 3-5-41　泵站管理类事业法人单位从业人员专业技术职称分布图

从工人技术等级看，全国泵站管理单位从业人员中，具有技术等级的有 1.4 万人，占泵站管理单位从业人员总数的 63.5%。泵站管理单位具有技术等级从业人员中，高级技师 55 人，占 0.4%；高级工 5911 人，占 41.2%。具体情况如图 3-5-42 所示。

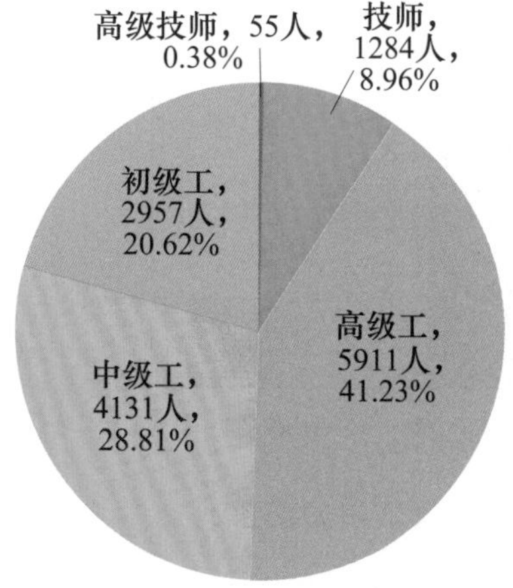

图 3-5-42　泵站管理类事业法人单位从业人员中工人技术等级分布图

（三）资产状况

泵站管理单位的总资产为 76.9 亿元，平均每省（自治区、直辖市）有 2.5 亿元，总资产最多的三个省是安徽（22.8 亿元）、湖北（11.1 亿元）、江苏（7.7 亿元）；总资产最少的三个省（自治区、直辖市）为重庆（85.8 万元）、青海（73 万元）、西藏（0 元）。具体情况如图 3-5-43 所示。

分区域看，东部地区泵站管理单位资产有 20.0 亿元，平均每省（直辖市）有 1.8 亿元；中部地区有 51.3 亿元，平均每省有 6.4 亿元；

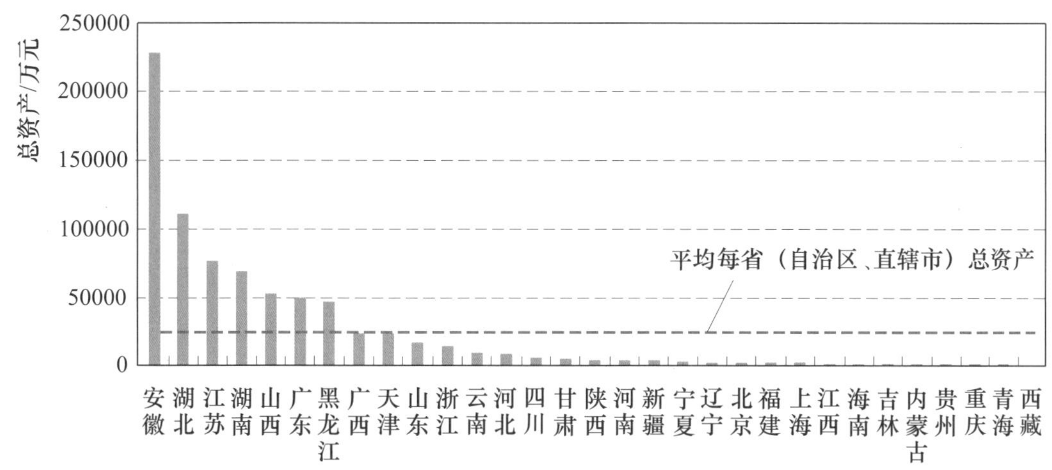

图 3-5-43　泵站管理类事业法人单位总资产地区分布图

西部地区有 5.6 亿元，平均每省（自治区、直辖市）有 0.47 亿元。具体情况如图 3-5-44 所示。

五、水利工程综合管理类事业法人单位

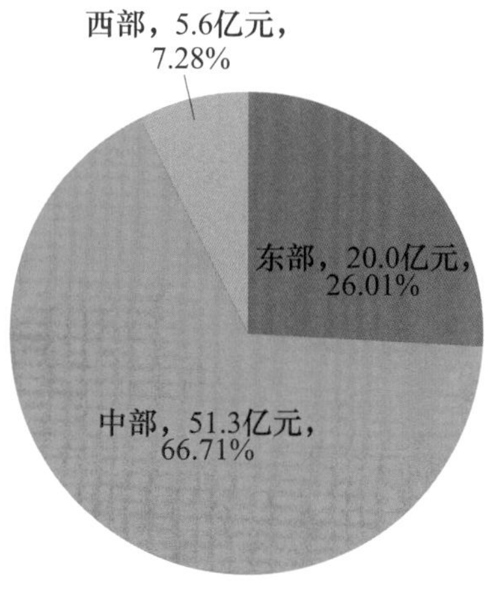

图 3-5-44　泵站管理类事业法人单位总资产区域分布图

水利工程综合管理类事业法人单位（以下简称水利工程综合管理单位）有 5879 个，从业人员有 9.6 万人，总资产有 737.1 亿元。

（一）机构数量及分布情况

全国水利工程综合管理单位有 5879 个，平均每省（自治区、直辖市）有 190 个，单位数量最多的三个省是湖南（657 个）、江苏（586 个）、云南（579 个）；单位数量最少的三个省（自治区、直辖市）为海南（26 个）、天津（16 个）、西藏（3 个）。具体情况如图 3-5-45 所示。

分区域看，东部地区水利工程综合管理单位有 1690 个，平均每省（直辖市）有 154 个；中部地区有 1852 个，平均每省有 232 个；西部地区有 2337 个，平均每省（自治区、直辖市）有 195 个。具体情况如图 3-5-46 所示。

（二）从业人员数量及结构

水利工程综合管理单位共有从业人员 9.6 万人，平均每省（自治区、直辖市）有 3095 人，从业人员最多的三个省是江苏（8952 人）、湖南（8307 人）、广东（5667 人）；从业人员最少的三个省（自治区、直辖市）为青海（849

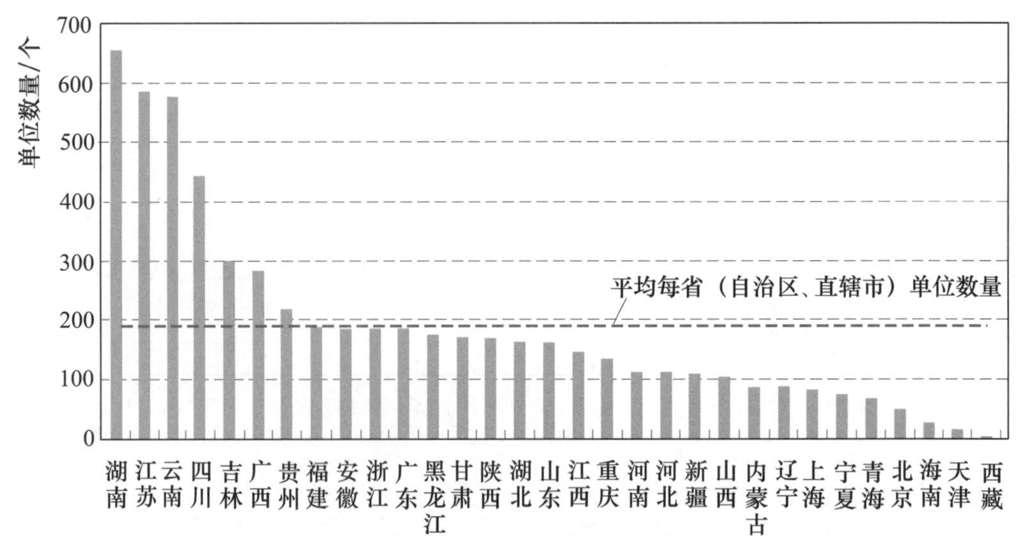

图 3-5-45 水利工程综合管理类事业法人单位地区分布图

人）、天津（471 人）、西藏（65 人）。具体情况如图 3-5-47 所示。

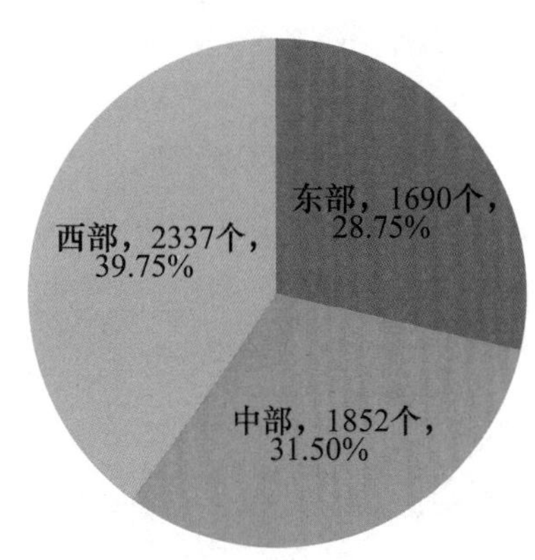

图 3-5-46 水利工程综合管理类事业法人单位区域分布图

分区域看，东部地区水利工程综合管理单位从业人员有 3.5 万人，平均每省（直辖市）有 0.32 万人；中部地区有 3.1 万人，平均每省有 0.39 万人；西部地区有 2.9 万人，平均每省（自治区、直辖市）有 0.25 万人。具体情况如图 3-5-48 所示。

从人员学历看，水利工程综合管理单位高中及以下学历从业人员有 4.0 万人，占 42%；大学专科及以上学历从业人员有 4.2 万人，占 43%。具体情况如图 3-5-49 所示。

从人员年龄看，水利工程综合管理单位从业人员中，36～45 岁年龄段的最多，有 3.7 万人，占 38.8%；46～55 岁有 2.6 万人，占 26.9%；35 岁及以下的有 2.4 万人，占 25.4%；56 岁及以上年龄段的最少，有 8606 人，占 9.0%。具体情况如图 3-5-50 所示。

从人员性别看，水利工程综合管理单位有男性从业人员 7.1 万人，占 73.65%；女性从业人员 2.5 万人，占 26.35%。具体情况如 3-5-51 所示。

从人员专业技术职称看，水利工程综合管理单位从业人员中，具有专业技术职称的有 3.6 万人，占水利工程综合管理单位从业人员 37.05%。水利工程

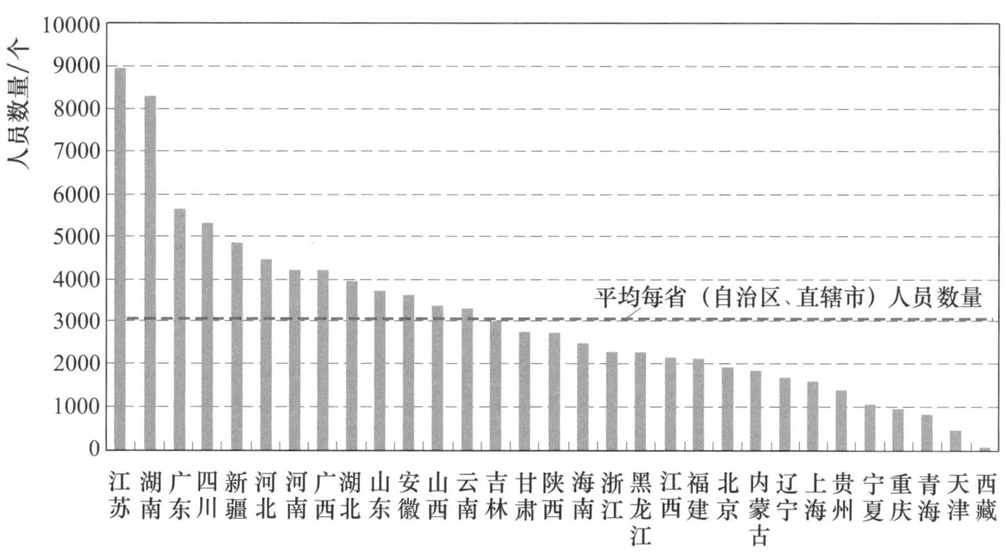

图 3－5－47　水利工程综合管理类事业法人单位从业人员数量地区分布图

综合管理单位具有专业技术职称的从业人员中，高级技术职称有 4280 人，占 12.04%；中级技术职称有 1.3 万人，占 37.38%；初级技术职称有 1.8 万人，占 50.58%。具体情况如图 3－5－52 所示。

从工人技术等级看，水利工程综合管理单位从业人员中，具有技术等级的有 4.4 万人，占水利工程综合管理单位从业人员 45.6%。水利工程综合管理单位具有技术等级从业人员中，高级技师 340 人，高级工 1.7 万人。具体情况如图 3－5－53 所示。

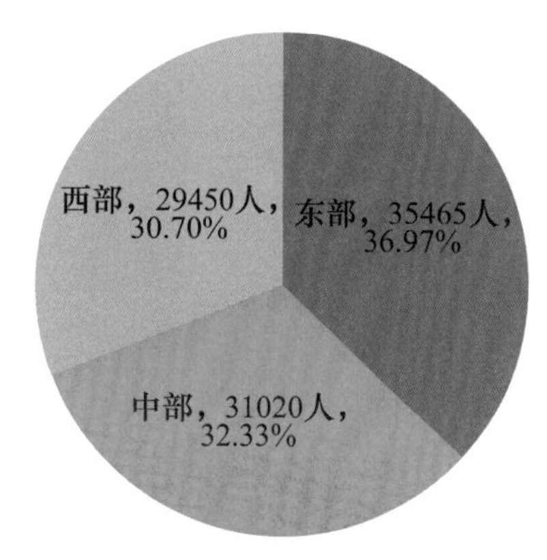

图 3－5－48　水利工程综合管理类事业法人单位从业人员数量区域分布图

（三）资产状况

水利工程综合管理单位的总资产有 737.1 亿元，平均每省（自治区、直辖市）有 23.8 亿元，总资产最高的三个省是江苏（151.8 亿元）、广东（86.1 亿元）、山东（74.7 亿元）；总资产最少的三个省（自治区）为青海（17572.2 万元）、宁夏（2445.5 万元）、西藏（573.9 万元）。具体情况如图 3－5－54 所示。

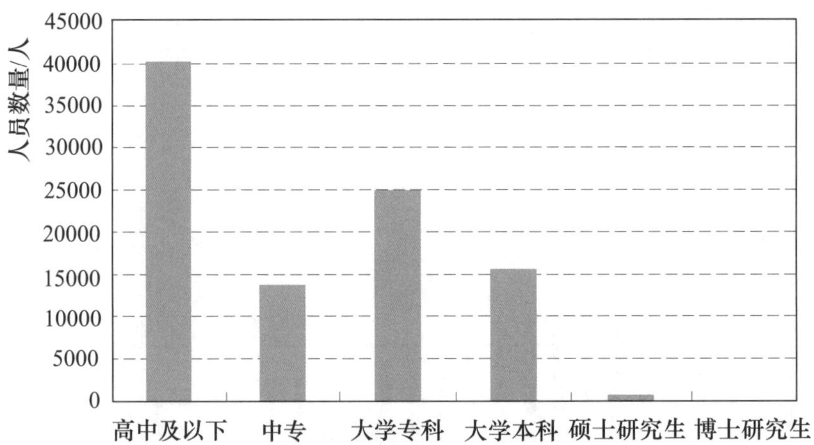

图 3-5-49 水利工程综合管理类事业法人单位从业人员学历分布图

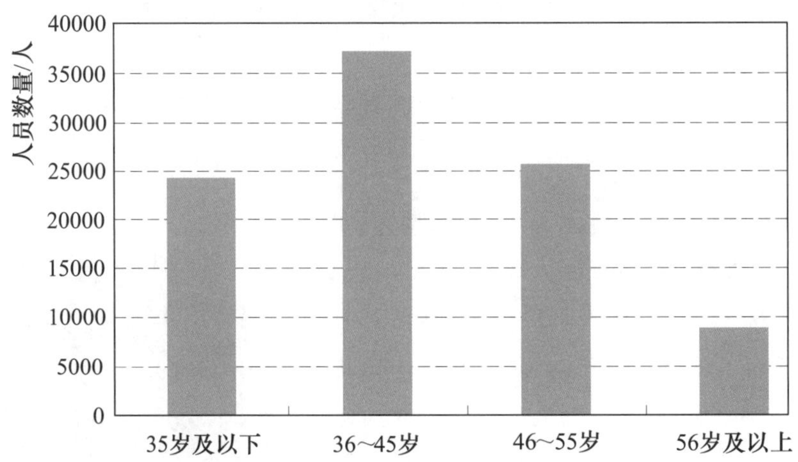

图 3-5-50 水利工程综合管理类事业法人单位从业人员年龄分布图

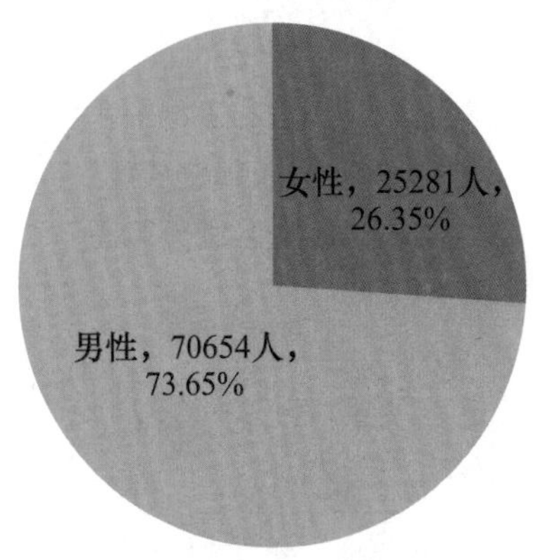

图 3-5-51 水利工程综合管理类事业法人单位从业人员性别分布图

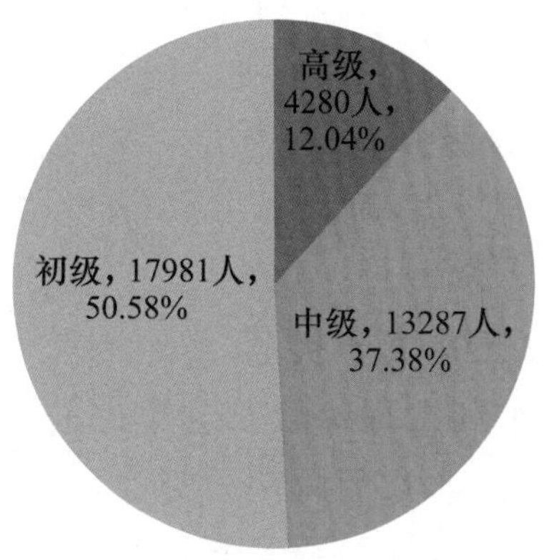

图 3-5-52 水利工程综合管理类事业法人单位从业人员专业技术职称分布图

分区域看，东部地区水利工程综合管理单位总资产有470.7亿元，平均每省（直辖市）有42.8亿元；中部地区有116.7亿元，平均每省有14.6亿元；西部地区有149.7亿元，平均每省（自治区、直辖市）有12.5亿元。具体情况如图3-5-55所示。

六、水文类事业法人单位

水文类事业法人单位（以下简称水文单位）有576个，从业人员有2.8万人，总资产有65.7亿元。

（一）机构数量及分布情况

全国水文单位有576个，平均每省（自治区、直辖市）有19个，单位数量最多的三个省是浙江（72个）、山西（36个）、福建（34个）；单位数量最少的三个省（自治区）是宁夏（2个）、海南（1个）、西藏（0个）。具体情况如图3-5-56所示。

分区域看，东部地区水文单位224个，占水文单位总数的38.9%，平均每省（直辖市）有20个；中部地区193个，占33.5%，平均每省有24个；西部地区159个，占27.6%，平均每省（自治区、直辖市）有13个。具体情况如图3-5-57所示。

（二）从业人员数量及结构

全国水文单位从业人员有2.8万人，平均每省（自治区、直辖市）有913人，从业人员最多的三个省是湖北（3287人）、河南（2994人）、甘肃（1597人）；从业人员最少的三个省（自治区）为宁夏（253人）、海南（92人）、西藏（0人）。具体情况如图3-5-58所示。

分区域看，东部地区水文单位从业人员有0.77万人，平均每省（自治区、直辖市）0.07万人；中部地区有1.20万人，平均每省（自治区、直辖市）0.15万人；西部地区有0.86万人，平均每省（自治区、直辖市）0.07万人。具体情况如图3-5-59所示。

从人员学历看，水文事业单位大学专科及以上学历从业人员1.9万人，占水文事业单位全部从业人员的比例有67.4%。具体情况如图3-5-60所示。

从人员年龄看，水文单位从业人员中，35岁及以下、36～45岁和46～55岁年龄段的从业人员均在9000人左右；56岁及以上年龄段的从业人员最少，只有1758人，占6.2%。具体情况如图3-5-61所示。

从人员性别看，水文事业单位有男性从业人员2.0万人，占71.9%；女性从业人员0.8万人，占28.1%。具体情况如图3-5-62所示。

高级技师，340人，0.78%
技师，2517人，5.75%
初级工，10067人，22.99%
高级工，16997人，38.81%
中级工，13872人，31.68%

图 3－5－53　水利工程综合管理类事业法人单位从业人员中工人技术等级分布图

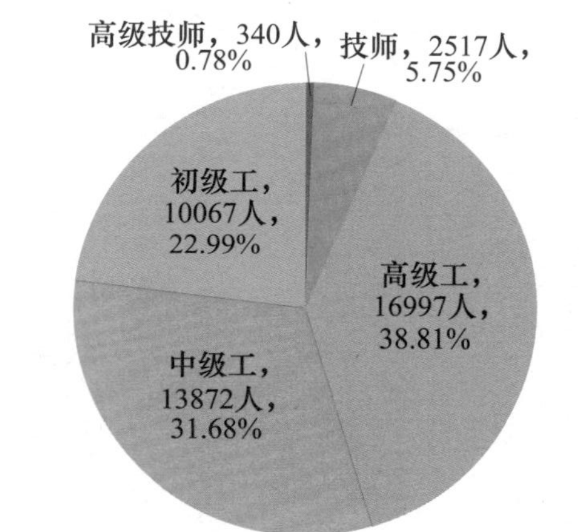

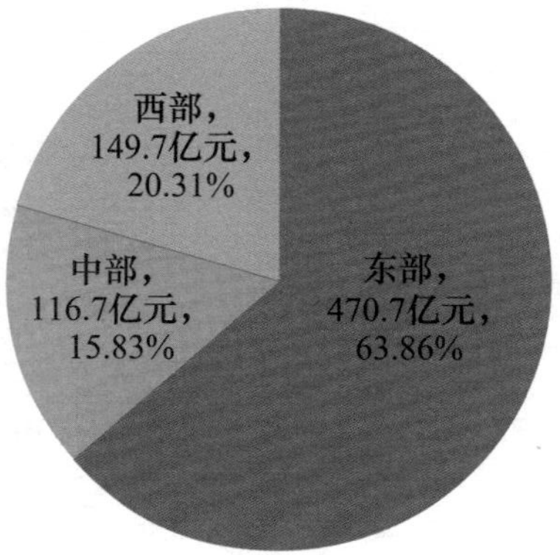

图 3－5－55　水利工程综合管理类事业法人单位总资产区域分布图

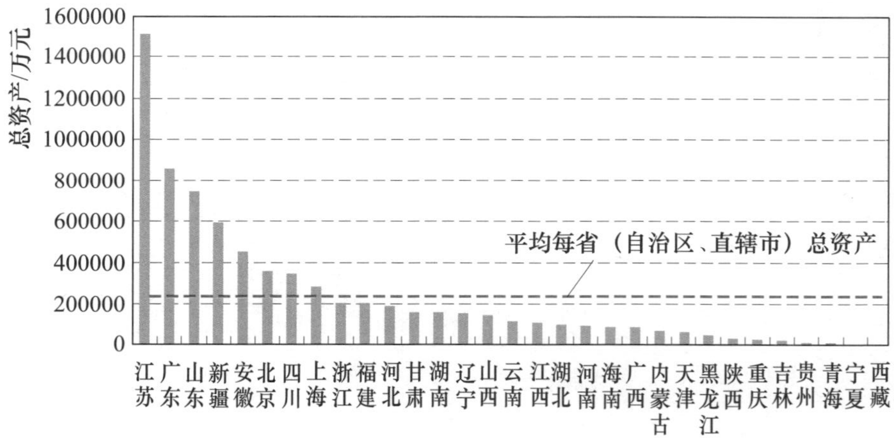

图 3－5－54　水利工程综合管理类事业法人单位总资产地区分布图

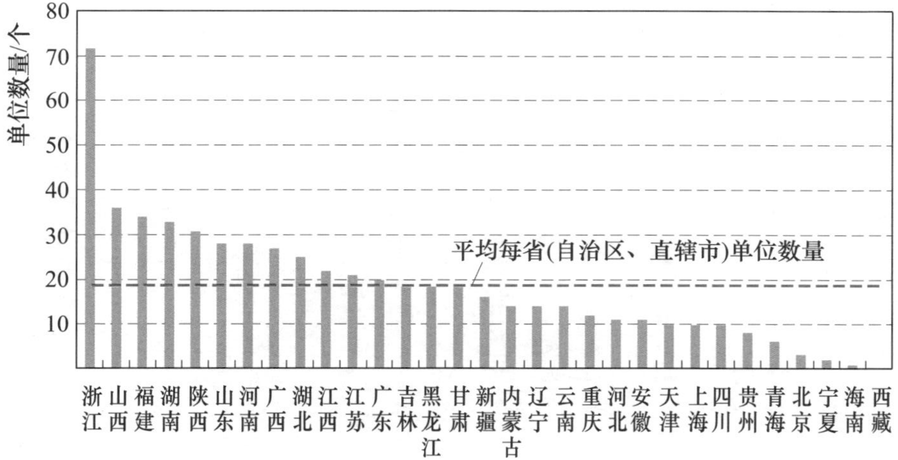

图 3－5－56　水文类事业法人单位地区分布图

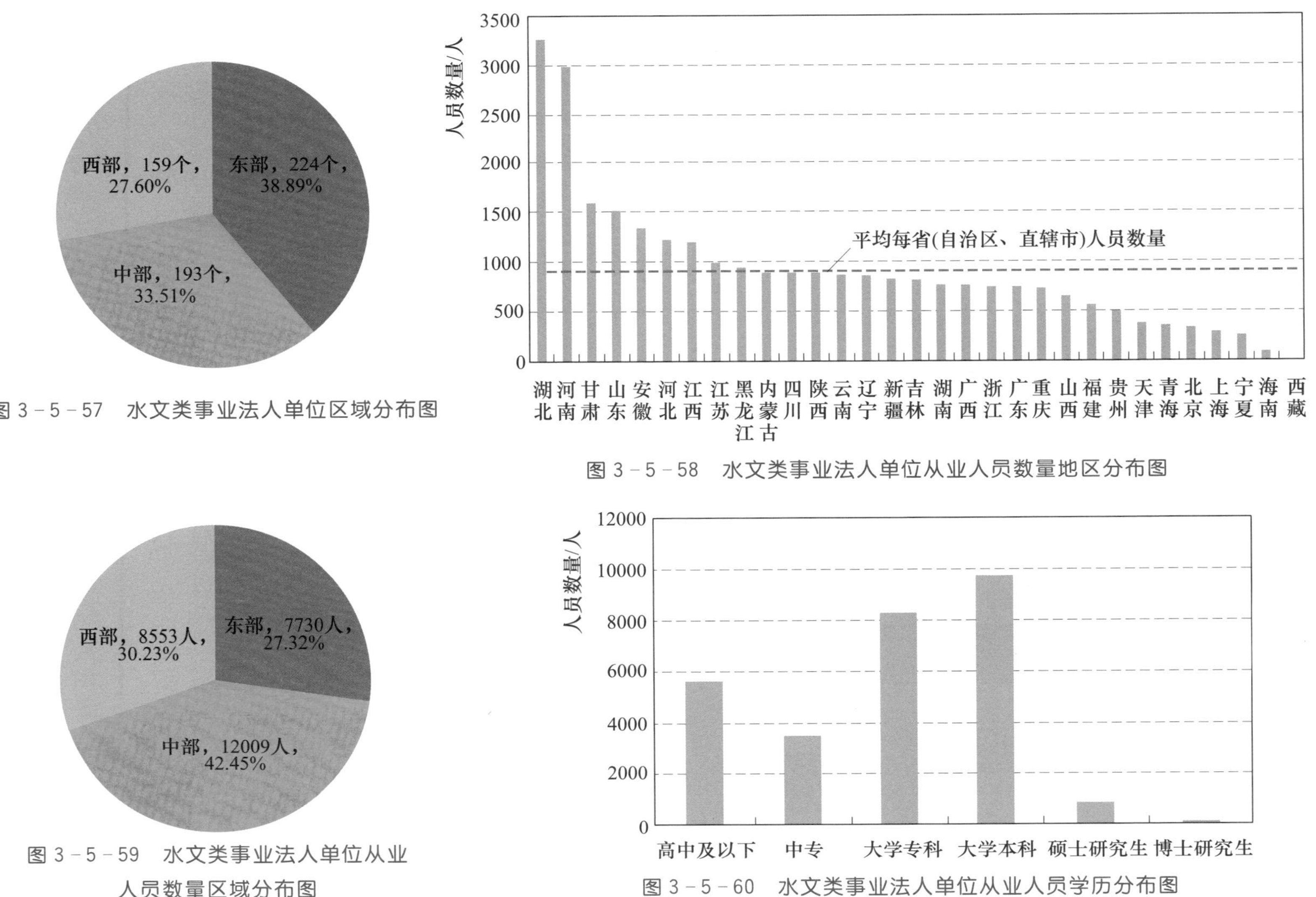

图 3-5-57　水文类事业法人单位区域分布图

图 3-5-58　水文类事业法人单位从业人员数量地区分布图

图 3-5-59　水文类事业法人单位从业人员数量区域分布图

图 3-5-60　水文类事业法人单位从业人员学历分布图

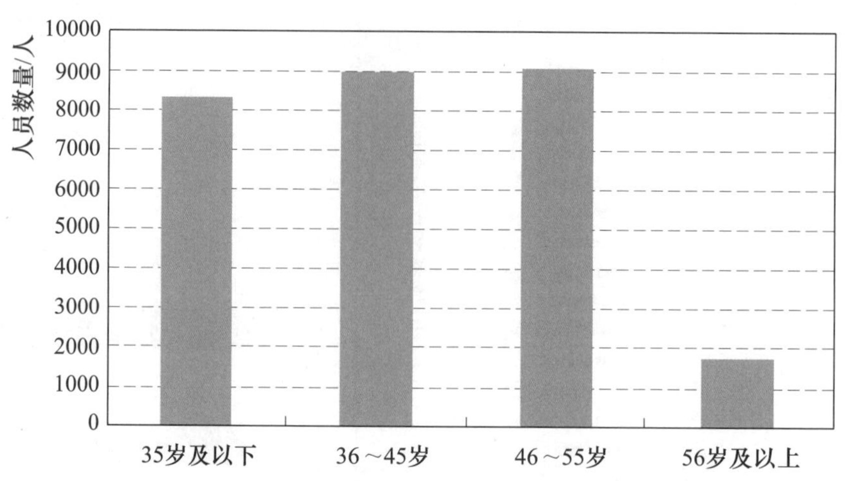

图 3-5-61　水文类事业法人单位从业人员年龄分布图

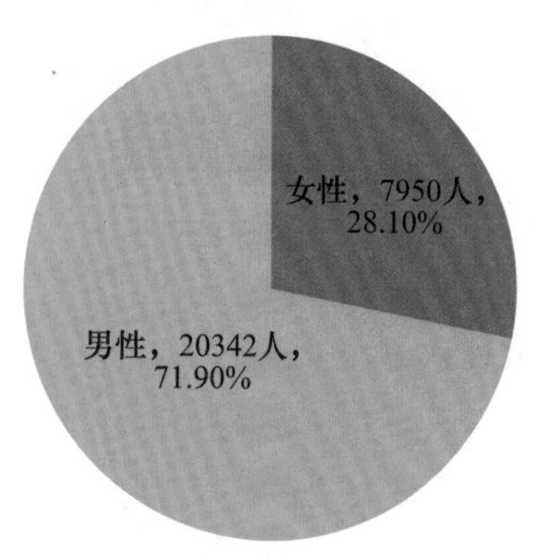

图 3-5-62　水文类事业法人单位从业人员性别分布图

从人员专业技术职称看，全国水文单位从业人员中，具有专业技术职称的有 1.7 万人，占水文单位从业人员 60.23%。水文单位具有专业技术职称的从业人员中，高级技术职称 3574 人，占 20.98%；中级技术职称 6653 人，占 39.05%；初级技术职称 6812 人，占 39.98%。具体情况如图 3-5-63 所示。

从工人技术等级看，全国水文单位从业人员中，具有技术等级的有 9117 人，占水文单位从业人员 32.2%。水文单位具有技术等级的从业人员中，高级技师 140 人，高级工 4353 人。具体情况如图 3-5-64 所示。

（三）资产状况

全国水文单位总资产有 65.7 亿元，平均每省（自治区、直辖市）有 2.1 亿元。总资产最多的三个省是湖北（7.4 亿元）、河南（6.0 亿元）、江苏（4.5 亿元）；总资产最少的三个省（自治区）是青海（2820 万元）、宁夏（2689 万元）、西藏（0 元）。具体情况如图 3-5-65 所示。

分区域看，东部地区水文单位资产 24.9 亿元，平均每省（直辖市）2.3 亿元；中部地区 27.1 亿元，平均每省 3.4 亿元；西部地区 13.7 亿元，平均每省（自治区、直辖市）1.1 亿元。具体情况如图 3-5-66 所示。

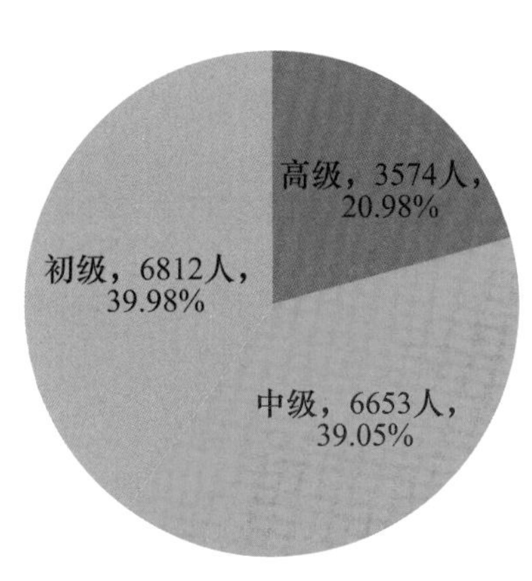

图 3－5－63　水文类事业法人单位从业人员专业技术职称分布图

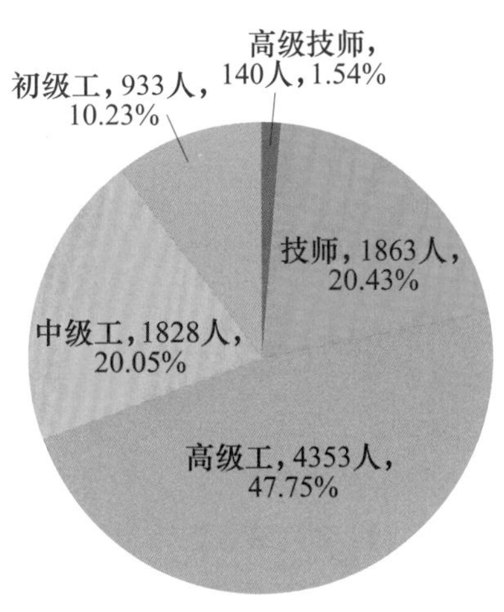

图 3－5－64　水文类事业法人单位从业人员中工人技术等级分布图

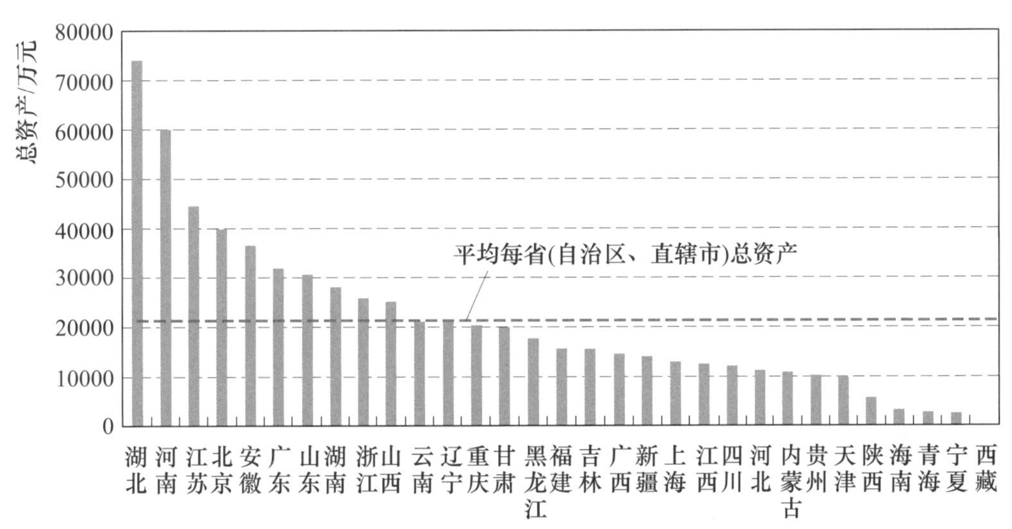

图 3－5－65　水文类事业法人单位总资产地区分布图

七、六类水利事业法人单位机构、人员与资产比较

（一）机构数量

各省（自治区、直辖市）水利工程综合管理单位和水库管理单位分别占六类单位数量比重较大，其中上海、江苏、云南、西藏的水利工程综合管理单位占比均大于60%；海南、重庆、广东、贵州、西藏的水库管理单位占比均大于40%。具体情况见表3－5－1。

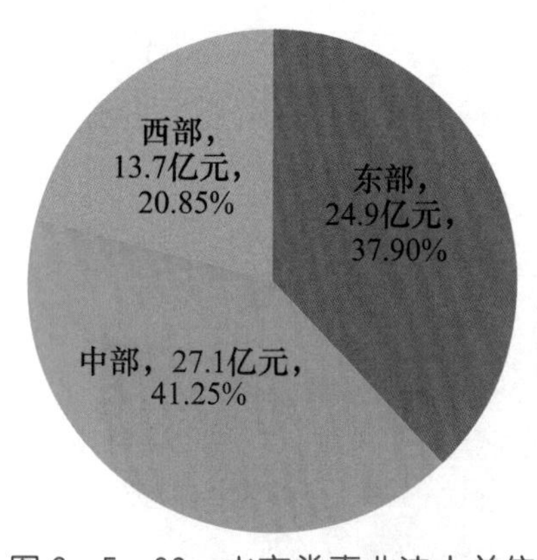

图 3-5-66　水文类事业法人单位总资产区域分布图

（二）人员状况

水库管理单位、水利工程综合管理单位、灌区管理单位从业人员较多。从平均人数看，水文类单位和灌区管理单位的平均从业人员较多，分别为 49 人和 41 人；水利工程综合管理单位最少，为 16 人。具体情况见表 3-5-2。

从人员学历看，水文类单位和河道、堤防管理单位具有大学专科及以上学历从业人员占全部从业人员比重均高于水利事业法人单位 44.7%的平均水平，分别为 67.4%和 44.9%；水利工程综合管理单位、灌区管理单位、水库管理单位和泵站管理单位低于平均水平，分别为 43.5%、31.4%、28.8%和 26.6%。具体情况见表 3-5-3。

表 3-5-1　　六大类型水利事业法人单位数量对比表　　单位：个

地区	水库管理单位数量	灌区管理单位数量	河道、堤防管理单位数量	泵站管理单位数量	水利工程综合管理单位数量	水文类单位数量
合计	4331	2181	2003	958	5879	576
北京	22	5	21	3	50	3
天津	13	1	26	11	16	10
河北	92	98	72	17	112	11
山西	132	134	67	59	104	36
内蒙古	138	94	63	3	89	14
辽宁	94	53	146	11	87	14
吉林	124	58	61	4	300	19
黑龙江	119	209	104	6	175	19
上海	0	0	14	3	84	10
江苏	67	69	144	70	586	21
浙江	134	21	82	10	188	72
安徽	111	38	121	252	191	11
福建	139	28	63	3	194	34

续表

地区	水库管理单位数量	灌区管理单位数量	河道、堤防管理单位数量	泵站管理单位数量	水利工程综合管理单位数量	水文类单位数量
江西	222	47	62	16	145	22
山东	217	85	126	51	161	28
河南	139	149	174	13	115	28
湖北	284	39	177	147	165	25
湖南	311	107	121	108	657	33
广东	335	60	129	73	186	20
广西	300	100	29	46	282	27
海南	58	11	4	5	26	1
重庆	233	13	11	3	134	12
四川	325	95	40	5	445	10
贵州	200	41	16	6	217	8
云南	309	35	24	8	579	14
西藏	2	0	0	0	3	0
陕西	89	139	74	10	168	31
甘肃	41	198	16	8	171	19
青海	22	35	3	1	65	6
宁夏	8	19	6	2	74	2
新疆	51	200	7	4	110	16

表 3-5-2　六大类型水利事业法人单位从业人员数量对比表　单位：人

地区	水库管理单位	灌区管理单位	河道、堤防管理单位	泵站管理单位	水利工程综合管理单位	水文类单位
合计	113498	90289	49291	22585	95935	28292
平均数	26	41	25	24	16	49
北京	1178	101	1323	92	1921	332
天津	975	83	1283	617	471	376
河北	3493	4672	1735	316	4469	1221
山西	2867	4593	822	1730	3387	650

续表

地区	水库管理单位	灌区管理单位	河道、堤防管理单位	泵站管理单位	水利工程综合管理单位	水文类单位
内蒙古	3218	3333	1093	24	1873	898
辽宁	4934	3631	3122	139	1700	853
吉林	5248	2744	944	39	3026	807
黑龙江	3182	4917	2344	1169	2283	946
上海	0	0	629	33	1625	290
江苏	1123	2068	3140	1300	8952	998
浙江	4050	549	980	156	2295	749
安徽	2904	2590	4347	5174	3652	1356
福建	3643	380	736	69	2125	563
江西	6144	1643	1022	278	2175	1201
山东	7975	3149	3195	624	3739	1517
河南	5959	8286	6030	337	4223	2994
湖北	9387	1655	7556	4630	3967	3287
湖南	10455	5231	1893	2849	8307	768
广东	11709	1825	2764	1245	5667	739
广西	7048	1721	512	602	4201	751
海南	1943	490	42	192	2501	92
重庆	2215	151	96	8	963	727
四川	3271	4005	784	166	5330	891
贵州	1901	291	66	20	1391	506
云南	3037	933	145	129	3343	865
西藏	81	0	0	0	65	0
陕西	2914	9714	1991	255	2738	885
甘肃	550	11292	289	87	2784	1597
青海	342	702	47	9	849	355
宁夏	69	2554	78	122	1049	253
新疆	1683	6986	283	174	4864	825

表3-5-3 六大类型水利事业法人单位从业人员学历对比表 单位：人

单位类型	博士研究生	硕士研究生	大学本科	大学专科	中专	高中及以下
水库管理单位	11	275	9883	22558	16700	64071
灌区管理单位	6	182	8263	19926	13925	47987
河道、堤防管理单位	16	351	8118	13667	6459	20680
泵站管理单位	0	52	1660	4295	3566	13012
水利工程综合管理单位	56	828	15654	25163	13753	40481
水文类单位	85	832	9793	8353	3542	5687

从人员专业技术职称看，水文类单位和水利工程综合管理单位具有专业技术职称从业人员占全部从业人员比重均高于水利事业法人单位36.3%的平均水平，分别为60.2%和37.1%；河道、堤防管理单位、灌区管理单位、水库管理单位、泵站管理单位均低于平均水平，分别为33.6%、27.3%、25.8%和23.7%。具体情况见表3-5-4。

表3-5-4 六大类型水利事业法人单位从业人员专业技术职称对比表 单位：人

单位类型	从业人员合计	高级	中级	初级
水库管理单位	113498	3392	9263	16611
灌区管理单位	90289	2382	8131	14137
河道、堤防管理单位	49291	1704	6232	8632
泵站管理单位	22585	397	1766	3183
水利工程综合管理单位	95935	4280	13287	17981
水文类单位	28292	3574	6653	6812

从工人技术等级看，泵站管理单位单位、灌区管理单位、水库管理单位和河道、堤防管理单位拥具有技术等级从业人员占全部从业人员比重均高于水利事业法人单位46.4%的平均水平，分别为63.5%、58.3%、56.0%和47.9%；水利工程综合管理单位以及水文类单位较少，分别为45.6%和32.2%。具体情况见表3-5-5。

表3-5-5 六大类型水利事业法人单位从业人员中工人技术等级对比表 单位：人

单位类型	从业人员合计	高级技师	技师	高级工	中级工	初级工
水库管理单位	113498	333	3305	24578	19386	15982
灌区管理单位	90289	471	2682	21324	16793	11339
河道、堤防管理单位	49291	189	2185	10777	6307	4172
泵站管理单位	22585	55	1284	5911	4131	2957
水利工程综合管理单位	95935	340	2517	16997	13872	10067
水文类单位	28292	140	1863	4353	1828	933

（三）资产情况

六类水利事业法人单位中，河道、堤防管理单位和水库管理单位平均资产较多，分别为2809万元、2503万元；水文类单位、泵站管理单位平均资产较少，分别为1141万元、803万元。具体情况见表3-5-6。

表3-5-6　六大类型水利事业法人单位资产总额对比表　单位：万元

地区	水库管理单位资产总额	灌区管理单位资产总额	河道、堤防管理单位资产总额	泵站管理单位资产总额	水利工程综合管理单位资产总额	水文类单位资产总额
总资产	10841285	4673626	5627417	769026	7371321	657219
平均资产	2503	2143	2809	803	1254	1141
北京	147239	16165	172656	2492	368590	40394
天津	260359	18	306138	23425	70705	9859
河北	1051630	327962	54252	8707	190389	11491
山西	174960	198892	36452	51970	149645	25377
内蒙古	402239	206989	17165	365	71519	11046
辽宁	1777482	88062	53570	2609	156789	20815
吉林	216755	72145	80439	394	27989	15797
黑龙江	222038	112091	31417	46363	51910	18012
上海	0	0	106477	2027	287116	13097
江苏	128101	145279	785271	76616	1517685	44872
浙江	790969	54068	76722	14730	209961	26048
安徽	483076	155616	1268910	228043	457971	36616
福建	202002	20575	78908	2370	209886	16152
江西	341457	70394	88068	1673	114209	12876
山东	1007143	371055	736201	16867	747448	31049
河南	520758	266175	105526	3843	97378	60270
湖北	345169	62378	388006	111492	105124	74158
湖南	338982	156551	56202	68863	163116	28112
广东	633349	83139	1007176	49814	861098	32122

续表

地区	水库管理单位资产总额	灌区管理单位资产总额	河道、堤防管理单位资产总额	泵站管理单位资产总额	水利工程综合管理单位资产总额	水文类单位资产总额
广西	232356	93796	90115	24528	87201	14827
海南	139467	14198	1551	644	87392	3385
重庆	137576	8531	2888	86	32760	20515
四川	299827	241288	31998	5677	350125	12376
贵州	85880	8690	3	275	19115	10491
云南	475408	152380	798	9581	118113	21348
西藏	4568	0	0	0	574	0
陕西	198656	564770	27583	3897	37287	6035
甘肃	36341	442256	2195	4790	164746	20315
青海	34285	28616	65	73	17572	2820
宁夏	9144	73976	642	3083	2446	2689
新疆	144073	637572	20022	3735	595464	14257

第六节　重点区域水利事业法人单位的普查成果

本节对重点区域内水利事业法人单位数量及分布情况、从业人员情况、资产状况普查成果进行介绍。

一、粮食主产区

粮食主产区的水利事业法人单位共有有 12867 个，从业人员 28.2 万人，总资产 1469.3 亿元。

（一）机构数量及分布情况

粮食主产区的水利事业法人单位有 12867 个，占水利事业法人单位的 39.7%。其中，长江流域 4192 个、东北平原 2436 个、汾渭平原 771 个、甘肃新疆 596 个、河套灌区 268 个、华南主产区 853 个和黄淮海平原 3751 个。具体情况见表 3-6-1。

表 3-6-1　　粮食主产区水利事业法人单位分布表

粮食主产区	单位数量/个	占比/%	粮食主产区	单位数量/个	占比/%
合计	12867	100	甘肃新疆	596	4.6
长江流域	4192	32.6	河套灌区	268	2.1
东北平原	2436	18.9	华南主产区	853	6.6
汾渭平原	771	6.0	黄淮海平原	3751	29.2

粮食主产区中共有灌区管理单位 1166 个，占全国灌区管理事业法人单位的 53.5%。具体情况见表 3-6-2。

表 3-6-2　　全国重要粮食主产区灌区管理事业法人单位分布表　　单位：个

粮食主产区	单位数量	粮食主产区	单位数量
合计	1166	甘肃新疆	206
长江流域	206	河套灌区	44
东北平原	313	华南主产区	36
汾渭平原	95	黄淮海平原	266

（二）从业人员数量及结构

粮食主产区的水利事业法人单位有 28.2 万人。其中，长江流域主产区水利事业法人单位从业人员有 8.0 万人、东北平原 5.2 万人、汾渭平原 1.9 万人、甘肃新疆 1.9 万人、河套灌区 0.9 万人、华南主产区 1.0 万人、黄淮海平原 9.4 万人。具体情况见表 3-6-3。

表 3-6-3　　粮食主产区水利事业法人单位从业人员数量分布表

粮食主产区	人员数量/人	占比/%	粮食主产区	人员数量/人	占比/%
合计	282120	100	甘肃新疆	19098	6.77
长江流域	79873	28.31	河套灌区	9159	3.25
东北平原	51646	18.31	华南主产区	9576	3.39
汾渭平原	18932	6.71	黄淮海平原	93836	33.26

粮食主产区的水利事业法人单位从业人员中，具有大学专科及以上学历的人共有 98496 人，占全部从业人员的 34.9%，低于水利事业法人单位 44.7% 的平均水平。具体情况见表 3-6-4 和图 3-6-1。

表 3-6-4　　粮食主产区水利事业法人单位从业人员学历分布表　　单位：人

粮食主产区	博士研究生	硕士研究生	大学本科	大学专科	中专	高中及以下
合计	16	755	30870	66855	44588	139036
长江流域	7	292	6883	18016	12886	41789
东北平原	2	126	5443	11928	8138	26009
汾渭平原	0	28	1757	4660	2636	9851
甘肃新疆	4	38	2777	5078	3568	7633
河套灌区	0	28	1397	2936	1189	3609
华南主产区	1	36	1358	3111	1535	3535
黄淮海平原	2	207	11255	21126	14636	46610

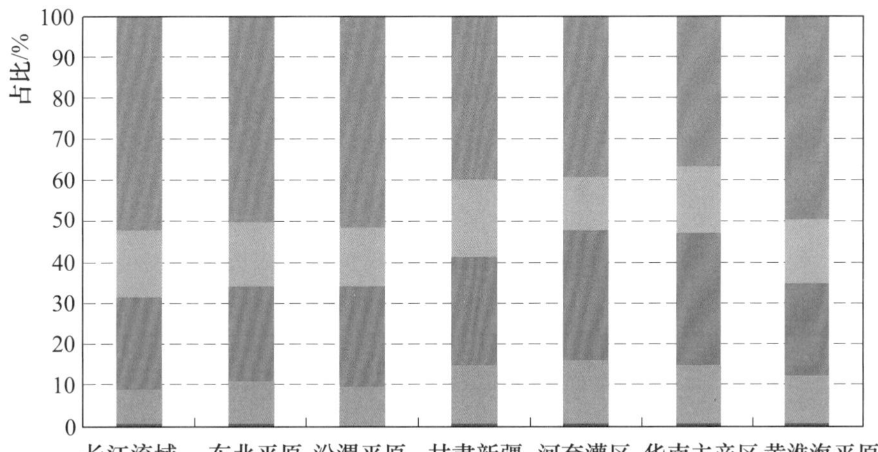

图 3-6-1　粮食主产区水利事业法人单位从业人员学历分布图

粮食主产区的水利事业法人单位从业人员中，具有专业技术职称的 89400 人，占全部从业人员的 31.7%，低于水利事业法人单位 36.25%的平均水平。具体情况见表 3-6-5 和图 3-6-2。

表 3-6-5　　粮食主产区水利事业法人单位从业人员专业技术职称分布表　　单位：人

粮食主产区	高级	中级	初级	粮食主产区	高级	中级	初级
合计	8687	32707	48006	甘肃新疆	561	1874	3502
长江流域	2246	9301	13396	河套灌区	399	1309	1128
东北平原	1833	7117	8277	华南主产区	202	1501	2078
汾渭平原	715	1965	2916	黄淮海平原	2731	9640	16709

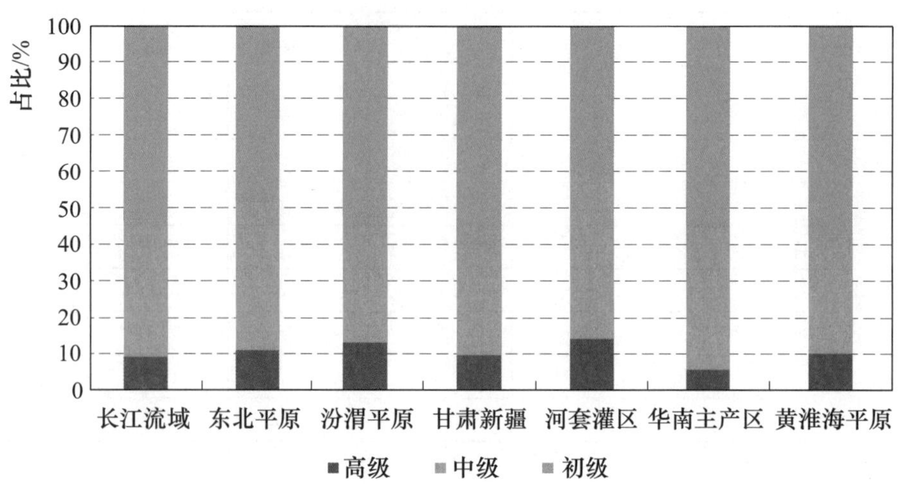

图 3-6-2 粮食主产区水利事业法人单位从业人员专业技术职称分布图

粮食主产区水利事业法人单位从业人员中，具有技术等级工人 15.2 万人，占全部从业人员的 53.8%，高于水利事业法人单位 46.4%的平均水平。具体情况见表 3-6-6 和图 3-6-3。

表 3-6-6 粮食主产区水利事业法人单位从业人员中工人技术等级分布表

单位：人

粮食主产区	高级技师	技师	高级工	中级工	初级工
合计	1829	9470	59836	44751	35906
长江流域	183	2672	18417	15299	10004
东北平原	421	2344	7169	5282	6837
汾渭平原	47	746	4482	3561	2980
甘肃新疆	5	177	3292	3271	2861
河套灌区	901	994	1491	985	597
华南主产区	32	99	1873	1798	1004
黄淮海平原	240	2438	23112	14555	11623

（三）资产情况

粮食主产区中水利事业法人单位共有资产 1469.3 亿元。其中，长江流域有 381.0 亿元，占 25.9%；东北平原有 147.0 亿元，占 10.0%；汾渭平原有 43.6 亿元，占 3.0%；甘肃新疆有 147.1 亿元，占 10.0%；河套灌区有 16.8 亿元，占 1.1%；华南主产区有 43.7 亿元，占 3.0%；黄淮海平原有 690.0 亿

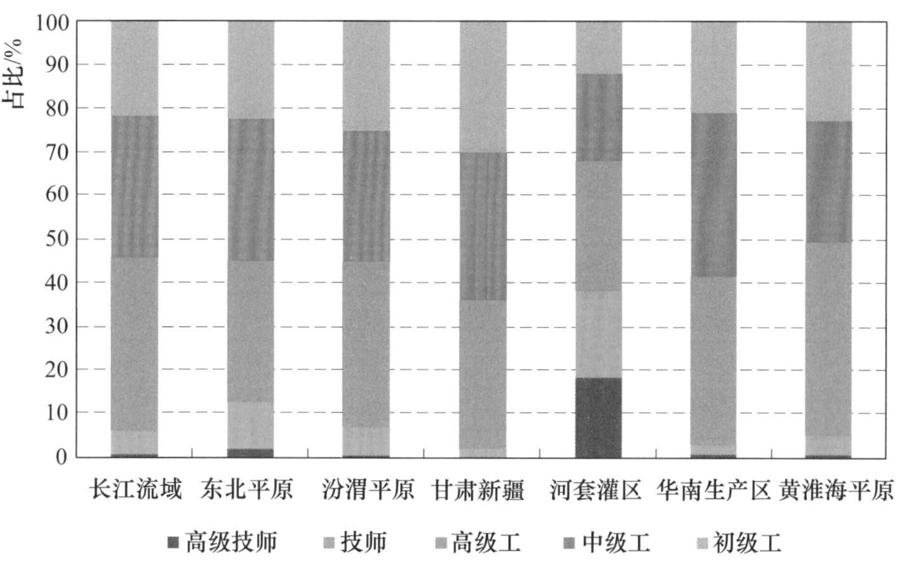

图 3-6-3 全国粮食主产区水利事业法人单位从业人员中工人技术等级分布图

元，占 47.0%。具体情况见表 3-6-7。

表 3-6-7 粮食主产区水利事业法人单位总资产分布表

粮食主产区	总资产/亿元	占比/%	粮食主产区	总资产/亿元	占比/%
合计	1469.3	100	甘肃新疆	147.1	10.0
长江流域	381.0	25.9	河套灌区	16.8	1.1
东北平原	147.0	10.0	华南主产区	43.7	3.0
汾渭平原	43.6	3.0	黄淮海平原	690.0	47.0

二、重要经济区

重要经济区中的水利事业法人单位共有 20182 个，从业人员有 49.5 万人，总资产 0.92 亿元。

（一）机构数量及分布

重要经济区中共有 20182 个水利事业法人单位，其中优化开发区内有 4679 个，重要开发区内有 15503 个。

在优化开发区域中，长江三角洲地区有水利事业法人单位 1748 个，占优化开发区水利事业法人单位数的 37.4%；环渤海地区有 2394 个，占 51.2%；珠江三角洲地区有 537 个，占 11.5%。

在重要开发区中，长江中游地区有水利事业法人单位 2674 个，占重要开发区水利事业法人单位数的 17.2%；中原经济区有 2447 个，占 15.8%；成渝地区有 1933 个，占 12.5%；海峡西岸经济区有 1774 个，占 11.4%。具体情况见表 3－6－8。

表 3－6－8　　不同经济区中水利事业法人单位分布表

经济区类型		单位数量/个	占比/%
总计		20182	100
优化开发区	合计	4679	23.2
	珠江三角洲地区	537	2.7
	长江三角洲地区	1748	8.7
	环渤海地区	2394	11.9
重要开发区	合计	15503	76.8
	藏中南地区	7	0.03
	宁夏沿黄经济区	120	0.6
	天山北坡经济区	244	1.2
	兰州西宁地区	251	1.2
	呼包鄂榆地区	401	2
	黔中地区	439	2.2
	东陇海地区	482	2.4
	滇中地区	488	2.4
	北部湾地区	564	2.8
	太原城市群	584	2.9
	冀中南地区	594	2.9
	江淮地区	664	3.3
	关中天水地区	908	4.5
	哈长地区	929	4.6
	海峡西岸经济区	1774	8.8
	成渝地区	1933	9.6
	中原经济区	2447	12.1
	长江中游地区	2674	13.2

（二）从业人员数量及结构

重要经济区内的水利事业法人单位中，从业人员有 49.5 万人，其中，优化开发区有 11.5 万人，重要开发区有 38.0 万人。

在优化开发区域中，长江三角洲地区水利事业法人单位从业人员有 3.2 万人，占优化开发区水利事业法人单位从业人员的 27.5%；环渤海地区有 6.9

万人，占59.6%；珠江三角洲地区有1.5万人，占12.9%。

在重要开发区中，中原经济区水利事业法人单位从业人员有8.2万人，占重要开发区水利事业法人单位从业人员的21.7%；长江中游地区有6.7万人，占17.7%。具体见表3-6-9。

表3-6-9　不同经济区中水利事业法人单位从业人员数量分布表

经济区类型		人员数量/人	占比/%
总计		494763	100
优化开发区	合计	115196	23.28
	长江三角洲地区	31646	6.40
	环渤海地区	68675	13.88
	珠江三角洲地区	14875	3.01
重要开发区	合计	379567	76.72
	北部湾地区	16537	3.34
	藏中南地区	334	0.07
	长江中游地区	67012	13.54
	成渝地区	28385	5.74
	滇中地区	5733	1.16
	东陇海地区	9400	1.90
	关中天水地区	29055	5.87
	哈长地区	24734	5.00
	海峡西岸经济区	25697	5.19
	呼包鄂榆地区	11974	2.42
	冀中南地区	16727	3.38
	江淮地区	15110	3.05
	兰州西宁地区	10229	2.07
	宁夏沿黄经济区	5736	1.16
	黔中地区	5287	1.07
	太原城市群	13020	2.63
	天山北坡经济区	12121	2.45
	中原经济区	82476	16.67

重要经济区内的水利事业法人单位中，具有大学专科及以上学历从业人员222781人，占全部从业人员的45.0%，略高于全国水利事业法人单位44.7%的平均水平。在优化开发区域内，水利事业法人单位中具有大学专科及以上学

历的从业人员所占比重为53.1%；重要开发区水利事业法人单位中具有大学专科及以上学历的从业人员所占比重为42.6%。具体情况见表3-6-10。

表3-6-10 不同经济区中水利事业法人单位从业人员学历分布表 单位：人

经济区类型		博士研究生	硕士研究生	大学本科	大学专科	中专	高中及以下
总计		1329	8887	93412	119153	64472	207510
优化开发区	合计	888	3990	29427	26860	12644	41387
	长江三角洲地区	235	1417	8681	7357	2262	11694
	环渤海地区	521	1757	17101	16221	8621	24454
	珠江三角洲地区	132	816	3645	3282	1761	5239
重要开发区	合计	441	4897	63985	92293	51828	166123
	北部湾地区	10	256	2154	2985	2129	9003
	藏中南地区	1	7	91	122	56	57
	长江中游地区	234	1227	8938	14204	9943	32466
	成渝地区	33	523	5975	9219	3428	9207
	滇中地区	5	71	1731	1957	720	1249
	东陇海地区	2	148	1773	2431	1232	3814
	关中天水地区	3	173	3930	7399	3793	13757
	哈长地区	14	376	4614	5941	3600	10189
	海峡西岸经济区	3	201	4009	5673	3509	12302
	呼包鄂榆地区	14	199	2317	3561	1419	4464
	冀中南地区	6	124	2804	3647	2819	7327
	江淮地区	2	190	1603	3398	2431	7486
	兰州西宁地区	3	26	1851	2402	1211	4736
	宁夏沿黄经济区	2	45	1140	1921	784	1844
	黔中地区	4	60	1835	1763	560	1065
	太原城市群	9	184	2739	3449	1500	5139
	天山北坡经济区	3	136	2827	3096	1307	4752
	中原经济区	93	951	13654	19125	11387	37266

第四章　水利企业法人单位普查成果

本章从水利企业法人单位的机构、人员、资产、资质几个方面介绍其数量和分布特征。

第一节　机　构　数　量

一、调查对象

水利企业法人单位是指由水利机关法人或水利事业法人单位出资成立或控股的企业法人组织。水利企业法人单位具有多种类型，按照隶属关系，有中央级企业、省级企业、地级企业、县级企业等；按水利企业法人单位业务活动范围分，有水利技术咨询、水利（水电）投资、滩涂围垦管理、水利建设项目管理、水利工程建设监理、水利工程建设施工、水利工程维修养护、水利工程供水服务、城乡供水、排水和污水处理、再生水生产、水力发电等多种类型。

二、总体情况

2011年年底，共有7676个水利企业法人单位，占水利法人单位总量的14.64%。

按照国家统计局《国民经济行业分类》（GB/T 4754—2002），国民经济行业分为98个行业大类。我国水利企业法人单位涉及多个行业大类，主要集中在水的生产和供应业，电力、热力生产和供应业。上述两个行业的水利企业法人单位分别为2195家和1643家，占企业总数的50%。具体情况见表4-1-1。

表4-1-1　　不同行业类别水利企业法人单位分布表

行业分组	单位数量/个	占比/%
合计	7676	100
水的生产和供应业	2195	28.60
电力、热力生产和供应业	1643	21.40
土木工程建筑业	1212	15.79
其他	918	11.96

续表

行业分组	单位数量/个	占比/%
水利管理业	669	8.72
专业技术服务业	648	8.44
商务服务业	192	2.50
农林牧渔服务业	100	1.30
研究和实验发展	28	0.36
地质勘查业	27	0.35
国家机构	26	0.34
科技交流和推广服务业	18	0.23

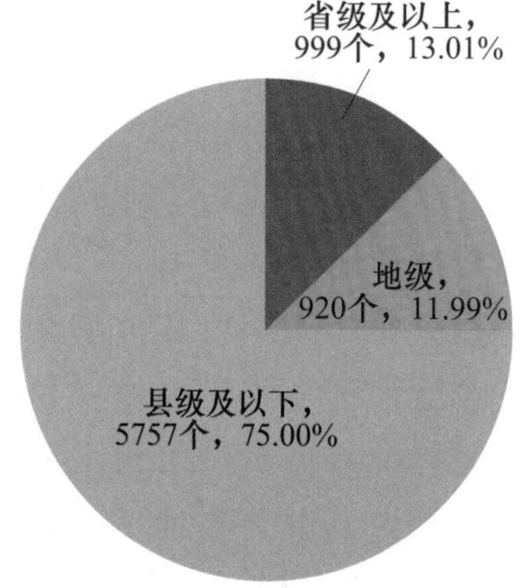

图 4-1-1　不同隶属关系水利企业法人单位地区分布图

按照隶属关系分，水利企业法人单位可分为中央级、省级、地级、县级及以下企业。中央级水利企业法人单位有 388 个，占 5.05%，省级水利企业法人单位有 611 个，占 7.96%，地级水利企业法人单位有 920 个，占 11.99%，县级及以下水利企业法人单位有 5757 个，占 75.00%。具体情况如图 4-1-1 所示。

按照单位类型分，水利企业法人单位中的城乡供水、排水和污水处理类企业，水力发电类企业的数量较多，分别为 1542 个和 1526 个，分别占水利企业法人单位总数的 20.09% 和 19.88%。具体情况见表 4-1-2。

表 4-1-2　　不同单位类型水利企业法人单位分布表

单位类型	单位数量/个	占比/%
合计	7676	100
城乡供水、排水和污水处理单位	1542	20.09
水力发电单位	1526	19.88
其他	1480	19.28
水利工程建设施工单位	1230	16.02
水利工程供水服务单位	656	8.55
水利勘测设计等技术咨询	427	5.56
水利（水电）投资单位	215	2.80

续表

单位类型	单位数量/个	占比/%
水利工程综合管理单位	184	2.40
水利工程维修养护单位	176	2.29
水利工程建设监理单位	171	2.23
再生水生产单位	61	0.79
滩涂围垦管理单位	8	0.10

按照人员规模分，水利企业法人单位可分为0～30人、31～60人、61～90人、91～120人、120人以上5类。30人及以下水利企业法人单位有4966个，占64.7%。具体情况如图4-1-2所示。

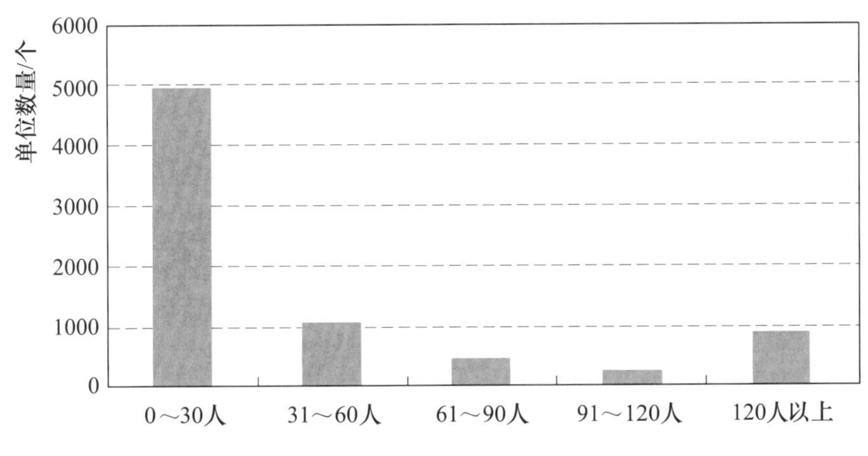

图4-1-2　不同人员规模水利企业法人单位分布图

按照资产规模分，水利企业法人单位可分为50万元以下、50万（含）～100万元、100万（含）～500万元、500万（含）～1000万元、1000万（含）～5000万元、5000万（含）～1亿元、1亿元及以上7类。资产在100万（含）～500万元之间的水利企业法人单位数量最多，有2048个，5000万（含）～1亿元的企业数量最少，不到500个。具体情况如图4-1-3所示。

三、区域分布情况

从地区分布来看，我国每个省平均有水利企业法人单位240个。其中，单位数量最多的三个省是广东（550个）、四川（518个）、湖南（458个）；单位数量最少的三个省（自治区）是青海（77个）、海南（45个）、西藏（42个）。具体情况如图4-1-4所示。

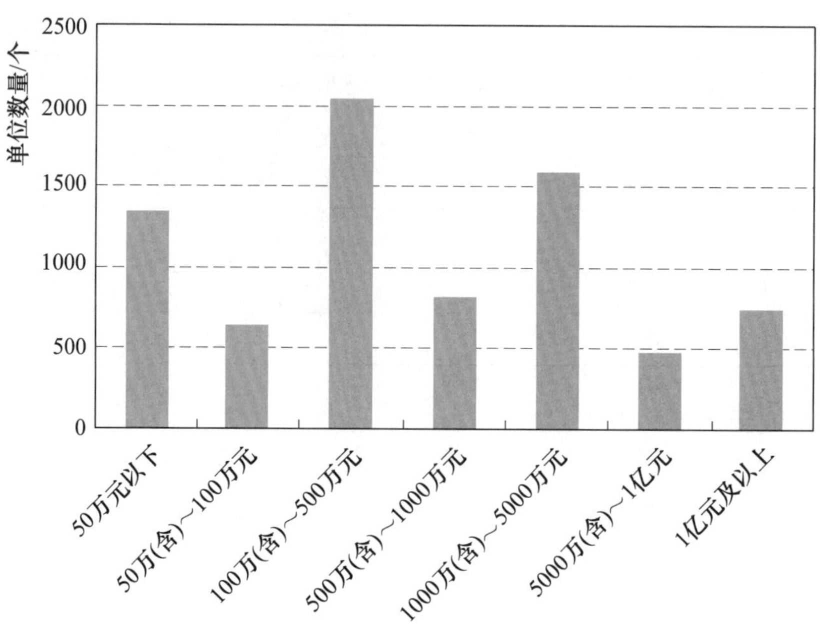

图 4-1-3 不同资产规模水利企业法人单位分布图

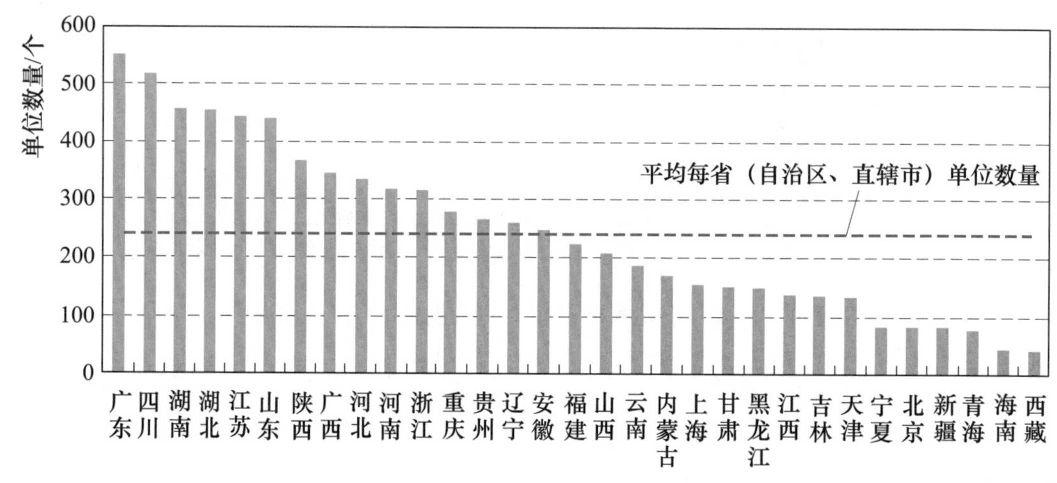

图 4-1-4 水利企业法人单位地区分布图

各地区不同行业水利企业法人单位数量分布情况见表 4-1-3 和图 4-1-5。水的生产和供应业、电力、热力的生产和供应业、土木工程建筑业三个行业大类企业单位数量较多。

从人员规模来看，人员规模在 60 人以上的水利企业法人单位占水利企业法人单位总数的 21.3%；分地区看，人员规模在 60 人以上的单位所占比例最高的三个省是海南（51.1%）、江西（37.7%）、山东（34.2%）；比例最低的三个省是四川（12.0%）、贵州（11.7%）、云南（11.1%）。具体情况见表 4-1-4 和图 4-1-6。

表 4-1-3　　不同行业类别水利企业法人单位地区分布表　　单位：个

地区	合计	农林牧渔服务业	电力、热力的生产和供应业	水的生产和供应业	土木工程建筑业	商务服务业	研究和试验发展	专业服务业	科技交流和推广服务业	地质勘查业	水利管理业	国家机构	其他（包含49个行业大类）
合计	7676	100	1643	2195	1212	192	28	648	18	27	669	26	918
北京	83	0	0	20	9	8	0	16	3	0	8	0	19
天津	134	0	2	16	33	13	5	15	0	1	9	0	40
河北	333	3	85	75	39	4	1	14	2	2	38	2	68
山西	209	6	52	49	16	9	0	2	1	1	44	1	28
内蒙古	172	7	8	71	25	4	1	17	0	1	16	0	22
辽宁	263	12	28	35	53	10	3	39	2	1	29	1	50
吉林	135	1	21	20	21	2	2	23	0	1	17	1	26
黑龙江	151	5	7	37	31	1	1	10	1	2	11	0	45
上海	156	0	2	23	50	8	5	4	0	0	13	0	51
江苏	442	17	5	89	182	21	1	32	0	3	23	1	68
浙江	314	3	82	35	50	15	1	55	1	1	51	0	20
安徽	249	3	31	68	43	10	0	40	0	1	17	2	34
福建	225	3	76	45	23	7	1	28	0	1	29	0	12
江西	138	1	53	20	38	7	0	5	0	0	9	0	5
山东	438	4	7	124	155	7	0	35	0	4	39	1	62
河南	320	4	21	49	81	12	1	36	1	2	27	4	82
湖北	454	3	74	131	67	8	0	57	1	1	43	2	67
湖南	458	0	159	164	54	5	2	26	2	0	26	0	20
广东	550	0	308	119	37	5	1	26	0	0	22	2	30
广西	346	10	153	119	15	2	0	16	0	0	13	0	18
海南	45	0	19	18	1	1	0	3	0	1	0	0	2
重庆	281	0	45	145	20	6	0	20	1	0	34	0	10
四川	518	3	95	315	16	9	0	20	1	1	41	4	13
贵州	266	3	84	112	11	2	1	9	0	0	33	2	9
云南	189	2	20	103	12	6	1	12	1	1	21	2	8
西藏	42	0	34	8	0	0	0	0	0	0	0	0	0
陕西	368	8	119	86	27	7	0	32	0	1	40	0	48

续表

地区	合计	农林牧渔服务业	电力、热力的生产和供应业	水的生产和供应业	土木工程建筑业	商务服务业	研究和试验发展	专业服务业	科技交流和推广服务业	地质勘查业	水利管理业	国家机构	其他（包含49个行业大类）
甘肃	152	0	24	39	33	0	0	19	0	0	8	0	29
青海	77	0	16	27	17	0	0	13	0	0	1	0	3
宁夏	85	0	2	15	41	2	0	13	0	0	2	1	9
新疆	83	2	11	18	12	1	1	11	1	1	5	0	20

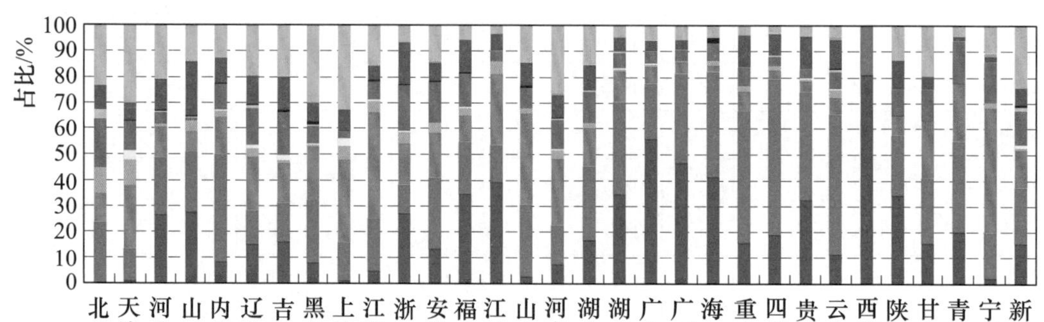

图4-1-5 不同行业类别水利企业法人单位地区分布图

表4-1-4 不同人员规模水利企业法人单位地区分布表 单位：人

地区	合计	0～30人	31～60人	61～90人	91～120人	120人以上
合计	7676	4966	1073	469	257	911
北京	83	56	13	4	3	7
天津	134	81	27	11	5	10
河北	333	213	55	25	11	29
山西	209	149	22	10	5	23
内蒙古	172	87	43	10	8	24
辽宁	263	173	32	20	8	30
吉林	135	82	17	10	8	18

续表

地区	合计	0～30人	31～60人	61～90人	91～120人	120人以上
黑龙江	151	79	24	11	5	32
上海	156	110	15	9	5	17
江苏	442	335	32	21	14	40
浙江	314	243	29	13	5	24
安徽	249	160	30	23	8	28
福建	225	148	37	15	5	20
江西	138	68	18	14	9	29
山东	438	207	81	36	23	91
河南	320	172	56	24	11	57
湖北	454	271	90	22	11	60
湖南	458	292	46	18	20	82
广东	550	346	72	38	13	81
广西	346	229	28	23	11	55
海南	45	12	10	7	2	14
重庆	281	188	41	15	6	31
四川	518	410	46	19	11	32
贵州	266	197	38	17	9	5
云南	189	146	22	9	4	8
西藏	42	21	15	5	0	1
陕西	368	244	60	17	19	28
甘肃	152	102	20	6	9	15
青海	77	49	18	4	4	2
宁夏	85	47	14	9	3	12
新疆	83	49	22	4	2	6

从资产规模来看，资产规模1000万元及以上的水利企业法人单位占水利企业法人单位总数的36.6%；分地区看，资产规模1000万元及以上的单位所占比例最高的三个省（自治区）是西藏（69.0%）、宁夏（55.3%）、山东（54.6%），比例最低的三个省是河北（28.8%）、四川（24.9%）、贵州（24.8%）。具体情况见表4-1-5和图4-1-7。

从区域分布来看，东部、中部、西部地区分别有2983个、2114个、2579个水利企业法人单位，分别占38.86%、27.54%、33.60%。

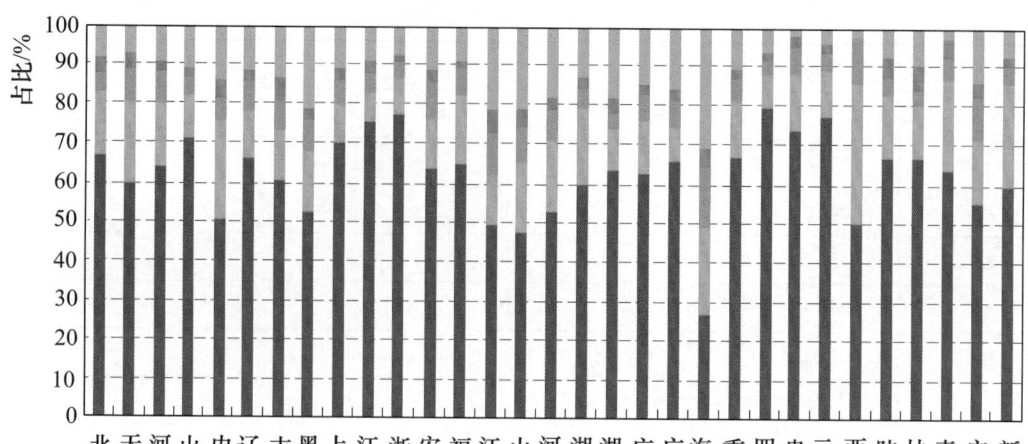

图 4-1-6 不同人员规模水利企业法人单位地区分布图

表 4-1-5 不同资产规模水利企业法人单位地区分布表 单位：个

地区	总计	50万元以下	50万（含）～100万元	100万（含）～500万元	500万（含）～1000万元	1000万（含）～5000万元	5000万（含）～1亿元	1亿元及以上
合计	7676	1356	643	2048	820	1589	467	753
北京	83	6	3	18	13	21	6	16
天津	134	22	10	35	14	25	13	15
河北	333	78	29	101	29	67	16	13
山西	209	46	11	67	18	35	16	16
内蒙古	172	27	13	42	23	33	8	26
辽宁	263	60	25	73	27	48	11	19
吉林	135	27	11	39	12	20	6	20
黑龙江	151	31	18	37	13	26	12	14
上海	156	17	12	48	12	30	9	28
江苏	442	73	47	108	44	82	41	47
浙江	314	32	20	65	33	76	24	64
安徽	249	40	20	75	33	54	14	13
福建	225	28	16	65	28	56	11	21
江西	138	26	14	30	15	28	12	13
山东	438	51	27	76	45	136	39	64

续表

地区	总计	50 万元以下	50 万（含）～100 万元	100 万（含）～500 万元	500 万（含）～1000 万元	1000 万（含）～5000 万元	5000 万（含）～1 亿元	1 亿元及以上
河南	320	48	20	79	36	84	27	26
湖北	454	58	53	113	73	96	22	39
湖南	458	97	27	140	51	77	22	44
广东	550	86	28	177	71	106	32	50
广西	346	66	43	89	30	52	17	49
海南	45	3	3	15	5	9	4	6
重庆	281	48	17	74	28	52	18	44
四川	518	162	65	134	28	71	24	34
贵州	266	66	30	79	25	50	7	9
云南	189	33	13	43	23	48	11	18
西藏	42	5	0	7	1	19	4	6
陕西	368	62	29	113	42	92	17	13
甘肃	152	23	20	46	19	38	5	1
青海	77	11	9	22	10	10	9	6
宁夏	85	11	5	16	6	31	5	11
新疆	83	13	5	22	13	17	5	8

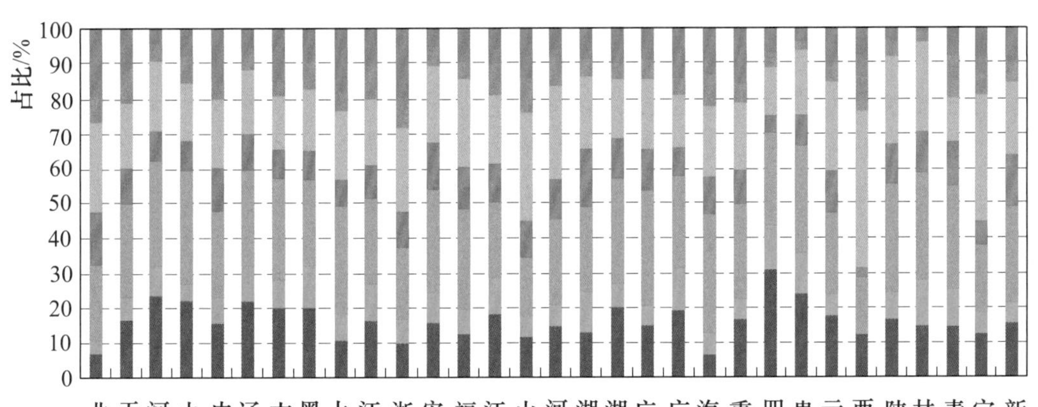

图 4－1－7　不同资产规模水利企业法人单位地区分布图

第二节　人　员　数　量

水利企业法人单位年末从业人员是指2011年年底在水利本企业工作并取得劳动报酬或收入的年末实有人员，包括在各单位工作的在岗人员、外方人员和港澳台方人员、兼职人员、再就业的离退休人员、借用的外单位人员等。

一、总体情况

2011年年底水利企业法人单位共有从业人员48.9万人，其中具有大学专科及以上学历的17.9万人，占36.5%。具体情况如图4-2-1所示。

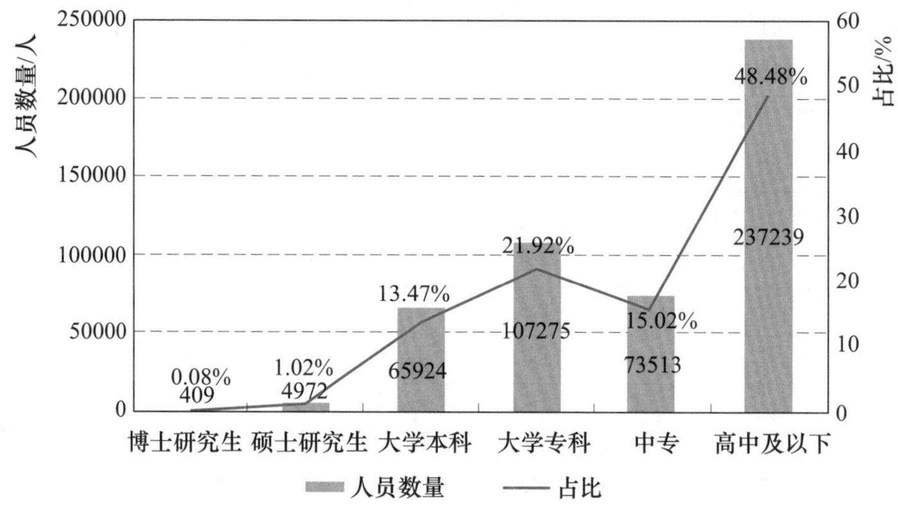

图4-2-1　水利企业法人单位从业人员学历分布图

水利企业法人单位从业人员的年龄分为56岁及以上、46～55岁、36～45岁、35岁及以下4类。水利企业法人单位从业人员的年龄和性别分布见表4-2-1。由表可见，45岁及以下年龄段占水利企业法人单位从业人员的大部分，占72.4%；男性从业人员有35.1万人，占71.6%。

按照专业技术职称结构划分标准，水利企业法人单位从业人员的专业技术职称分为高级、中级、初级3类。水利企业法人单位具有专业技术职称的从业人员共13.6万人，占全部从业人员的27.89%。具有技术等级的从业人员中，具有高级职称的从业人员2.0万人，占全部从业人员的4.09%；具有中级职称的从业人员4.9万人，占9.95%；具有初级职称的6.8万人，占13.85%。具体情况如图4-2-2所示。

按照工人技术等级划分标准，水利企业法人单位工人的技术等级分为高级技师、技师、高级工、中级工、初级工5类。水利企业法人单位具有技术等级

表 4-2-1　　水利企业法人单位人员年龄及性别分布表

年龄和性别类型		数量/人	占比/%
年龄	合计	489332	100
	56 岁及以上	30034	6.14
	46～55 岁	105149	21.49
	36～45 岁	185918	37.99
	35 岁及以下	168231	34.38
性别	合计	489332	100
	女性	138769	28.36
	男性	350563	71.64

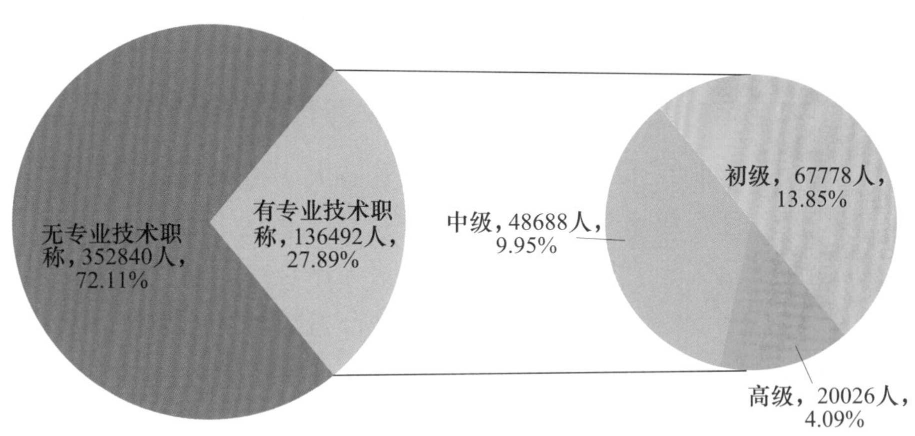

图 4-2-2　水利企业法人单位从业人员专业技术职称分布图

的从业人员有 19.8 万人，其中，有高级技师有 2915 人，技师有 14402 人，高级工有 48421 人，中级工有 57188 人，初级工有 74902 人。具体情况如图 4-2-3 所示。

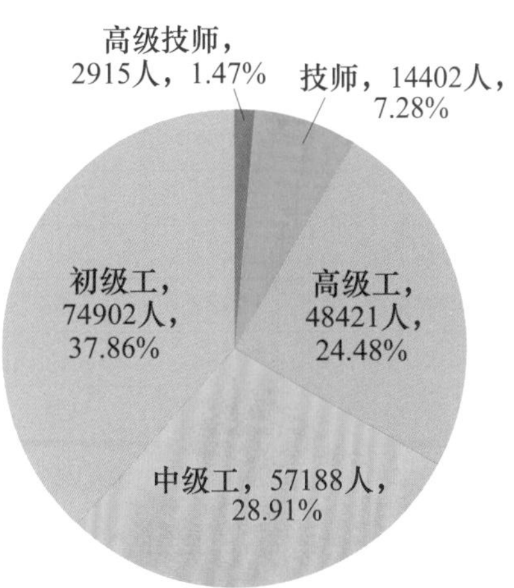

图 4-2-3　水利企业法人单位从业人员中工人技术等级分布图

二、区域分布情况

分地区看，水利企业法人单位从业人员在 3 万以上的省有四个，分别是山东（4.7 万人）、广东（4.0 万人）、湖北（3.4 万人）和湖南（3.3 万人）。从业人员数量在 1 万～3 万人区间的省（自治区、直辖市）有 16 个，从业人员数最少的三个省（自治区）是新疆

（3475人）、青海（2685人）、西藏（1571人）。具体情况如图4-2-4所示。

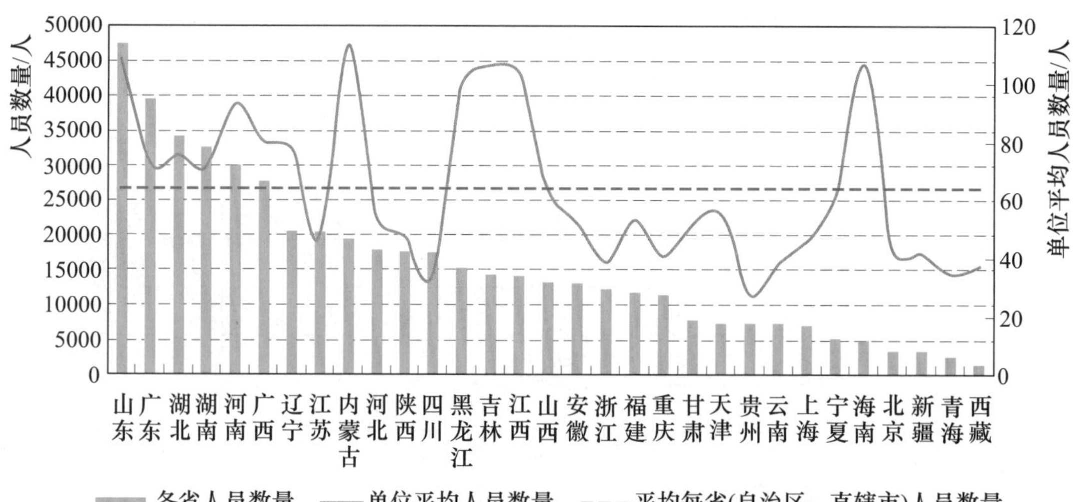

图4-2-4　水利企业法人单位从业人员数量地区分布图

从人员学历看，北京水利企业法人单位具有大学专科及以上学历从业人员比例最高，占该地区全部水利企业法人单位从业人员的67.9%，天津、青海、宁夏等3个省（自治区、直辖市）水利企业法人单位中具有大专及以上学历从业人员占比在50%～65%之间；西藏最低，所占比重不到20%。具体情况见表4-2-2和图4-2-5。

表4-2-2　　水利企业法人单位从业人员学历地区分布表　　单位：人

地区	合计	博士研究生	硕士研究生	大学本科	大学专科	中专	高中及以下
合计	489332	409	4972	65924	107275	73513	237239
北京	3504	80	459	1155	686	300	824
天津	7336	12	317	2668	1490	837	2012
河北	17971	0	56	1985	3955	2849	9126
山西	13277	4	68	1528	2863	1893	6921
内蒙古	19488	6	97	2698	4023	1943	10721
辽宁	20523	6	109	2582	4098	1636	12092
吉林	14332	19	196	2429	2298	1931	7459
黑龙江	15167	12	102	1917	3343	1776	8017
上海	7166	0	24	871	1489	902	3880
江苏	20467	43	230	2713	4549	2613	10319
浙江	12213	5	297	2419	3261	1436	4795
安徽	13150	7	179	1960	2571	2507	5926

续表

地区	合计	博士研究生	硕士研究生	大学本科	大学专科	中专	高中及以下
福建	11976	3	52	1260	1937	1582	7142
江西	14274	0	37	1233	2321	1943	8740
山东	47459	15	258	6378	9951	8522	22335
河南	29773	46	613	5552	6128	4269	13165
湖北	34239	83	670	5822	8531	5479	13654
湖南	32574	1	97	3856	7905	6728	13987
广东	39579	40	560	4708	7333	5144	21794
广西	27775	1	120	1904	7682	5939	12129
海南	4805	1	14	385	584	397	3424
重庆	11504	0	69	1240	3324	1415	5456
四川	17574	1	75	1567	4520	2626	8785
贵州	7321	2	48	890	1716	1460	3205
云南	7308	1	37	1335	2204	1231	2500
西藏	1571	0	4	52	149	138	1228
陕西	17662	14	79	1511	3526	3048	9484
甘肃	7948	6	49	1158	1591	1424	3720
青海	2685	0	3	531	895	395	861
宁夏	5236	0	34	1113	1563	661	1865
新疆	3475	1	19	504	789	489	1673

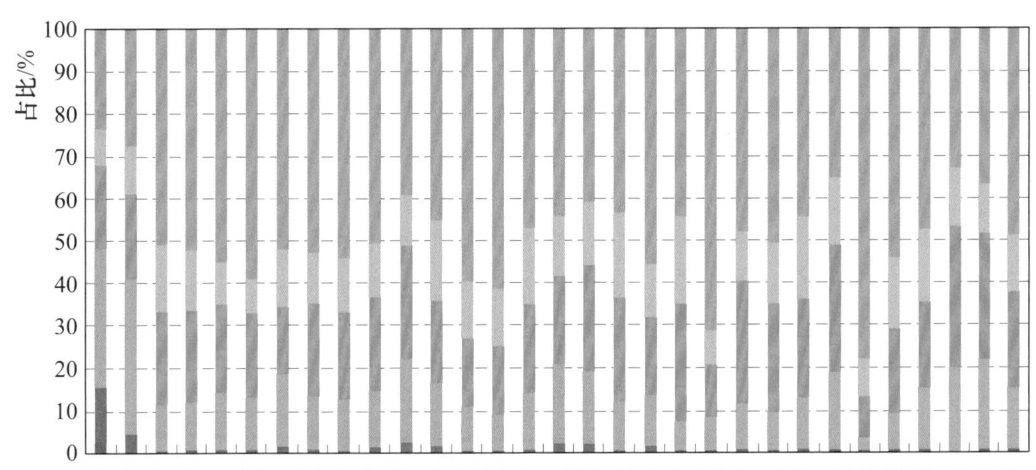

图 4-2-5　水利企业法人单位从业人员学历地区分布图

从人员年龄看，西藏、青海、陕西、山西等省（自治区、直辖市）的水利企业法人单位从业人员中，45岁及以下从业人员超过了70%。具体情况见表4-2-3和图4-2-6。

表4-2-3　　水利企业法人单位从业人员年龄地区分布表　　单位：人

地区	合计	56岁及以上	46～55岁	36～45岁	35岁及以下
合计	489332	30034	105149	185918	168231
北京	3504	200	693	974	1637
天津	7336	654	1660	1891	3131
河北	17971	1499	3337	6405	6730
山西	13277	424	2364	5312	5177
内蒙古	19488	1803	4728	7811	5146
辽宁	20523	1986	5817	7148	5572
吉林	14332	913	4446	4961	4012
黑龙江	15167	995	3748	5853	4571
上海	7166	804	2389	2110	1863
江苏	20467	1579	4416	8017	6455
浙江	12213	844	2617	4215	4537
安徽	13150	608	3140	4944	4458
福建	11976	580	2546	3943	4907
江西	14274	682	2410	5044	6138
山东	47459	2357	10340	18181	16581
河南	29773	1327	5760	9854	12832
湖北	34239	2527	7909	14206	9597
湖南	32574	2020	6436	13580	10538
广东	39579	2950	8974	13979	13676
广西	27775	1284	5483	11519	9489
海南	4805	246	1133	2112	1314
重庆	11504	590	1959	5052	3903
四川	17574	1023	3453	8104	4994
贵州	7321	320	1526	2960	2515
云南	7308	301	1393	2871	2743
西藏	1571	24	187	602	758

续表

地区	合计	56 岁及以上	46～55 岁	36～45 岁	35 岁及以下
陕西	17662	748	2905	6547	7462
甘肃	7948	351	1442	3072	3083
青海	2685	35	410	1084	1156
宁夏	5236	269	887	1993	2087
新疆	3475	91	641	1574	1169

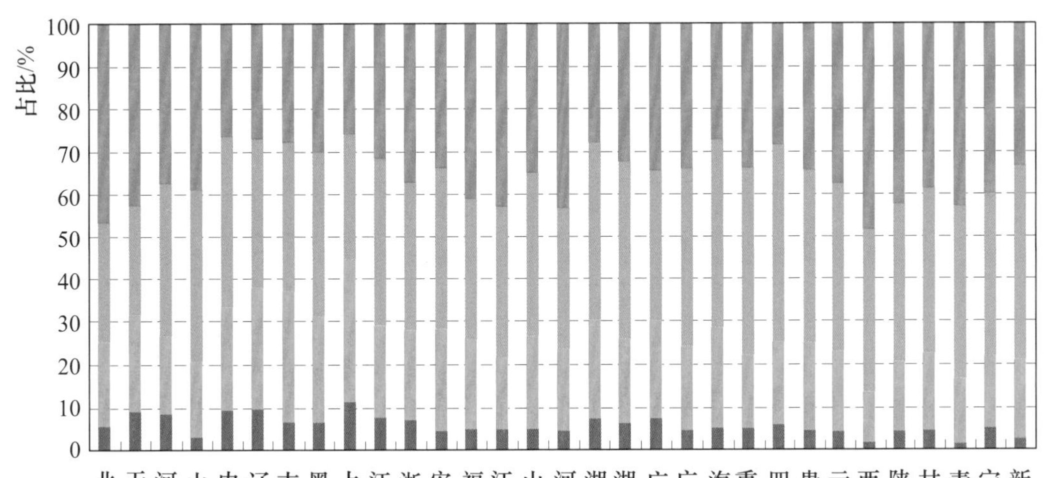

图 4-2-6 水利企业法人单位从业人员年龄地区分布图

从人员性别看，水利企业法人单位中女性从业人员共有 13.9 万人，占全部从业人员的 28.36%。女性从业人员占比最高的省（直辖市）是海南（39.56%）、重庆（38.52%）、贵州（36.07%），占比最低的省是安徽（23.10%）、山东（19.67%）和江西（18.05%），具体情况见表 4-2-4 和图 4-2-7。

从专业技术职称看，全国平均每个省（自治区、直辖市）的水利企业法人单位的从业人员中，具有高级技术职称的有 646 人，具有中级职称的有 1571 人，具有初级职称的有 2186 人。具有专业技术职称的从业人员中，具有中级及以上技术职称的从业人员所占比例最高的三个省（自治区、直辖市）是北京（68.7%）、内蒙古（64.2%）、湖北（61.9%）；占比最低的三个省（自治区）是河北（38.3%）、广西（34.7%）、海南（31.7%）。具体情况见表 4-2-5 和图 4-2-8。

表 4-2-4 水利企业法人单位从业人员性别地区分布表 单位：人

地区	合计	女性	男性	地区	合计	女性	男性
合计	489332	138769	350563	河南	29773	7873	21900
北京	3504	1098	2406	湖北	34239	9982	24257
天津	7336	2039	5297	湖南	32574	8954	23620
河北	17971	6186	11785	广东	39579	12125	27454
山西	13277	3905	9372	广西	27775	8102	19673
内蒙古	19488	6870	12618	海南	4805	1901	2904
辽宁	20523	5762	14761	重庆	11504	4431	7073
吉林	14332	3945	10387	四川	17574	6293	11281
黑龙江	15167	4104	11063	贵州	7321	2641	4680
上海	7166	2244	4922	云南	7308	2573	4735
江苏	20467	5369	15098	西藏	1571	429	1142
浙江	12213	3254	8959	陕西	17662	5499	12163
安徽	13150	3037	10113	甘肃	7948	2043	5905
福建	11976	3250	8726	青海	2685	838	1847
江西	14274	2576	11698	宁夏	5236	1240	3996
山东	47459	9335	38124	新疆	3475	871	2604

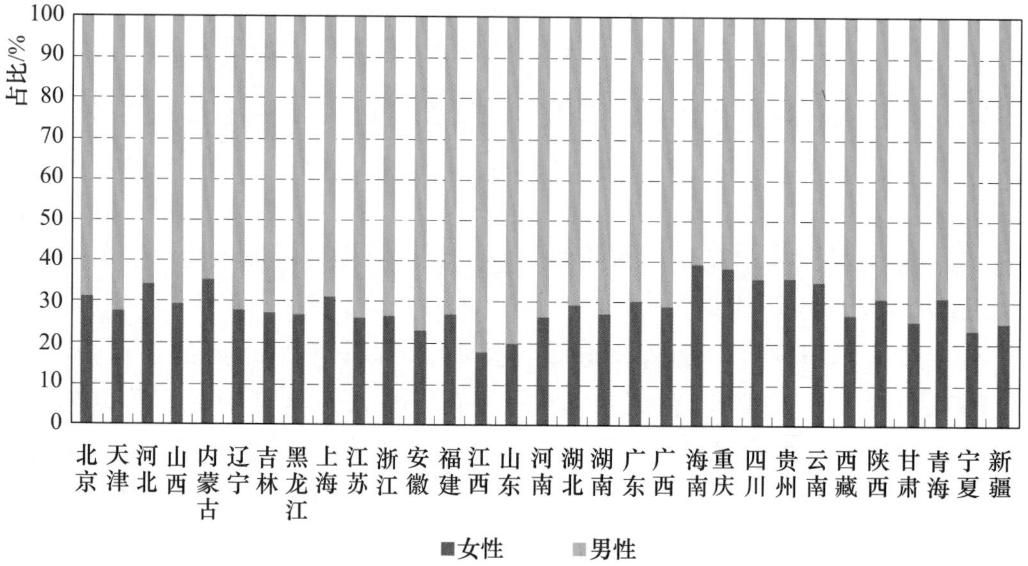

图 4-2-7 水利企业法人单位从业人员性别地区分布图

表 4-2-5 水利企业法人单位从业人员专业技术职称地区分布表 单位：人

地区	合计	高级	正高级	中级	初级
合计	136492	20026	2860	48688	67778
北京	1564	522	106	552	490
天津	3716	1133	195	1118	1465
河北	3900	287	34	1207	2406
山西	2404	252	24	868	1284
内蒙古	4021	833	117	1750	1438
辽宁	3717	493	95	1341	1883
吉林	4028	1095	114	1355	1578
黑龙江	4006	766	110	1596	1644
上海	1242	56	5	481	705
江苏	5772	715	170	1937	3120
浙江	4623	541	67	1748	2334
安徽	4931	762	69	1923	2246
福建	3225	502	73	1110	1613
江西	3795	362	23	1438	1995
山东	14901	1751	362	5195	7955
河南	10208	2069	291	4047	4092
湖北	12819	2761	483	5169	4889
湖南	9281	747	98	3492	5042
广东	8635	1026	112	2455	5154
广西	6441	433	37	1805	4203
海南	665	56	0	155	454
重庆	2353	318	17	790	1245
四川	4058	423	46	1477	2158
贵州	2163	237	24	607	1319
云南	2083	289	15	715	1079
西藏	365	69	20	146	150
陕西	4776	471	49	1745	2560
甘肃	2656	386	33	1034	1236
青海	1086	190	5	315	581
宁夏	1959	288	29	718	953
新疆	1099	193	37	399	507

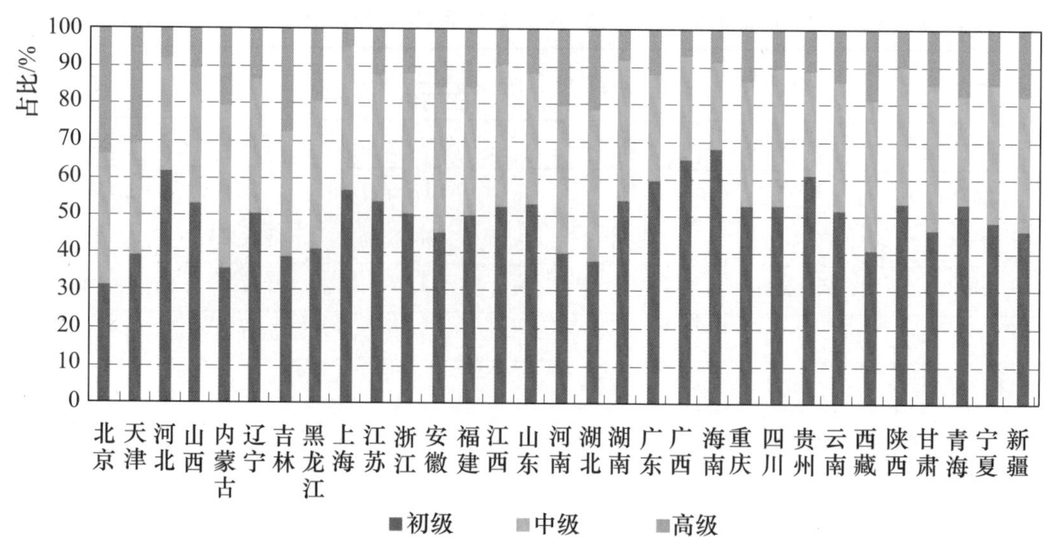

图 4-2-8　水利企业法人单位从业人员专业技术职称地区分布图

从工人技术等级看，平均每省水利企业法人单位从业人员中，有高级技师 94 人、技师 465 人、高级工 1562 人、中级工 1845 人、初级工 2416 人。具有技术等级的从业人员中，具有技师及以上技术等级从业人员所占比例最高的三个省（自治区）是内蒙古（20.9%）、湖北（17.8%）、江西（17.4%）；占比最低的三个省（直辖市）是贵州（2.8%）、海南（2.7%）、上海（1.0%）。具体情况见表 4-2-6。

表 4-2-6　水利企业法人单位从业人员中工人技术等级地区分布表　　单位：人

地区	合计	高级技师	技师	高级工	中级工	初级工
合计	197828	2915	14402	48421	57188	74902
北京	346	4	14	29	43	256
天津	2581	4	134	966	536	941
河北	6688	17	389	1948	2018	2316
山西	6019	13	429	966	1446	3165
内蒙古	2984	135	490	742	620	997
辽宁	6793	43	162	2142	2072	2374
吉林	5500	31	441	667	1497	2864
黑龙江	4580	55	648	1260	1265	1352
上海	3079	1	29	310	1175	1564
江苏	7624	56	262	1360	1981	3965
浙江	3409	51	463	475	786	1634
安徽	5943	100	374	1305	2282	1882

续表

地区	合计	高级技师	技师	高级工	中级工	初级工
福建	3907	64	115	750	1649	1329
江西	6899	146	1053	1243	2051	2406
山东	22972	440	1120	4176	6218	11018
河南	13865	283	1557	3976	3762	4287
湖北	17222	742	2327	5919	3930	4304
湖南	13897	224	550	2882	4655	5586
广东	14161	59	659	3409	3956	6078
广西	15367	95	1741	6346	4109	3076
海南	1030	7	21	114	317	571
重庆	4508	77	194	611	1498	2128
四川	7083	82	321	1397	2716	2567
贵州	2086	19	40	214	483	1330
云南	3297	11	239	1061	1127	859
西藏	721	29	15	141	273	263
陕西	8333	40	304	2492	2609	2888
甘肃	3761	41	107	799	1100	1714
青海	838	17	42	200	179	400
宁夏	1265	21	104	312	503	325
新疆	1070	8	58	209	332	463

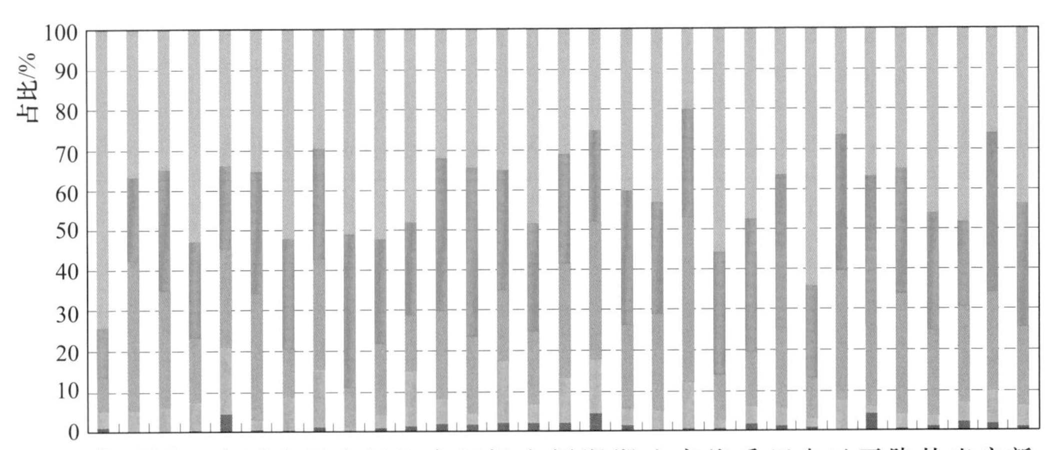

图 4－2－9　水利企业法人单位从业人员中工人技术等级地区分布图

分区域看，东部、中部、西部地区水利企业法人单位的从业人员，分别为19.3万人、16.7万人、13.0万人。从水利企业法人单位平均人数看，中部地区水利企业法人单位平均从业人员最多，为79人，西部地区水利企业法人单位平均从业人员最少，为50人。具体情况如图4-2-10所示。

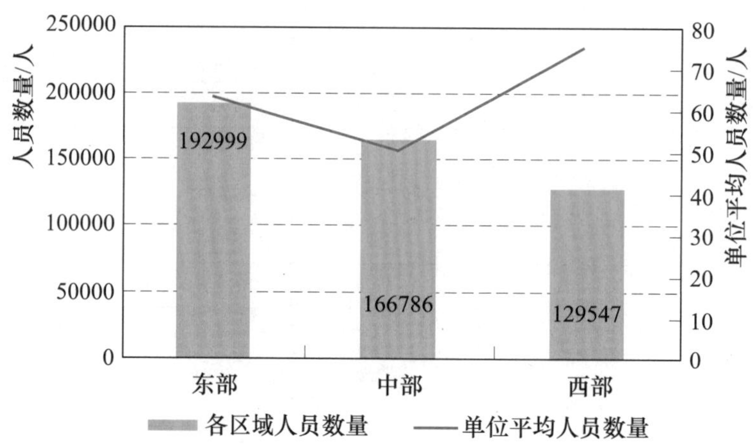

图4-2-10　水利企业法人单位从业人员数量区域分布图

三、不同单位人员情况

（一）不同行业类别单位的人员情况

水利企业法人单位中，水的生产和供应业、土木工程建筑业的从业人员最多，分别为14.9万人和12.4万人，占比分别为30.4%和25.3%，电力、热力的生产和供应业有8.7万人，占17.9%，上述三个行业共占73.6%。从单位平均从业人数看，土木工程建筑业的单位平均从业人数最多，平均每单位102人。具体情况见表4-2-7。

表4-2-7　不同行业类别水利企业法人单位从业人员数量分布表

行业分组标识	单位数量/个	单位占比/%	人员数量/人	人员占比/%	单位平均人员数量/人
合计	7676	100	489332	100	65
水的生产和供应业	2195	28.6	148616	30.4	68
土木工程建筑业	1212	15.8	123976	25.3	102
电力、热力生产和供应业	1643	21.4	87472	17.9	53
其他	918	12.0	51988	10.6	57
专业技术服务业	648	8.4	38545	7.9	59
水利管理业	669	8.7	28283	5.8	42
商务服务业	192	2.5	3837	0.8	20

续表

行业分组标识	单位数量/个	单位占比/%	人员数量/人	人员占比/%	单位平均人员数量/人
农林牧渔服务业	100	1.3	3088	0.6	31
研究和实验发展	28	0.4	1380	0.3	49
地质勘查业	27	0.4	1101	0.2	41
国家机构	26	0.3	736	0.2	28
科技交流和推广服务业	18	0.2	310	0.1	17

从人员学历看，水利企业法人单位中具有大学专科及以上学历从业人员有17.9万人，占全部从业人员36.5%；其中，专业技术服务业从业人员中大学专科及以上学历从业人员所占比例最高，为73.47%；电力、热力生产和供应业最低，为25.83%。具体情况见表4-2-8和图4-2-11。

表4-2-8　不同行业类别水利企业法人单位从业人员学历分布表　单位：人

行业大类	合计	博士研究生	硕士研究生	大学本科	大学专科	中专	高中及以下
合计	489332	409	4972	65924	107275	73513	237239
电力、热力生产和供应业	87472	5	195	4842	17551	17527	47352
水的生产和供应业	148616	38	614	15945	35212	20825	75982
水利管理业	28283	37	391	5212	6060	3179	13404
土木工程建筑业	123976	11	474	16279	28300	21304	57608
专业技术服务业	38545	281	2693	16345	9000	3883	6343
其他	62440	37	605	7301	11152	6795	36550

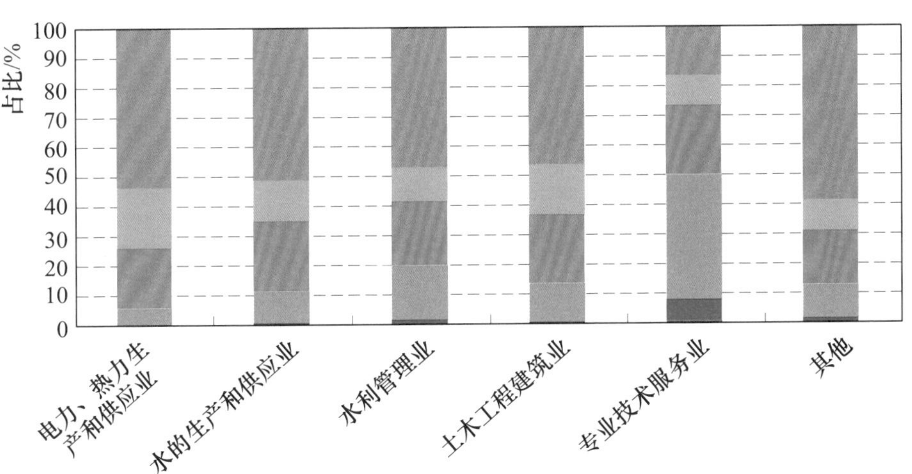

图4-2-11　不同行业类别水利企业法人单位从业人员学历分布图

从人员年龄看，水利企业法人单位从业人员中45岁及以下年龄段的从业人员最多，有35万人，占72.4%；56岁以上的从业人员最少，有3万人，占6.1%。从不同行业类别看，45岁及以下从业人员所占比例最高的土木工程建筑业，占75.33%；最低的水利管理业，占67.4%。具体情况见表4-2-9和图4-2-12。

表4-2-9　不同行业类别水利企业法人单位从业人员年龄分布表　　单位：人

行业大类	合计	56岁及以上	46～55岁	36～45岁	35岁及以下
合计	489332	30034	105149	185918	168231
水的生产和供应业	148616	9253	30770	57889	50704
土木工程建筑业	123976	6611	23972	45596	47797
电力、热力生产和供应业	87472	5692	18984	37268	25528
专业技术服务业	38545	2376	9503	11148	15518
水利管理业	28283	2467	6752	10451	8613
其他	62440	3635	15168	23566	20071

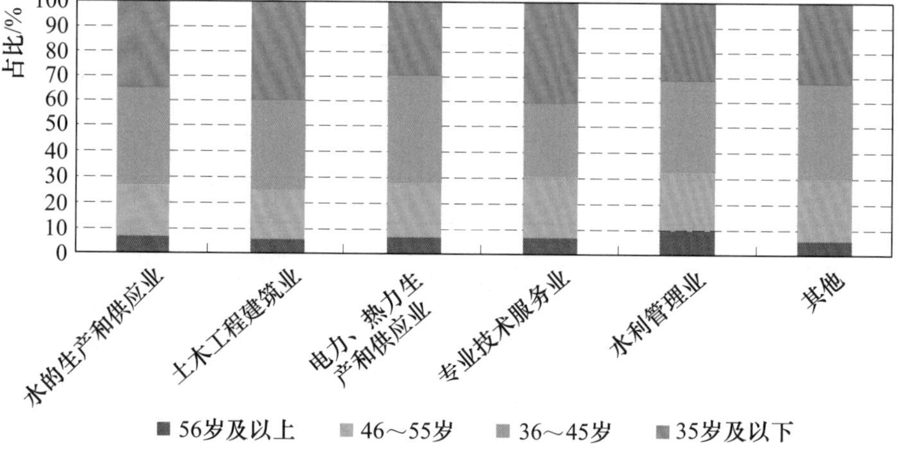

图4-2-12　不同行业类别水利企业法人单位从业人员年龄分布图

从人员性别看，水利企业法人单位从业人员中男女比例为2.5∶1，其中，土木工程建筑业类水利企业法人单位男性从业人员占比最高，为81.79%；水的生产和供应业类水利企业法人单位男性从业人员占比最低，为61.84%。具体情况见表4-2-10和图4-2-13。

从人员技术职称看，具有中级及以上技术职称从业人员占具有专业技术职称从业人员的比例最高的是专业技术服务业类水利企业法人单位，最低的是电力、热力生产和供应业类企业。具体情况如图 4－2－14 所示。

表 4－2－10　不同行业类别水利企业法人单位从业人员性别分布表　　单位：人

行业大类	合计	男性	女性
合计	489332	350563	138769
水的生产和供应业	148616	91907	56709
土木工程建筑业	123976	101397	22579
电力、热力生产和供应业	87472	61612	25860
专业技术服务业	38545	28964	9581
水利管理业	28283	19682	8601
其他	62440	47001	15439

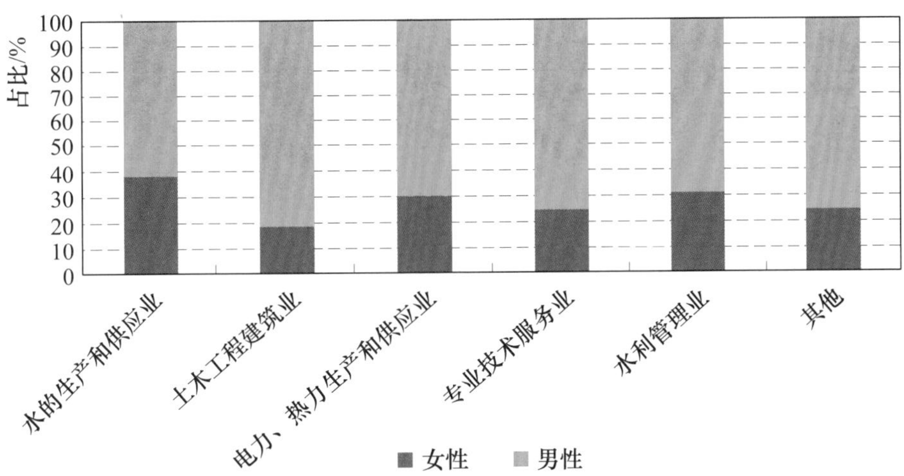

图 4－2－13　不同行业类别水利企业法人单位从业人员性别分布图

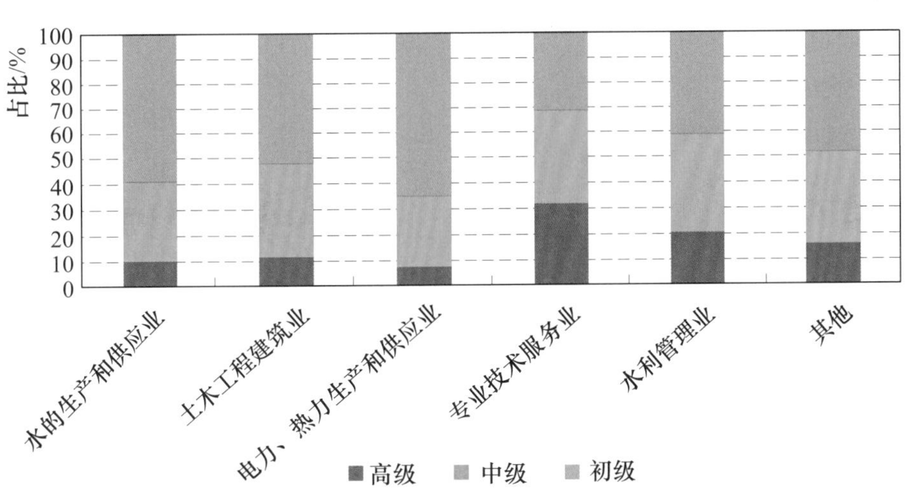

图 4－2－14　不同行业类别水利企业法人单位从业人员专业技术职称分布图

从工人技术等级看，具有高级工及以上技术等级的从业人员占具有技术等级从业人员的比例最高的是专业技术服务业类水利企业法人单位，最低的是其他类水利企业法人单位。具体情况如图 4-2-15 所示。

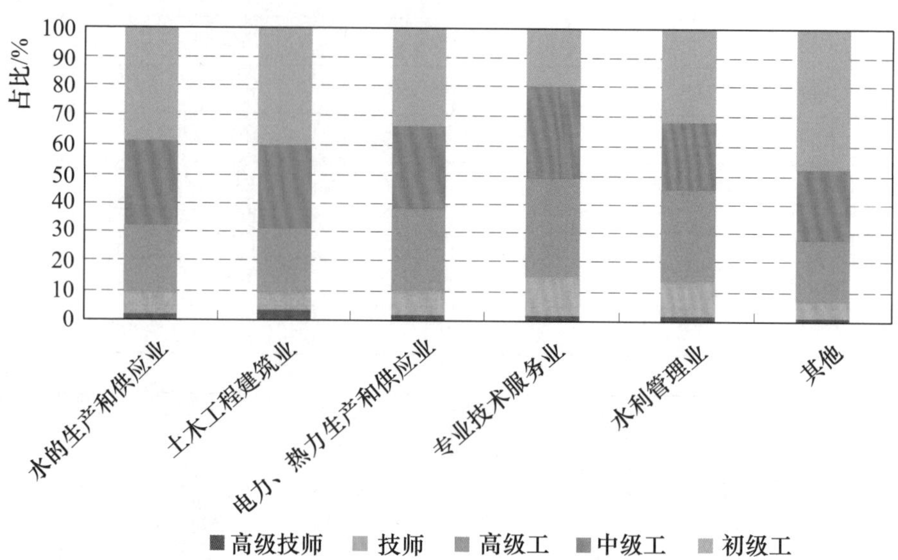

图 4-2-15　不同行业类别水利企业法人单位从业人员中工人技术等级分布图

（二）不同隶属关系单位的人员情况

中央级水利企业法人单位有从业人员 4.5 万人，占 9.19%；省级企业有 7.7 万人，占 15.67%；地级企业有 11.5 万人，占 23.41%；县级及以下企业有 25.3 万人，占 51.73%。具体情况如图 4-2-16 所示。

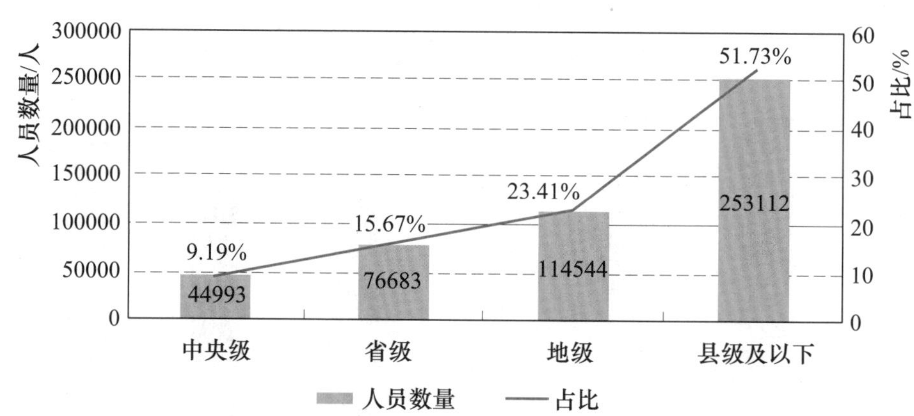

图 4-2-16　不同隶属关系水利企业法人单位从业人员数量分布图

从人员学历看，水利企业法人单位的隶属级别越高，从业人员的学历水平也越高。中央级、省级水利企业法人单位从业人员中具有大学本科及以上学历的所占比重较高，地级水利企业法人单位低于中央级和省级企业，县级及以下最低。具体情况见表 4-2-11 和图 4-2-17。

表 4-2-11 不同隶属关系水利企业法人单位从业人员学历分布表

学历结构	中央级		省级		地级		县级及以下	
	人员数量/人	占比/%	人员数量/人	占比/%	人员数量/人	占比/%	人员数量/人	占比/%
合计	44993	100	76683	100	114544	100	253112	100
博士研究生	240	0.53	84	0.11	46	0.04	39	0.02
硕士研究生	2103	4.67	1570	2.05	888	0.78	411	0.16
大学本科	13202	29.34	14807	19.31	19826	17.31	18089	7.15
大学专科	11083	24.63	17123	22.33	29844	26.05	49225	19.45
中专	4889	10.87	10354	13.50	15324	13.38	42946	16.97
高中及以下	13476	29.95	32745	42.70	48616	42.44	142402	56.26

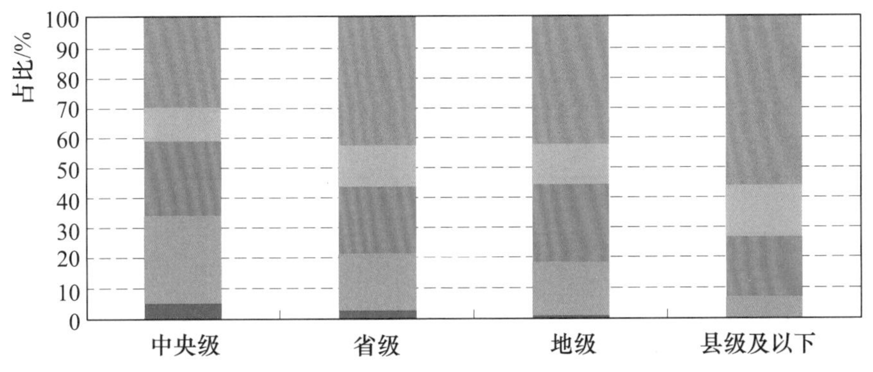

图 4-2-17 不同隶属关系水利企业法人单位从业人员学历分布图

从人员年龄看，省级、地级、县级水利企业法人单位中 45 岁及以下从业人员比例均超过 70%，比重分别为 73.55%、71.15%、73.39%；中央级水利企业法人单位 45 岁及以下从业人员比例最低，比重为 67.76%。

从人员性别看，县级及以下水利企业法人单位中，男性从业人员所占比例最高，为 83.61%；地级水利企业法人单位男性从业人员所占比例最低，为 68.86%。具体情况见表 4-2-12 和图 4-2-18。

从人员技术职称看，水利企业法人单位的隶属级别越高，具有专业技术职称从业人员的比重也越高。中央级水利企业法人单位的从业人员中，具有专业技术职称从业人员有 21030 人，占从业人员比例为 46.74%，其中，具有高级专业技术职称从业人员占具有专业技术职称从业人员的比重近 27%。县级及以下水利企业法人单位从业人员中，具有专业技术职称 57485 人，占从业人员的 22.71%，其中，具有高级专业技术职称从业人员的比重不到 10%。具体情况见表 4-2-13 和图 4-2-19。

表 4-2-12　　不同隶属关系水利企业法人单位从业人员年龄及性别分布表

年龄和性别		中央级		省级		地级		县级及以下	
		人员数量/人	占比/%	人员数量/人	占比/%	人员数量/人	占比/%	人员数量/人	占比/%
年龄	合计	44993	100	76683	100	114544	100	253112	100
	56岁及以上	2658	5.91	3456	4.51	8477	7.40	15443	6.10
	46～55岁	11846	26.33	16824	21.94	24571	21.45	51908	20.51
	36～45岁	13868	30.82	27589	35.98	40289	35.17	104172	41.16
	35岁及以下	16621	36.94	28814	37.58	41210	35.98	81589	32.23
性别	合计	44993	100	76683	100	114544	100	253112	100
	女性	10970	24.38	18507	24.13	35673	31.14	73619	29.09
	男性	34023	75.62	58176	75.87	78871	68.86	211633	83.61

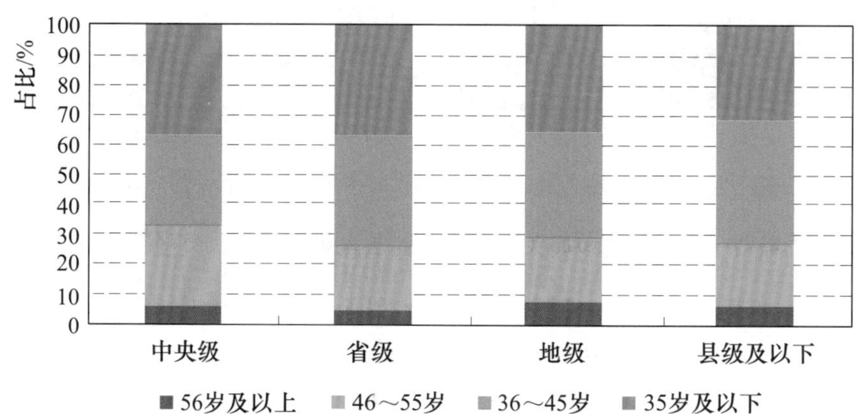

图 4-2-18　不同隶属关系水利企业法人单位从业人员年龄分布图

从工人技术等级看，水利企业法人单位的隶属级别越高，具有高等级技术等级从业人员所占比重也越高。中央级水利企业法人单位从业人员中，具有技师及以上技术等级从业人员占具有技术等级从业人员的 18%，县级及以下水利企业法人单位具有技师及以上技术等级从业人员占具有技术等级从业人员的比例不到 7%。具体情况见表 4-2-14 和图 4-2-20。

表 4-2-13 不同隶属关系水利企业法人单位从业人员专业技术职称分布表

技术职称	中央级		省级		地级		县级及以下	
	人员数量/人	占比/%	人员数量/人	占比/%	人员数量/人	占比/%	人员数量/人	占比/%
合计	21030	100	26883	100	31094	100	57485	100
高级	5665	26.94	5604	20.85	4184	13.46	4573	7.96
中级	8159	38.80	9278	34.51	12403	39.89	18848	32.79
初级	7206	34.27	12001	44.64	14507	46.66	34064	59.26

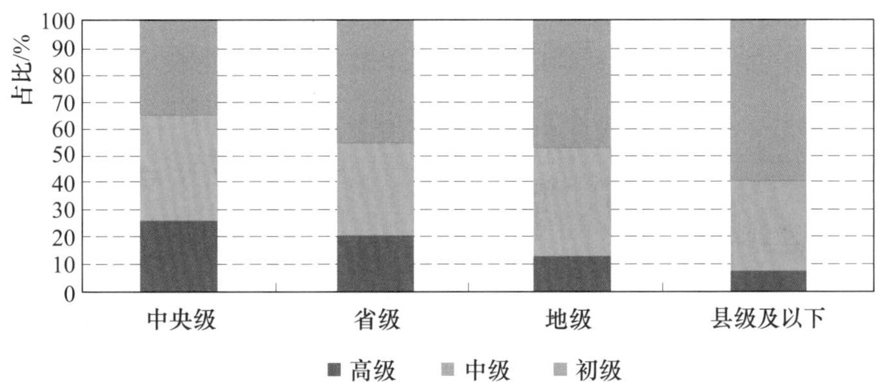

图 4-2-19 不同隶属关系水利企业法人单位从业人员专业技术职称分布图

表 4-2-14 不同隶属关系水利企业法人单位从业人员中工人技术等级分布表

技术等级	中央级		省级		地级		县级及以下	
	人员数量/人	占比/%	人员数量/人	占比/%	人员数量/人	占比/%	人员数量/人	占比/%
合计	15497	100	31450	100	35686	100	115195	100
高级技师	422	2.72	235	0.75	602	1.69	1656	1.44
技师	2302	14.85	2555	8.12	3197	8.96	6348	5.51
高级工	5413	34.93	8605	27.36	9925	27.81	24478	21.25
中级工	3513	22.67	7904	25.13	11142	31.22	34629	30.06
初级工	3847	24.82	12151	38.64	10820	30.32	48084	41.74

（三）不同类型单位的人员情况

水利工程建设施工企业的从业人员最多，为13.0万人，占水利企业法人单位从业人员的26.6%。从企业平均从业人数看，水利工程建设施工类企业平均人数最多，为106人；水利工程维修养护企业平均人数最少，为32人。具体情况见表4-2-15。

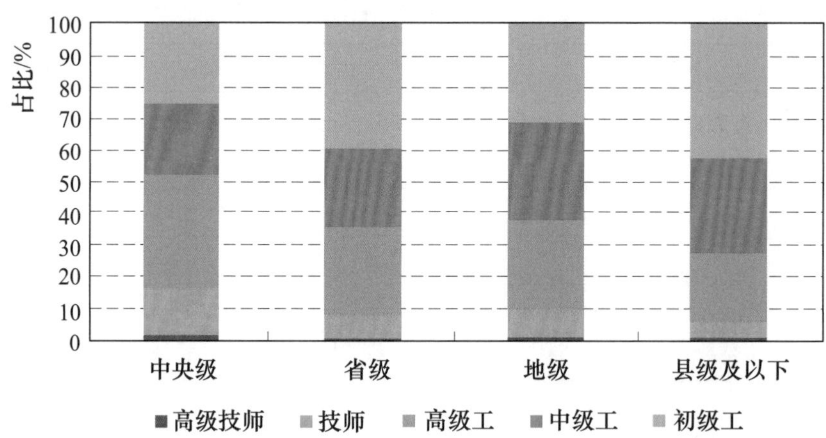

图 4-2-20　不同隶属关系水利企业法人单位从业人员专业技术职称分布图

表 4-2-15　不同单位类型水利企业法人单位从业人员数量分布表

单位类型	单位数量/个	单位占比/%	人员数量/人	人员占比/%	单位平均人员数量/人
合计	7676	100	489332	100	64
水利工程建设施工单位	1230	16.0	130372	26.6	106
城乡供水、排水和污水处理单位	1542	20.1	124005	25.3	80
水力发电单位	1526	19.9	73368	15.0	48
其他	1480	19.3	63946	13.1	43
水利勘测设计等技术咨询	427	5.6	26947	5.5	63
水利工程供水服务单位	656	8.5	24695	5.0	38
水利工程综合管理单位	184	2.4	17782	3.6	97
水利工程建设监理单位	171	2.2	10072	2.1	59
水利（水电）投资单位	216	2.8	7927	1.6	37
水利工程维修养护单位	176	2.3	5786	1.2	33
再生水生产单位	61	0.8	4015	0.8	66
滩涂围垦管理单位	8	0.1	417	0.1	52

从学历结构看，水利勘测设计等技术咨询类企业从业人员中，具有大学专科及以上学历的从业人员所占比例最高，占该类型水利企业法人单位从业人员的 76.2%；水力发电类企业所占比例最低，仅占 24.25%。具体情况如图 4-2-21 所示。

从人员年龄看，不同类型的水利企业法人单位从业人员中 45 岁及以下年

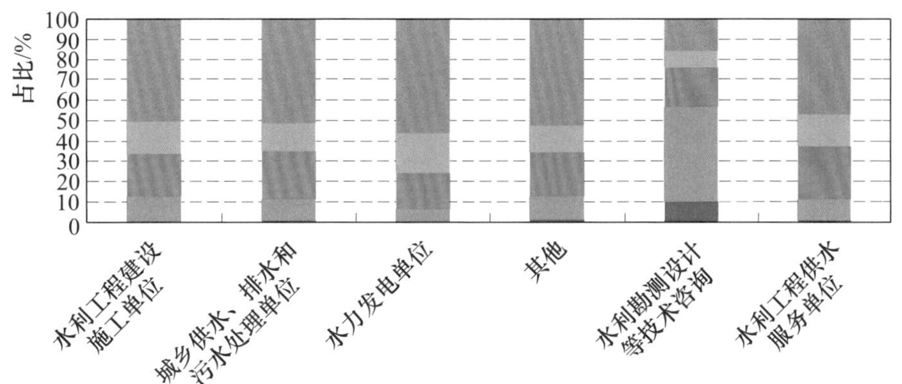

图 4-2-21　不同单位类型水利企业法人单位从业人员学历分布图

龄从业人员所占比例在 60%～80%之间。其中，水利工程供水服务类企业所占比例最高，为 75.98%。具体情况如图 4-2-22 所示。

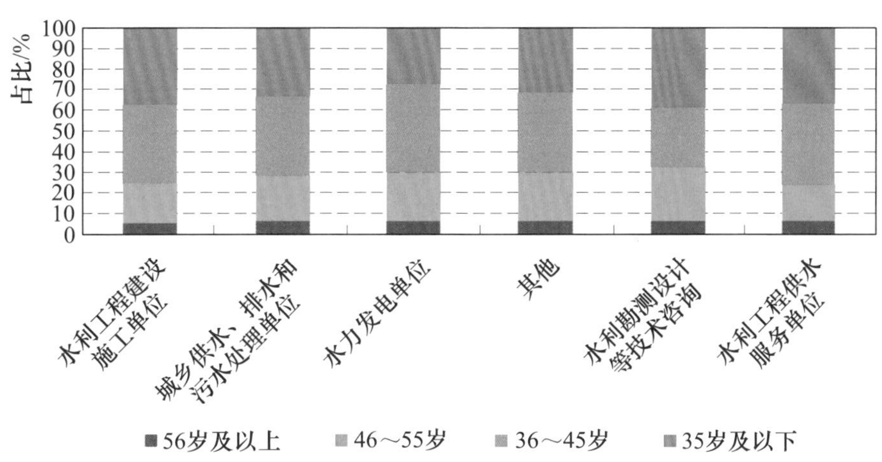

图 4-2-22　不同单位类型水利企业法人单位从业人员年龄分布图

从人员性别看，不同类型的水利企业法人单位都以男性从业人员为主。男性从业人员所占比重最高的是水利工程建设施工类企业，占 83.6%；最低的是水利工程供水服务类企业，占 63.3%。具体情况如图 4-2-23 所示。

从人员技术职称看，在具有专业技术职称从业人员中，具有中级以上技术职称从业人员占比例最高的是水利勘测设计等技术咨询类企业，最低的是水力发电类企业。具体情况如图 4-2-24 所示。

从工人技术等级看，具有技术等级从业人员中，具有高级工及以上技术等级从业人员占比例最高的是水利勘测设计等技术咨询类企业，最低的是水利工程建设施工类企业。具体情况如图 4-2-25 所示。

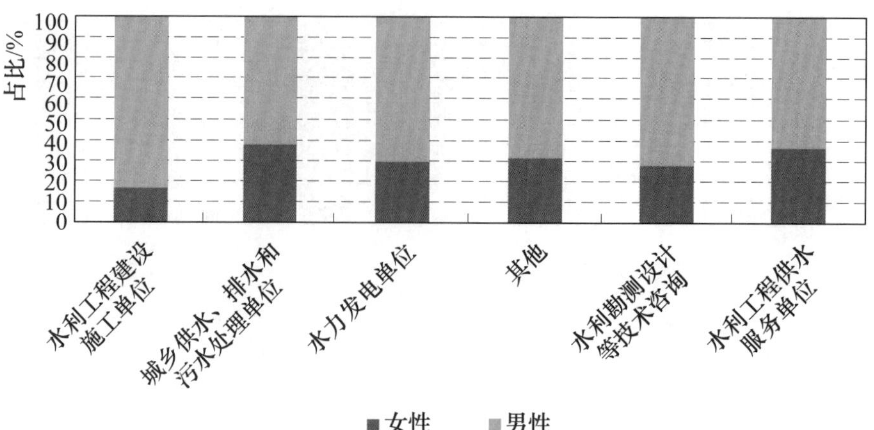

图 4-2-23　不同单位类型水利企业法人单位从业人员性别分布图

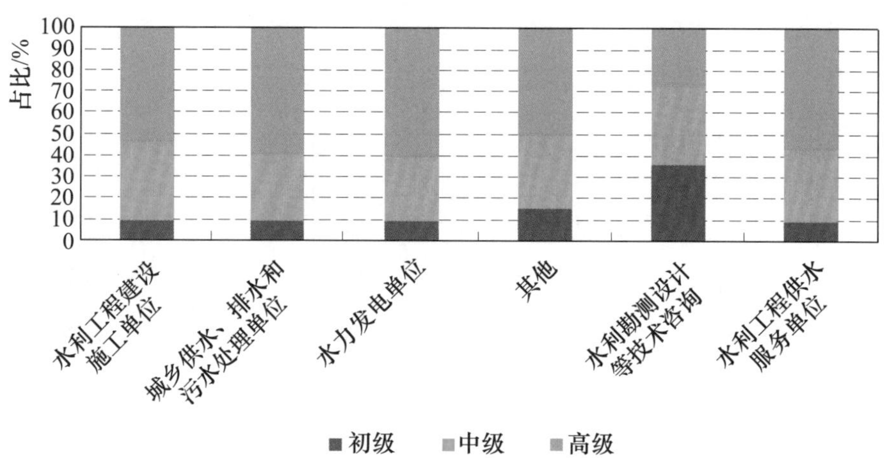

图 4-2-24　不同单位类型水利企业法人单位从业人员专业技术职称分布图

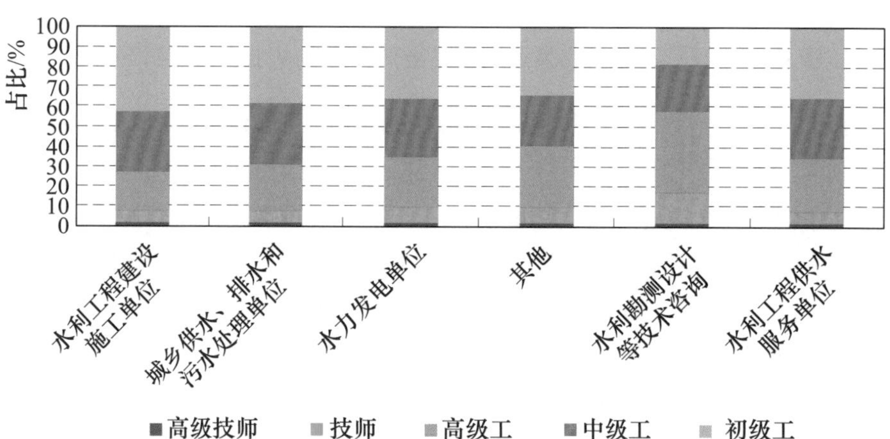

图 4-2-25　不同单位类型水利企业法人单位从业人员中工人技术等级分布图

（四）不同规模单位的人员情况

1. 不同人员规模单位人员情况

从人员规模看，人员规模在120人以上的水利企业法人单位人数最多，为33.2万人，占67.9%。具体情况见表4-2-16和图4-2-26。

表4-2-16　不同人员规模水利企业法人单位从业人员数量分布表

人员规模	单位数量/个	单位占比/%	人员数量/人	人员占比/%	单位平均人员数量/人
合计	7676	100	489332	100	64
0～30人	4966	64.7	48484	9.9	10
31～60人	1073	14.0	46801	9.6	44
61～90人	469	6.1	34698	7.1	74
91～120人	257	3.3	26908	5.5	105
120人以上	911	11.9	332441	67.9	365

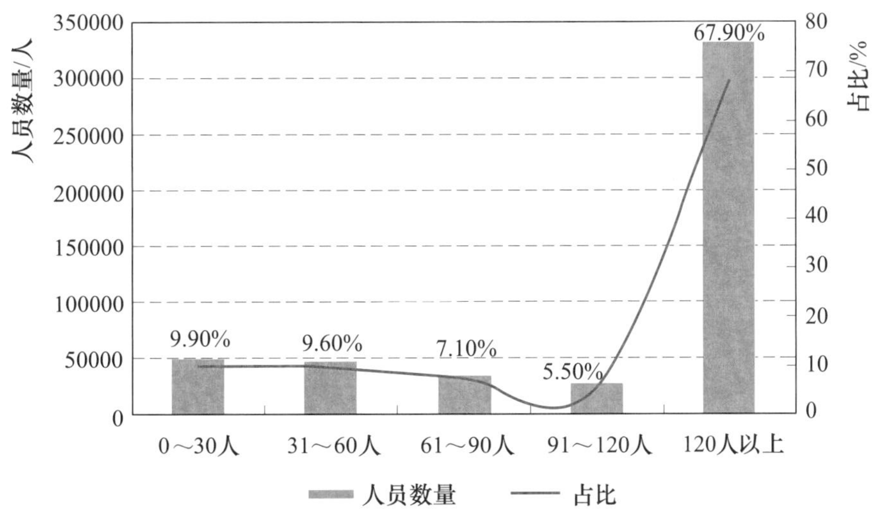

图4-2-26　不同人员规模水利企业法人单位从业人员数量分布图

从人员学历看，具有大学专科及以上学历从业人员所占比例均在30%～40%之间。其中，人员规模在31～60人之间的水利企业法人单位中，具有大学专科及以上学历的从业人员所占比重最高，占该规模企业全部从业人员的39.17%；人员规模在120人以上的水利企业法人单位中，具有大学专科及以上学历从业人员所占比例最低，为35.77%。具体情况见表4-2-17和图4-2-27。

表 4-2-17　不同人员规模水利企业法人单位从业人员学历分布表　单位：人

人员规模	合计	博士研究生	硕士研究生	大学本科	大学专科	中专	高中及以下
合计	489332	409	4972	65924	107275	73513	237239
0～30 人	48484	40	377	6831	11231	7977	22028
31～60 人	46801	49	555	7314	10413	7412	21058
61～90 人	34698	23	423	5090	7852	5419	15891
91～120 人	26908	17	93	3277	6095	4184	13242
120 人以上	332441	280	3524	43412	71684	48521	165020

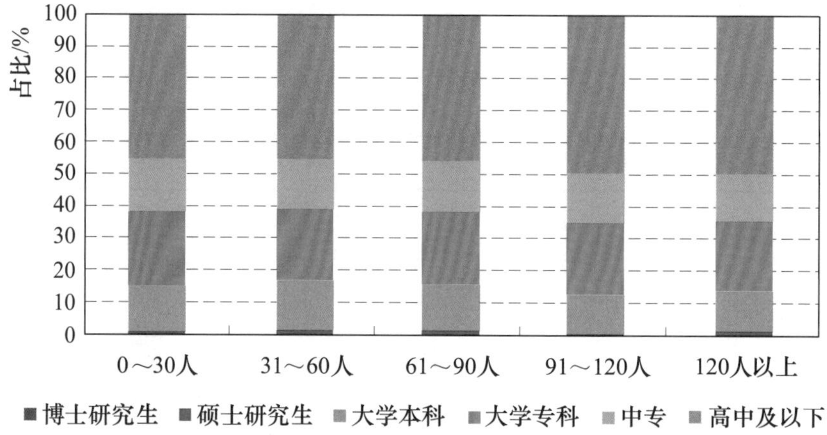

图 4-2-27　不同人员规模水利企业法人单位从业人员学历分布图

从人员年龄看，不同人员规模水利企业法人单位中 45 岁及以下从业人员所占比例相差不大，均在 70%～75%之间。具体情况见表 4-2-18 和图4-2-28。

表 4-2-18　不同人员规模水利企业法人单位从业人员年龄分布表　单位：人

人员规模	合计	56 岁及以上	46～55 岁	36～45 岁	35 岁及以下
合计	489332	30034	105149	185918	168231
0～30 人	48484	2955	10552	19045	15932
31～60 人	46801	2697	9785	17998	16321
61～90 人	34698	1932	7246	13071	12449
91～120 人	26908	1670	5843	10636	8759
120 人以上	332441	20780	71723	125168	114770

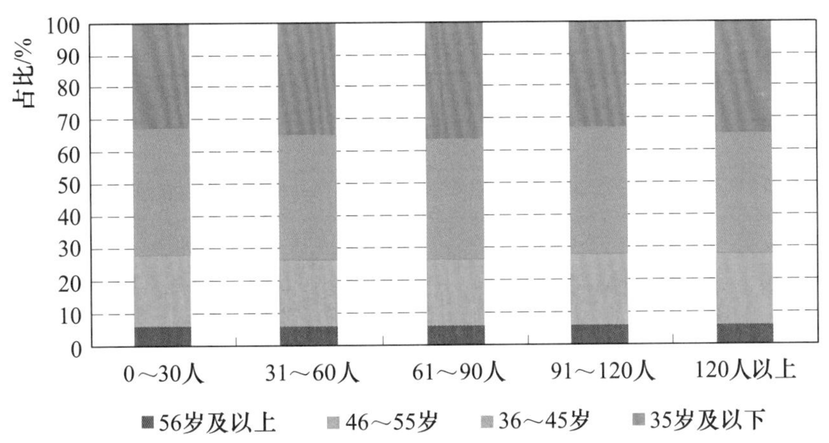

图4-2-28　不同人员规模水利企业法人单位从业人员年龄分布图

从人员性别看，不同人员规模水利企业法人单位从业人员的性别结构相差不大，都以男性从业人员为主。男性从业人员占比最高的是人员规模在120人以上的水利企业法人单位，男性占72.6%；女性从业人员占比最高的是人员规模在91～120人的企业，女性占31.4%。具体情况如图4-2-29所示。

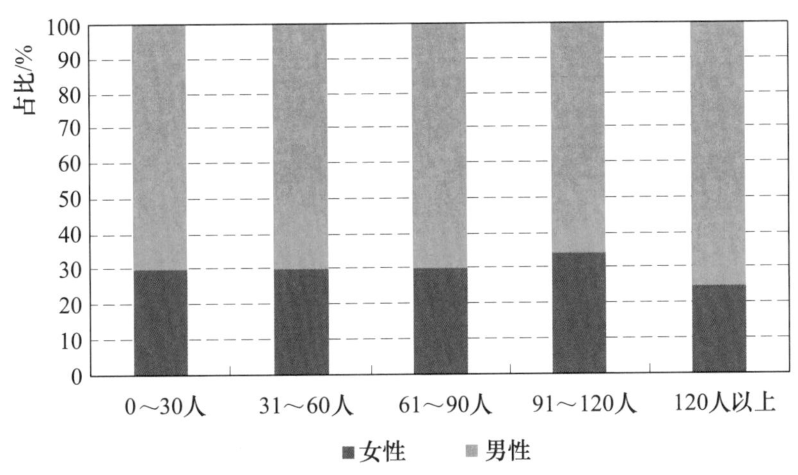

图4-2-29　不同人员规模水利企业法人单位从业人员性别分布图

从人员技术职称看，在不同人员规模的水利企业法人单位，从业人员的专业技术职称结构差异不大。具体情况见表4-2-19和图4-2-30。

从工人技术等级看，不同人员规模的水利企业法人单位具有技术等级从业人员中，中级工和初级工所占比重在70%左右。具体情况见表4-2-20和图4-2-31。

表 4-2-19　　不同人员规模水利企业法人单位从业人员专业技术职称分布表

单位：人

人员规模	合计	高级	中级	初级
合计	136492	20026	48688	67778
0～30 人	14950	1954	5528	7468
31～60 人	14572	2458	5224	6890
61～90 人	9998	1478	3547	4973
91～120 人	7671	1049	2677	3945
120 人以上	89301	13087	31712	44502

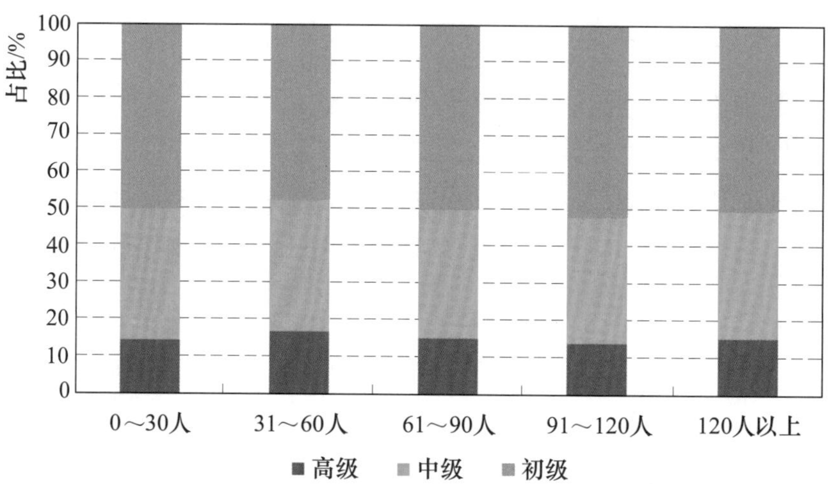

图 4-2-30　不同人员规模水利企业法人单位从业人员专业技术职称分布图

表 4-2-20　　不同人员规模水利企业法人单位从业人员中工人技术等级分布图

单位：人

人员规模	高级技师	技师	高级工	中级工	初级工
合计	2915	14402	48421	57188	74902
0～30 人	188	755	3605	5333	8882
31～60 人	381	1054	4186	5238	7742
61～90 人	316	790	3470	3892	5057
91～120 人	196	634	2782	3704	4476
120 人以上	1834	11169	34378	39021	48745

2. 不同资产规模单位人员情况

按资产规模分，资产规模在 1 亿元及以上的企业从业人员总数最多，有 20.5 万人，占 41.9%。具体情况见表 4-2-21 和图 4-2-32。

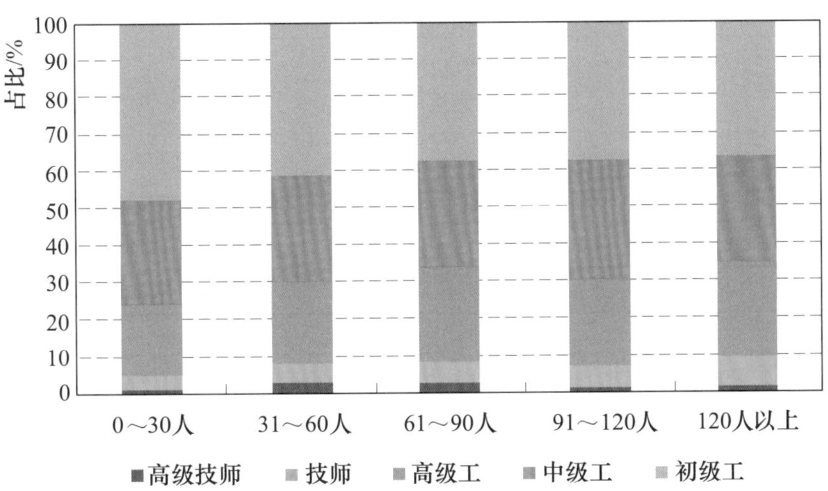

图 4-2-31　不同人员规模水利企业法人单位从业人员中工人技术等级分布图

表 4-2-21　不同资产规模水利企业法人单位从业人员数量分布表

资产规模	单位数量/个	单位占比/%	人员数量/人	人员占比/%	单位平均人员数量/人
合计	7676	100	489332	100	63
1 亿元及以上	753	9.8	204863	41.9	272
5000 万（含）～1 亿元	467	6.1	61394	12.5	131
1000 万（含）～5000 万元	1589	20.7	125850	25.7	79
500 万（含）～1000 万元	820	10.7	36462	7.5	44
100 万（含）～500 万元	2048	26.7	40618	8.3	19
50 万（含）～100 万元	643	8.4	8309	1.7	12
50 万元及以下	1356	17.7	11836	2.4	8

从人员学历看，资产在 1 亿元及以上的水利企业法人单位，具有大学专科及以上学历从业人员占从业人员数量比例最高，占 43.34%；其他规模的水利企业法人单位所占比重均在 30%～35%之间。具体情况见表 4-2-22 和图 4-2-33。

表 4-2-22　不同资产规模水利企业法人单位从业人员学历分布表　单位：人

资产规模	合计	博士研究生	硕士研究生	大学本科	大学专科	中专	高中及以下
合计	489332	409	4972	65924	107275	73513	237239
50 万元以下	11836	0	33	1435	2322	1879	6167
50 万（含）～100 万元	8309	4	17	1027	1767	1186	4308
100 万（含）～500 万元	40618	29	296	5094	7448	5955	21796

续表

资产规模	合计	博士研究生	硕士研究生	大学本科	大学专科	中专	高中及以下
500 万（含）～1000 万元	36462	26	261	4286	6881	5824	19184
1000 万（含）～5000 万元	125850	65	729	13446	25535	21874	64201
5000 万（含）～1 亿元	61394	70	392	5862	12760	9576	32734
1 亿元及以上	204863	215	3244	34774	50562	27219	88849

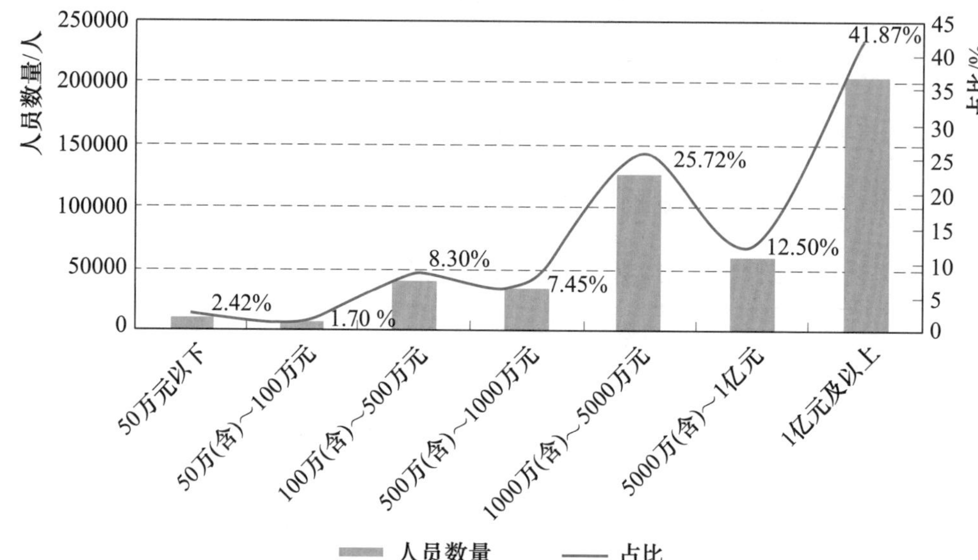

图 4-2-32　不同资产规模水利企业法人单位从业人员数量分布图

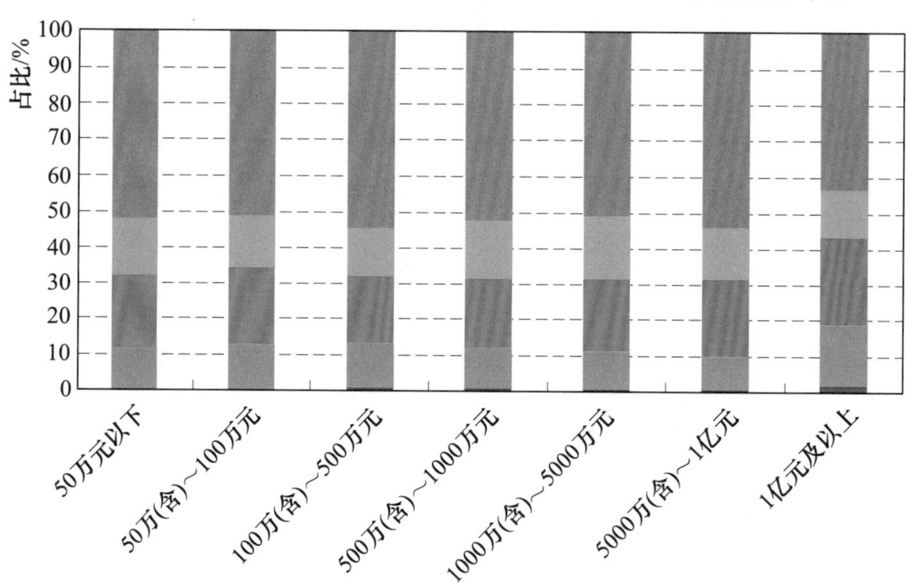

图 4-2-33　不同资产规模水利企业法人单位从业人员学历分布图

从人员年龄看，不同资产规模水利企业法人单位从业人员的年龄结构差异不大。45岁及以下从业人员所占比例在68%～75%之间；其中，资产规模在1000万（含）～5000万元之间水利企业法人单位，45岁及以下从业人员所占比例最高，为74.7%。具体情况见表4-2-23和图4-2-34。

表4-2-23　不同资产规模水利企业法人单位从业人员年龄分布表　单位：人

资产规模	合计	56岁及以上	46～55岁	36～45岁	35岁及以下
合计	489332	30034	105149	185918	168231
50万元以下	11836	710	2831	4881	3414
50万（含）～100万元	8309	548	2072	3421	2268
100万（含）～500万元	40618	2968	9817	15647	12186
500万（含）～1000万元	36462	2184	7923	14417	11938
1000万（含）～5000万元	125850	7201	24642	48720	45287
5000万（含）～1亿元	61394	4188	12517	24481	20208
1亿元及以上	204863	12235	45347	74351	72930

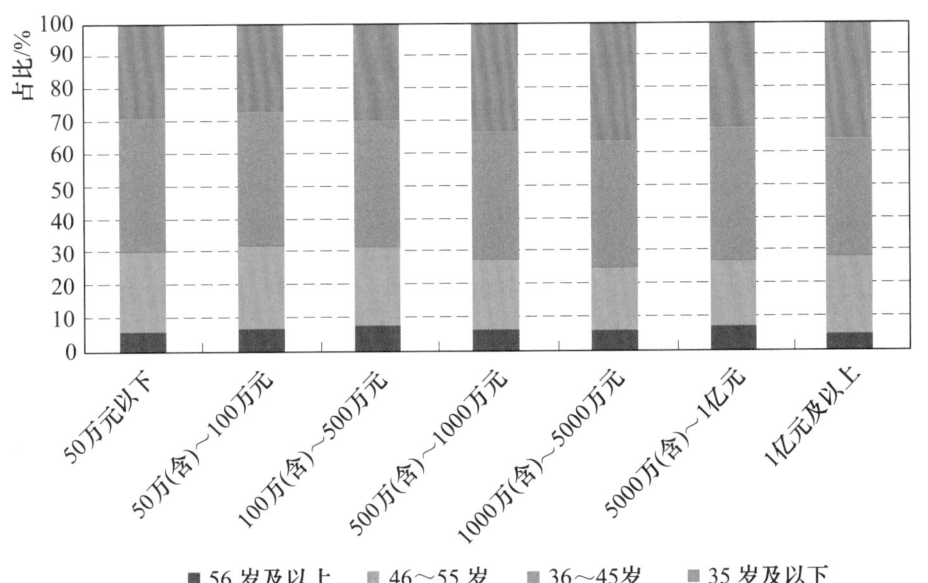

图4-2-34　不同资产规模水利企业法人单位从业人员年龄分布图

从人员性别看，不同资产规模的水利企业法人单位都以男性从业人员为主。具体情况如图4-2-35所示。

从人员技术职称看，具有中级及以上技术职称的从业人员占具有专业技术职称从业人员比例最高的是资产规模在50万（含）～100万元的水利企业法人单位，最低的是资产规模在5000万（含）～1亿元的水利企业法人单位。具体情况见表4-2-24和图4-2-36。

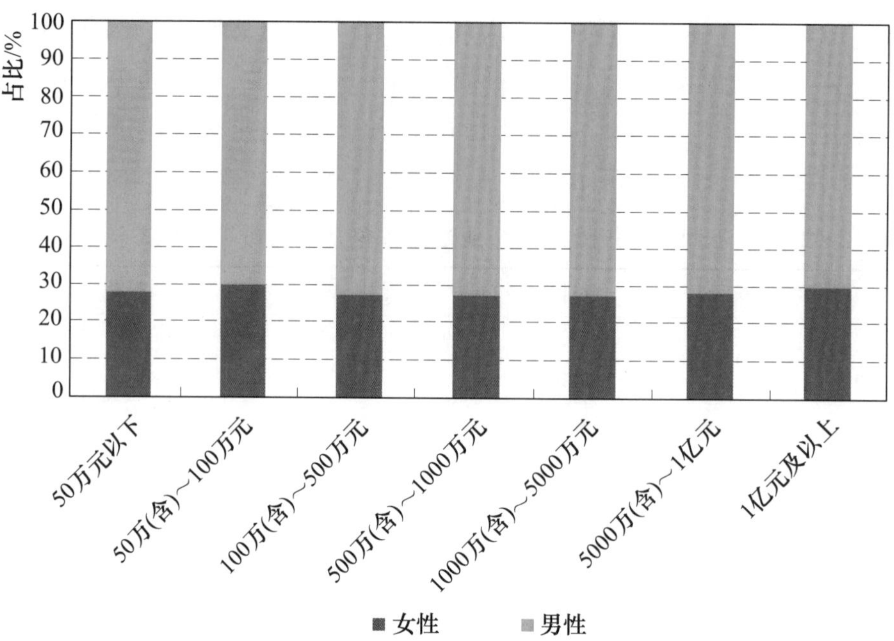

图 4-2-35　不同资产规模水利企业法人单位从业人员性别分布图

表 4-2-24　不同资产规模水利企业法人单位从业人员专业技术职称分布表

单位：人

资产规模	合计	高级	中级	初级
合计	136492	20026	48688	67778
50 万元以下	2976	450	1075	1451
50 万（含）～100 万元	2454	475	991	988
100 万（含）～500 万元	11602	1927	4394	5281
500 万（含）～1000 万元	10493	1334	3574	5585
1000 万（含）～5000 万元	35091	4114	12375	18602
5000 万（含）～1 亿元	16874	1851	5606	9417
1 亿元及以上	57002	9875	20673	26454

从工人技术等级看，不同资产规模的水利企业法人单位具有技术等级从业人员中，具备技师及以上技术等级从业人员的比重在 10%左右，中级工和初级工的比重超过 60%。具体情况见表 4-2-25 和图 4-2-37。

表 4-2-25　不同资产规模水利企业法人单位从业人员中工人技术等级分布表

单位：人

资产规模	高级技师	技师	高级工	中级工	初级工
合计	2915	14402	48421	57188	74902
50 万元以下	62	249	839	1303	2427
50 万（含）～100 万元	36	170	701	969	1683

续表

资产规模	高级技师	技师	高级工	中级工	初级工
100 万（含）～500 万元	344	920	3686	4979	7589
500 万（含）～1000 万元	217	778	3735	4351	6603
1000 万（含）～5000 万元	821	3485	12891	16168	19588
5000 万（含）～1 亿元	245	1590	5133	7333	9286
1 亿元及以上	1190	7210	21436	22085	27726

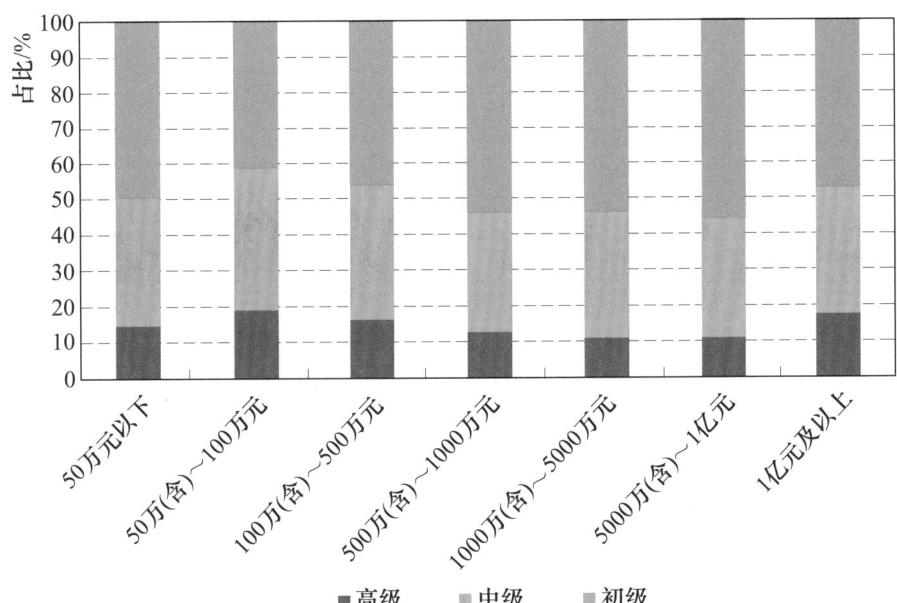

图 4-2-36　不同资产规模水利企业法人单位从业人员专业技术职称分布图

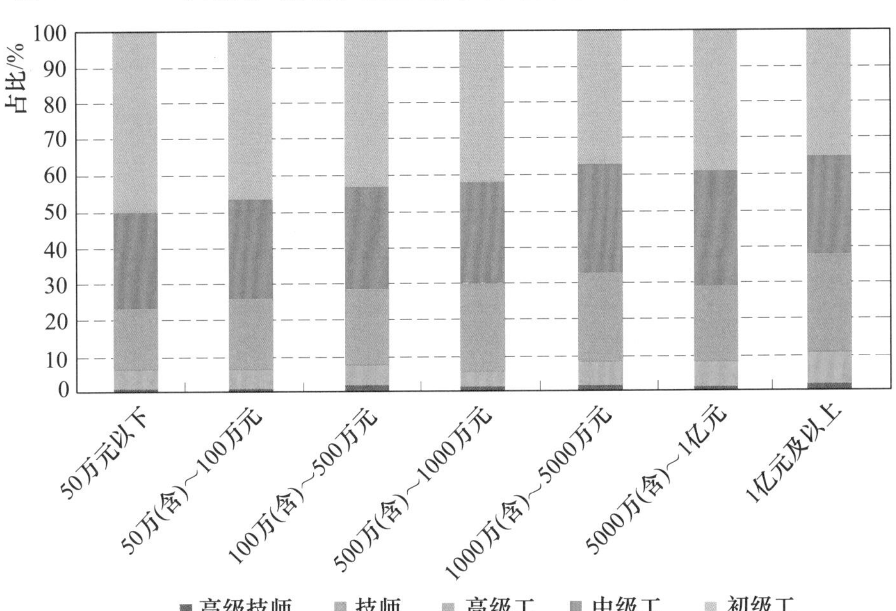

图 4-2-37　不同资产规模水利企业法人单位从业人员中工人技术等级分布图

第三节　资　产　状　况

水利企业法人单位资产状况是指在本水利企业法人单位拥有的资产情况，指单位占有或者使用的能以货币计量的经济资源，包括固定资产、流动资产、无形资产其他权利。

一、总体情况

2011年年底，全国7676家水利企业法人单位的总资产为7720.7亿元，平均每个企业拥有资产约为1.0亿元。

在水利企业法人单位中，水的生产和供应业类企业总资产最多，合计2331.6亿元，占30.2%；其次为水利管理业，总资产为1594.8亿元，占20.7%；房屋和土木工程建筑业总资产为1337.9亿元，占17.3%；电力、热力的生产和供应业总资产为亿元和1055.0亿元，占13.7%。以上四个行业资产合计占水利企业法人单位总资产的81.8%。具体情况见表4-3-1。

表4-3-1　　不同行业类别水利企业法人单位总资产分布表

行业类别	资产合计/亿元	占比/%
合计	7720.7	100
水的生产和供应业	2331.6	30.20
水利管理业	1594.8	20.66
土木工程建筑业	1337.9	17.33
电力、热力生产和供应业	1055.0	13.66
商务服务业	709.1	9.18
其他	373.5	4.84
专业技术服务业	289.4	3.75
国家机构	10.2	0.13
农林牧渔服务业	5.2	0.07
研究和实验发展	5.0	0.06
科技交流和推广服务业	3.2	0.04
地质勘查业	3.0	0.04

从企业隶属关系来看，中央级水利企业法人单位总资产有1100.7亿元，占比为14.3%；省级水利企业法人单位总资产有2196.6亿元，占比为28.5%；地级水利企业法人单位总资产有2559.4亿元，占比为33.1%；县级

及以下水利企业法人单位总资产有1864.0亿元，占比为24.1%。具体情况如图4－3－1所示。

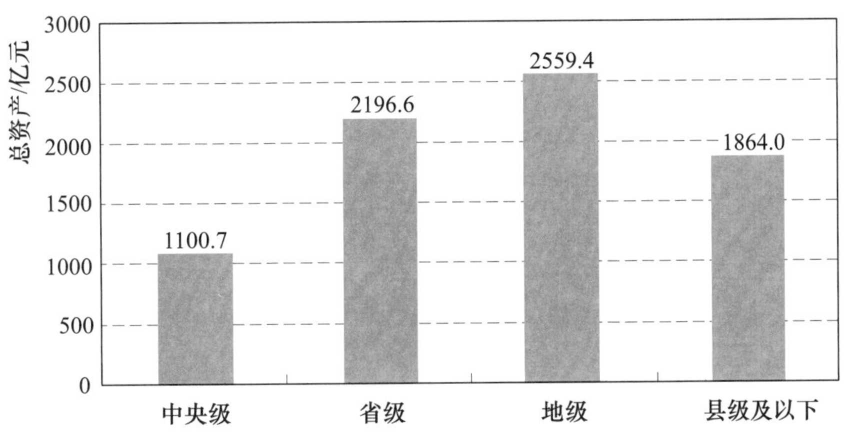

图4－3－1　不同隶属关系水利企业法人单位总资产分布图

从企业类型来看，水利（水电）投资类企业总资产最高，有2743.7亿元，占35.5%；城乡供水、排水和污水处理类企业总资产为1417.6亿元，占18.4%；水利工程建设施工类企业总资产为945.0亿元，占12.2%。具体情况见表4－3－2。

表4－3－2　　不同单位类型水利企业法人单位总资产分布表

单 位 类 型	总资产/亿元	占比/%
合计	7720.7	100
水利（水电）投资单位	2743.7	35.5
城乡供水、排水和污水处理单位	1417.6	18.4
水利工程建设施工单位	945.0	12.2
其他	853.0	11.0
水力发电单位	655.7	8.5
水利工程供水服务单位	515.7	6.7
水利工程综合管理单位	368.9	4.8
水利勘测设计等技术咨询	128.0	1.7
水利工程维修养护单位	28.9	0.4
滩涂围垦管理单位	23.3	0.3
再生水生产单位	22.5	0.3
水利工程建设监理单位	18.5	0.2

按人员规模分，120 人以上人员规模的水利企业法人单位总资产最高，有 3101.3 亿元，占 40.2%。120 人以上规模的水利企业法人单位平均资产最多，约为 3.4 亿元。具体情况如图 4-3-2 所示。

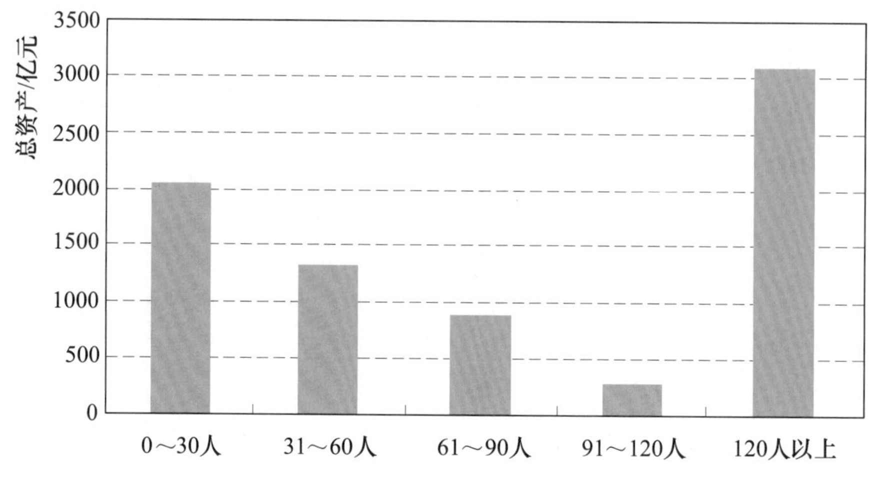

图 4-3-2　不同人员规模水利企业法人单位总资产分布图

按资产规模分，资产规模在 1 亿元及以上的水利企业法人单位，其总资产最多，远远高于其他资产规模的水利企业法人单位。具体情况见表 4-3-3。

表 4-3-3　　不同资产规模水利企业法人单位总资产分布表

资产规模	50 万元以下	50 万（含）～100 万元	100 万（含）～500 万元	500 万（含）～1000 万元	1000 万（含）～5000 万元	5000 万（含）～1 亿元	1 亿元及以上
总资产/亿元	2.2	4.7	51.0	59.2	381.2	323.0	6899.4
单位平均资产/万元	16.2	73.1	24.9	722.0	2399.0	6916.5	91625.5

二、区域分布情况

分地区看，广东、江苏、重庆和广西等省（自治区、直辖市）水利企业法人单位的总资产在 500 亿元以上；有 17 个省（自治区、直辖市）的水利企业法人单位总资产在 100 亿～400 亿元之间；有 10 个省（自治区）低于 100 亿元。从企业平均资产额来看，14 个省（自治区、直辖市）的企业平均资产在 1 亿～2 亿元之间。具体情况如图 4-3-3 所示。

分区域看，东部地区水利企业法人单位总资产为 3402.5 亿元，中部地区为 2092.4 亿元，西部地区为 2225.8 亿元。从平均每个省水利企业法人单位总资产来看，东部地区最多，平均每个省（直辖市）309.3 亿元；中部地区平均

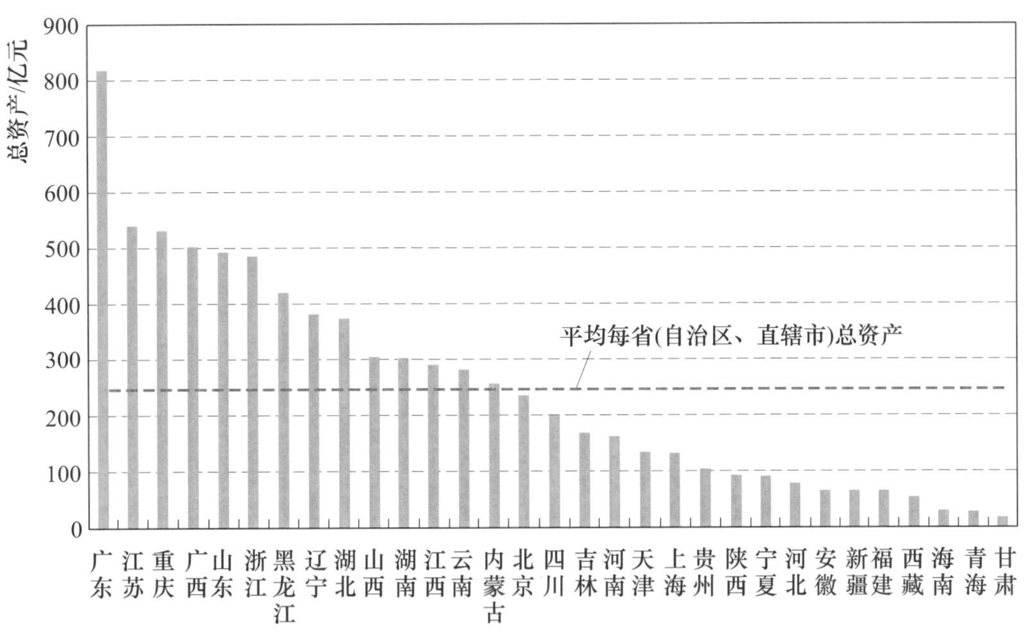

图 4－3－3　水利企业法人单位总资产地区分布图

每个省 261.6 亿元；西部地区平均每个省（自治区、直辖市）185.5 亿元。具体情况如图 4－3－4 所示。

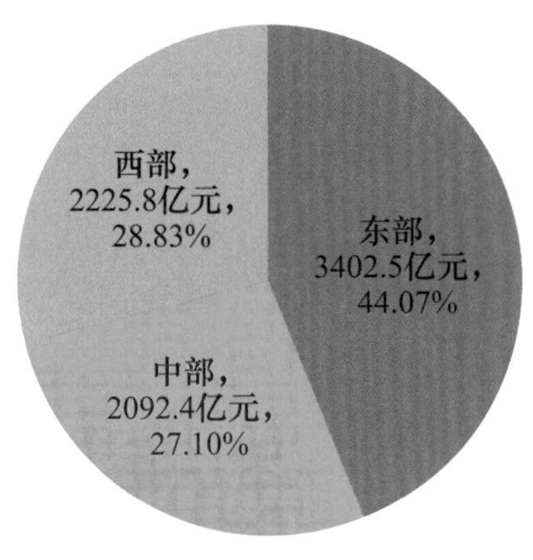

图 4－3－4　水利企业法人单位总资产区域分布图

第四节　资　质　状　况

全国具有相关资质的水利企业法人单位 2768 个，其中具有水利水电工程施工企业总承包资质的企业数量最多，为 646 家，占水利企业法人单位数量的 8.42%；具有工程设计行业资质（水利）的企业共 334 家，占 4.35%。具体情况见表 4－4－1。

表 4-4-1　　具有相关资质的水利企业法人单位分布表

行业资质	单位数量/个	占比/%
合 计	2768	36.06
水利水电工程施工企业总承包资质	646	8.42
工程设计行业资质（水利）	334	4.35
计量认证资质	207	2.70
水利工程施工监理专业资质	196	2.55
编制开发建设项目水土保持方案资格	186	2.42
建设项目水资源论证资质	122	1.59
工程勘察专业类资质（水文地质勘查）	116	1.51
堤防工程专业承包企业资质	115	1.50
其他	846	11.02

从地区分布看，山东省具有相关资质的水利企业法人单位数量最多，共246个，其中，具有甲级资质企业92家、乙级资质企业92家、丙级资质企业65家。湖北、河南、江苏、广东、湖南、安徽、内蒙古、浙江、陕西、四川和辽宁等省（自治区）具有相关资质的企业数量在90～240个之间。具体情况如图4-4-1所示。

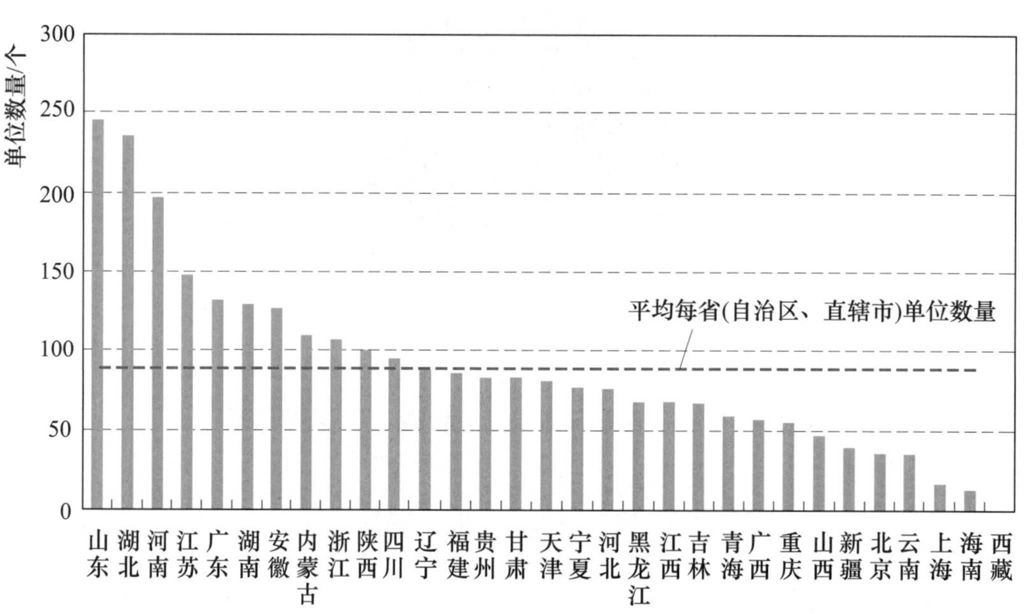

图4-4-1　具有相关资质的水利企业法人单位地区分布图

第五章　乡镇水利管理单位普查成果

本章从乡镇水利管理单位的机构、人员、计算机等几个方面介绍其数量和分布特征。

第一节　机　构　数　量

一、调查对象

乡镇水利管理单位是最基层的水利管理和服务机构。目前，承担乡镇水利管理职能的机构有：乡镇水利站、乡镇水利服务中心、乡镇水利所、乡镇农技水利服务中心、乡镇水利电力管理站、乡镇水利水产林果农技站、乡镇水利工作站、具有乡镇水利管理和服务职能的乡镇农业综合服务中心等。

根据水利行业能力普查实施方案，乡镇水利管理单位按照机构类型，可分为法人单位和非法人单位；按照主管部门分，可分为县水利部门的下属机构和乡镇政府下属机构。

二、总体情况

2011 年年底，全国共有 2.9 万个乡镇水利管理单位。

从单位名称看，水利（务、电）管理（服务、工作、推广）站（所、中心）类的乡镇水利管理单位有 16007 个，占 54.42%；农业（农村经济）综合服务中心（站）类的乡镇水利管理单位有 11249 个，占 38.24%；其他名称的乡镇水利管理单位有 2160 个，占 7.34%。具体情况如图 5-1-1 所示。

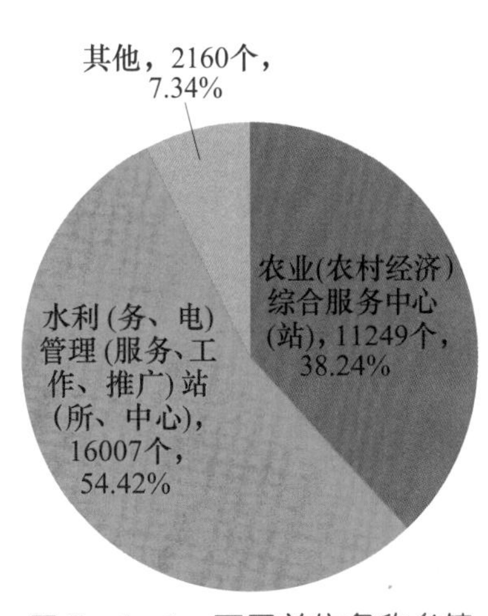

图 5-1-1　不同单位名称乡镇水利管理单位分布图

乡镇水利管理单位按照经费来源形式可分为财政拨款单位和其他单位。其中，财政拨款的乡镇水利管理单位有 26317 个，占 89.46%；

其他形式经费来源的有3099个，占10.54%。具体情况见表5-1-1。

乡镇水利管理单位按照主管部门可分为乡镇政府（街道办）、县（市）水利局和其他。其中，主管部门是乡镇政府（街道办）的有19890个，占67.62%；主管部门是县（市）水利局的有8913个，占30.30%；主管部门是其他部门的有613个，占2.08%。具体情况见表5-1-2。

表5-1-1　　不同经费来源形式乡镇水利管理单位分布表

经费来源形式	单位数量/个	占比/%
合　计	29416	100
财政拨款	26317	89.46
其他	3099	10.54

表5-1-2　　不同主管部门乡镇水利管理单位分布表

主管部门	单位数量/个	占比/%
合计	29416	100
乡镇政府（街道办）	19890	67.62
县（市）水利局	8913	30.30
其他	613	2.08

乡镇水利管理单位按机构类型可分为事业法人单位、企业法人单位、非法人单位和其他法人单位。其中，事业类型的乡镇水利管理单位最多，有14731个，占50.08%；企业类型的乡镇水利管理单位最少，有58个，占0.20%。具体情况见表5-1-3。

表5-1-3　　不同机构类型乡镇水利管理单位分布表

机构类型	单位数量/个	占比/%
合计	29416	100
事业法人单位	14731	50.08
企业法人单位	58	0.20
非法人单位	14099	47.93
其他法人单位	528	1.79

三、区域分布情况

从分地区看，四川的乡镇水利管理单位数量最多，有2573家。全国有15个省（自治区）的乡镇水利管理单位数量在1000个以上，包括四川、湖南、河南、山东、江西、贵州、云南、广东、安徽、江苏、辽宁、浙江、广西、新疆和山西等。具体情况如图5-1-2所示。

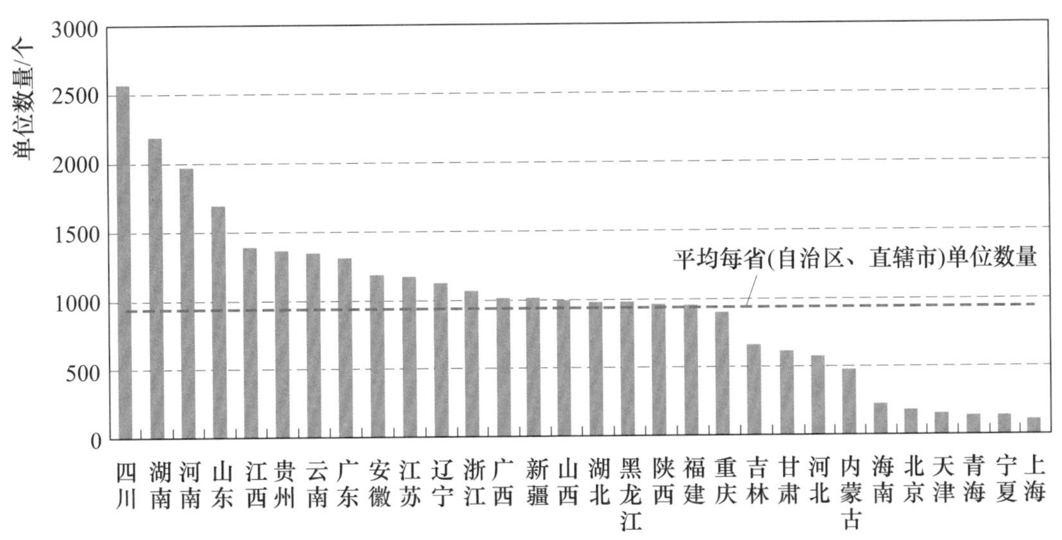

图 5-1-2　乡镇水利管理单位地区分布图

从单位名称看，水利（务、电）管理（服务、工作、推广）站（所、中心）类乡镇水利管理单位最多的省是湖南，有 1754 个，最少的省是海南，有 9 个；农业（农村经济）综合服务中心（站）类的乡镇水利管理单位数最多的省是四川，有 1939 个，最少的省（自治区）是新疆，有 28 个；其他单位名称的乡镇水利管理单位数最多的省是云南，有 247 个。具体情况如图 5-1-3 所示。

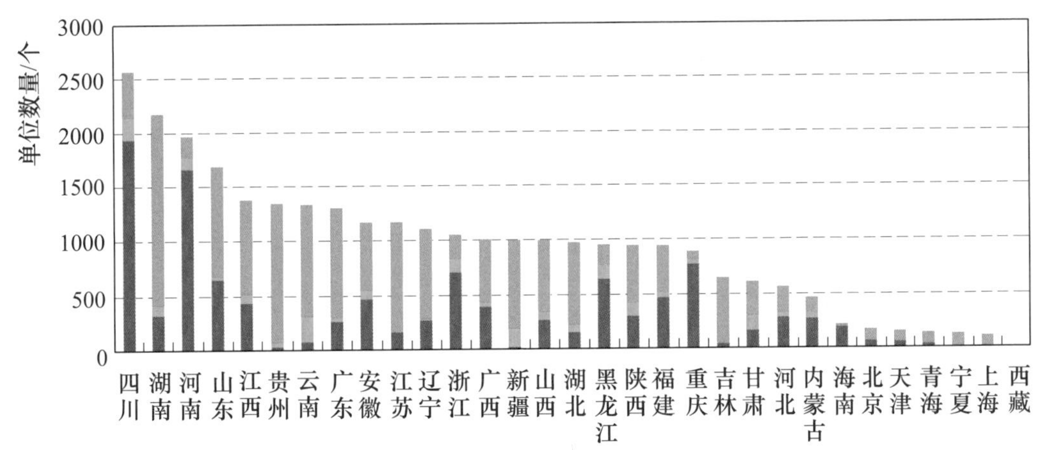

图 5-1-3　不同单位类型乡镇水利管理单位地区分布图

从分地区的平均数看，平均每个省（自治区、直辖市）有水利（务、电）管理（服务、工作、推广）站（所、中心）类乡镇水利管理单位 516 个，农业（农村经济）综合服务中心（站）类的乡镇水利管理单位 363 个，其他类型乡镇水利管理单位 70 个。

从经费来源看，财政拨款类型乡镇水利管理单位平均每个省（自治区、直辖市）有 849 个。具体情况如图 5－1－4 所示。

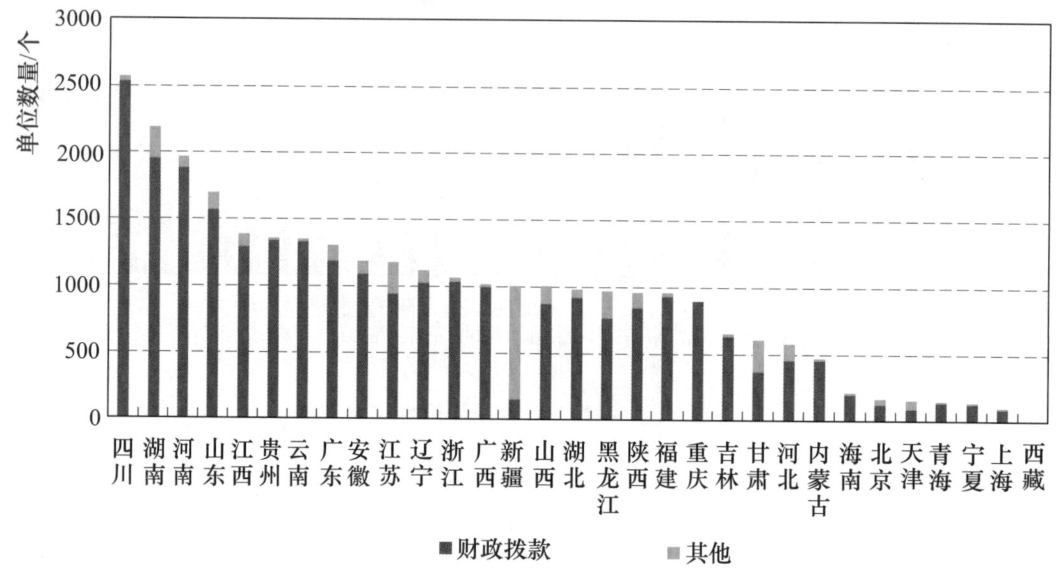

图 5－1－4　不同经费来源形式乡镇水利管理单位地区分布图

从主管部门看，主管部门是乡镇政府（街道办）的，平均每个省（自治区、直辖市）有 642 个，四川最多，有 2122 个。主管部门是县（市）水利局的，平均每个省（自治区、直辖市）有 288 个，最多的是江苏，有 969 个。主管部门是其他部门的，平均每个省（自治区、直辖市）有 20 个，最多的是安徽，有 189 个。具体情况如图 5－1－5 所示。

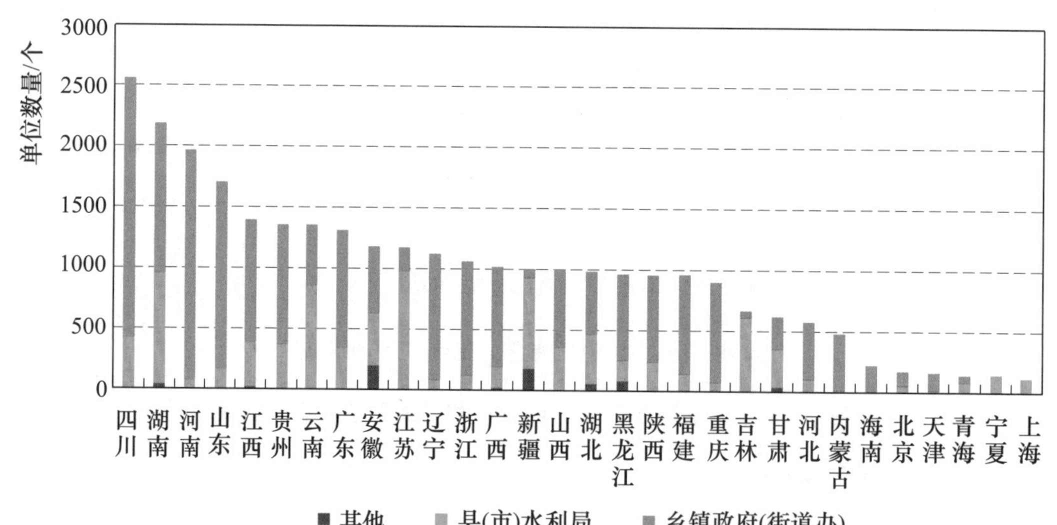

图 5－1－5　不同主管部门乡镇水利管理单位地区分布图

从机构类型看，事业法人单位类型的乡镇水利管理单位平均每个省（自治区、直辖市）有475个，其中，四川最多，有2058个；企业法人单位类型的乡镇水利管理单位平均每个省（自治区、直辖市）有2个，其中，湖北最多，有15个；非法人单位类型的乡镇水利管理单位平均每个省（自治区、直辖市）455个，其中，山东最多，有1369个；其他法人单位类型的乡镇水利管理单位平均每个省（自治区、直辖市）有17个，其中，湖北省的最多，有459个。具体情况如图5-1-6所示。

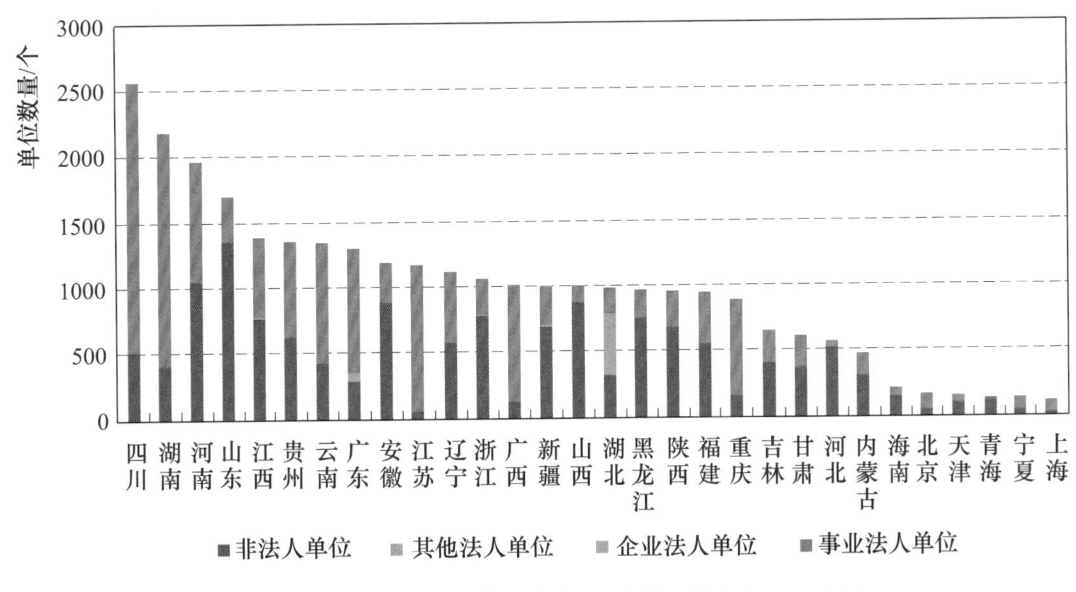

图5-1-6 不同机构类型乡镇水利管理单位地区分布图

从区域分布来看，西部地区乡镇水利管理单位数量最多，合计10521个，中部地区有10342个，东部地区有8553个。具体情况如图5-1-7所示。

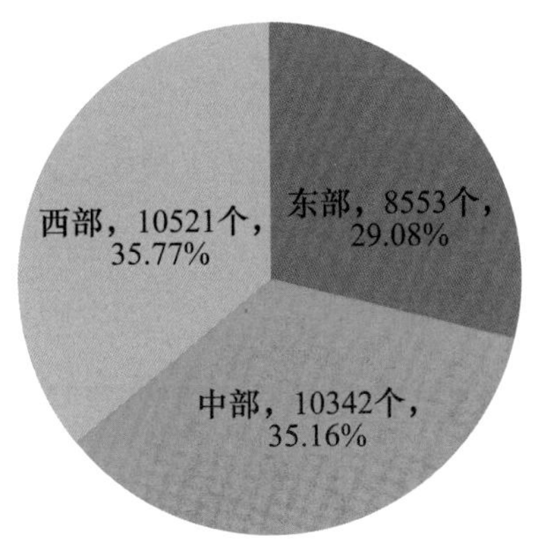

图5-1-7 乡镇水利管理单位区域分布图

第二节　人　员　数　量

乡镇水利管理单位年末从业人员是指2011年年底在乡镇水利管理单位工作并取得劳动报酬或收入的年末实有人员，包括在各单位工作的在岗人员、外方人员和港澳台方人员、兼职人员、再就业的离退休人员、借用的外单位人员等，但不包括已离开单位仍保留劳动关系的职工。

一、总体情况

2011年年底，全国乡镇水利管理单位共有从业人员20.6万人，平均每个单位有7人。

在乡镇水利管理单位从业人员中，具有中专及以上学历的有13.9万人，占67.8%；具有高中及以下学历的有6.6万人。

乡镇水利管理单位中，具有有技术等级的从业人员共7.5万人，占全部从业人员的36.39%。其中，具有中级工以上技术等级的有5.2万人，占全部从业人员25.49%；初级工2.2万人，占10.90%，具体情况如图5-2-1所示。

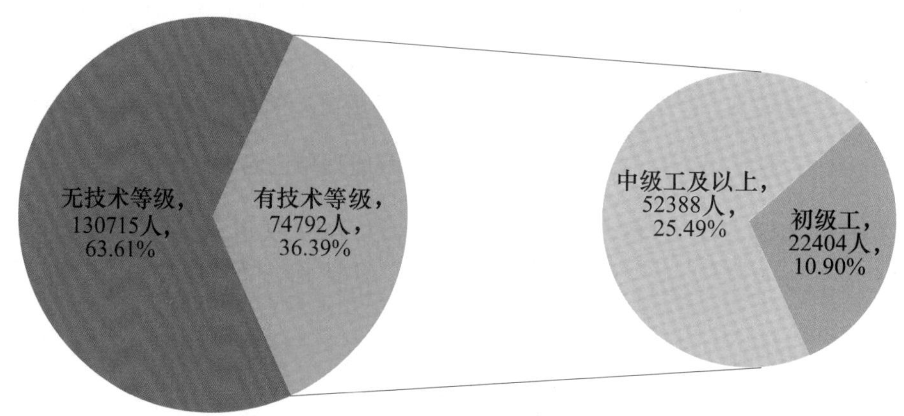

图5-2-1　乡镇水利管理单位从业人员中工人技术等级分布图

二、区域分布情况

分地区看，乡镇水利管理单位从业人员最多的省（自治区）是新疆，为1.8万人；单位平均人数最多的省（自治区）是新疆，有18人。具体情况如图5-2-2所示。

从人员学历看，黑龙江、四川等17个省（自治区、直辖市）具有中专及以上学历的从业人员比重在70%～90%之间，其中黑龙江最高，占89.68%；

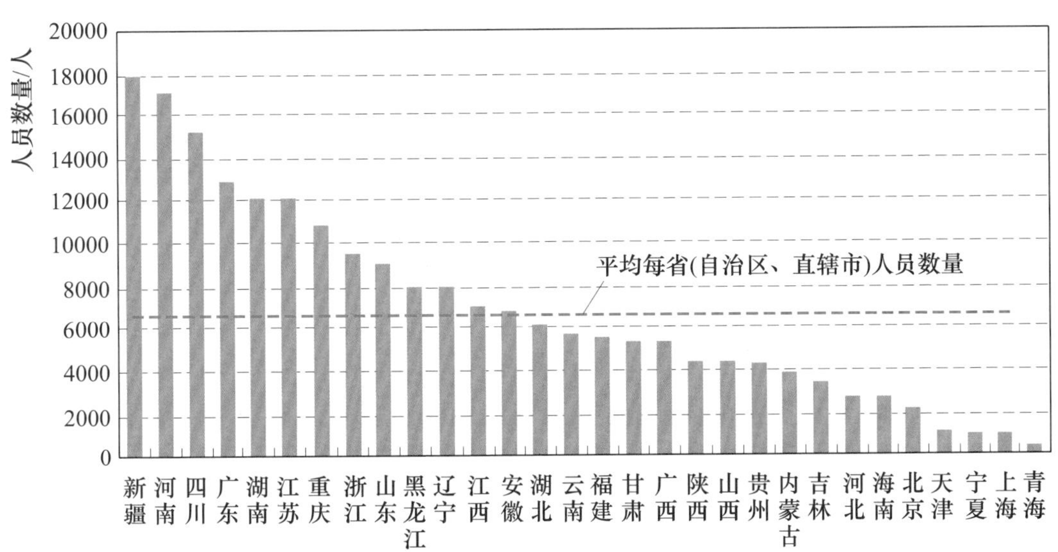

图 5-2-2 乡镇水利管理单位从业人员数量地区分布图

陕西、辽宁等 11 个省（自治区、直辖市）的比重在 60%～80%之间；广东、新疆 2 个省（自治区）较低，分别为 45.78%、44.9%。具体情况如图 5-2-3 所示。

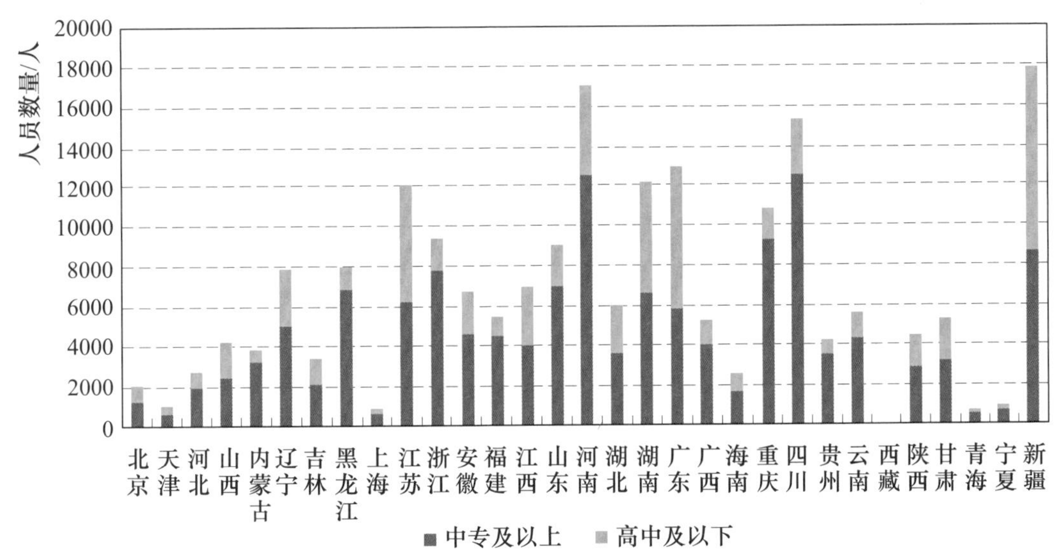

图 5-2-3 乡镇水利管理单位从业人员学历地区分布图

分工人技术等级看，平均每个省（自治区、直辖市）的乡镇水利管理单位中，有中级工及以上技术等级从业人员 1690 人，其中，具有中级工及以上技术等级从业人员最多的是河南，有 7969 人。具体情况如图 5-2-4 所示。

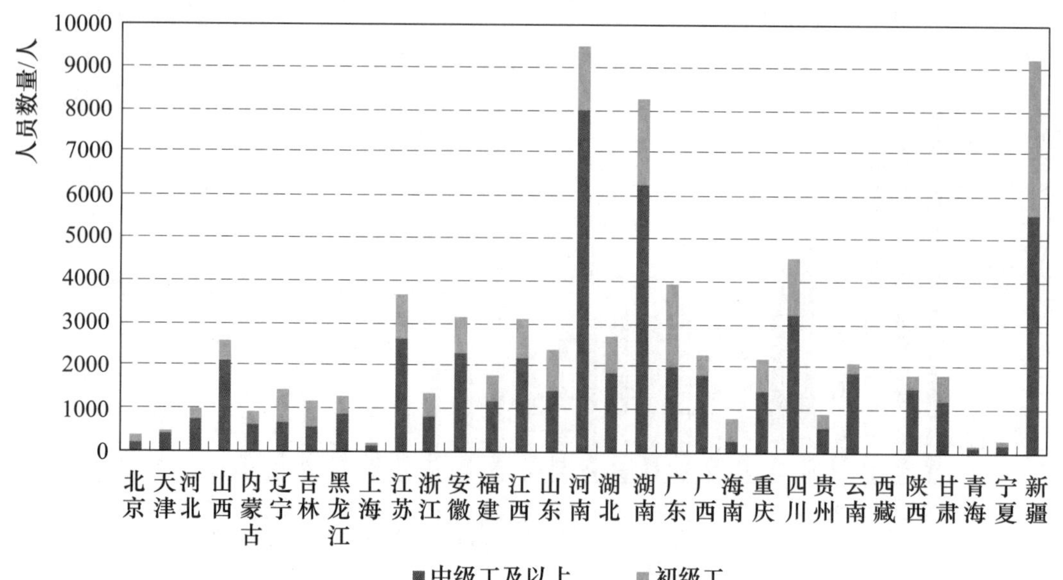

图 5-2-4　乡镇水利管理单位从业人员中工人技术等级地区分布图

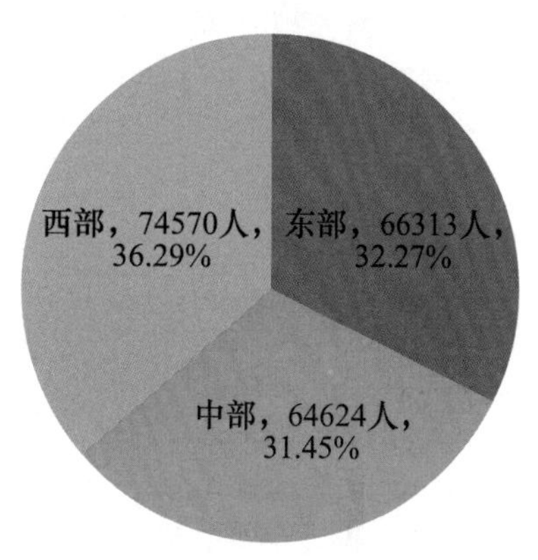

图 5-2-5　乡镇水利管理单位从业人员数量区域分布图

分区域看，西部地区乡镇水利管理单位从业人员数量最多，为 7.5 万人，占乡镇水利管理单位从业人员的 36.29%；中部地区 6.5 万人，占 31.45%；东部地区 6.6 万人，占 32.27%。从分省情况来看，中部地区每个省份从业人员数最多，平均为 8078 人；东部地区最少，平均为 6028 人。具体情况如图 5-2-5 所示。

从人员学历看，西部地区中专及以上学历从业人员占全部从业人员的比例最高，为 71.16%；东部地区最低，为 64.54%。具体情况如图 5-2-6 所示。

从工人技术等级看，具有技术等级的从业人员数量最多的是中部地区，共 3.2 万人；西部地区有 2.6 万人；东部地区有 1.7 万人。具体情况如 5-2-7 所示。

三、不同单位人员分布情况

（一）按单位名称分人员数量

从不同单位名称看，农业（农村经济）综合服务中心（站）类单位从业人员有 9.5 万人，占 46.15%；水利（务、电）管理（服务、工作、推广）站（所、中心）类单位从业人员有 9.2 万人，占 45.01%；其他名称的乡镇水利管理单位从业人员有 1.8 万人，占 8.83%。具体情况见表 5-2-1。

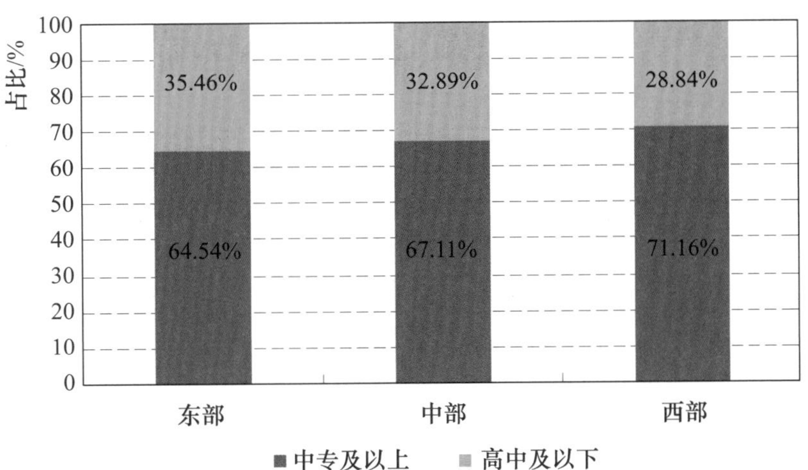

图 5-2-6 乡镇水利管理单位学历区域分布图

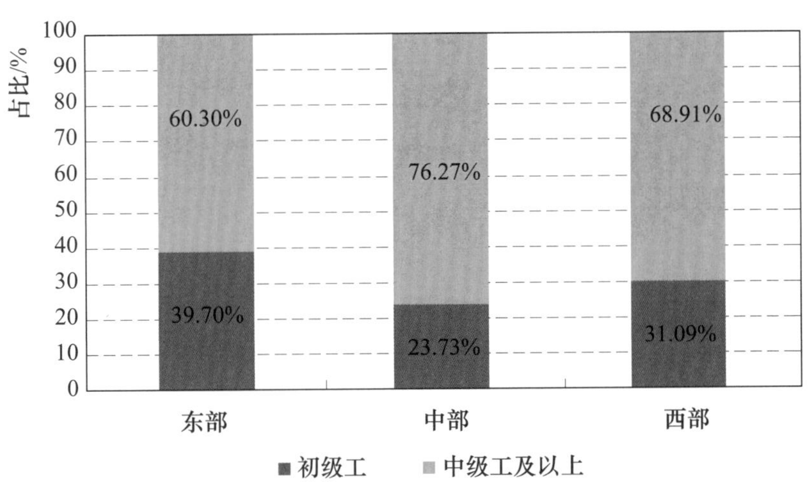

图 5-2-7 乡镇水利管理单位从业人员中工人技术等级区域分布图

表 5-2-1 不同各单位类型乡镇水利管理单位从业人员数量分布表

单位名称	单位数量/个	单位占比/%	人员数量/人	人员占比/%	单位平均人员数量/人
合计	29416	100	205507	100	7
水利（务、电）管理（服务、工作、推广）站（所、中心）	16007	54.42	92499	45.01	6
农业（农村经济）综合服务中心（站）	11249	38.24	94851	46.15	9
其他	2160	7.34	18157	8.84	8

从人员学历看，农业（农村经济）综合服务中心（站）类单位中专及以上学历的从业人员有 7.6 万人，占该类单位从业人员的 80.39%。其他两种名称

的乡镇水利管理单位从业人员中，具有中专以上学历的占比均不到60%。具体情况如图5-2-8所示。

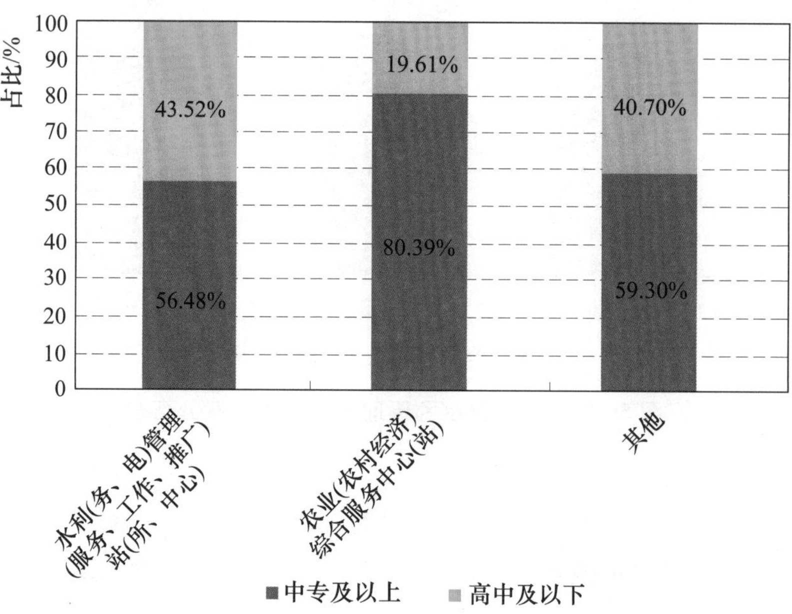

图5-2-8　不同单位类型乡镇水利管理单位从业人员学历分布图

从工人技术等级看，水利（务、电）管理（服务、工作、推广）站（所、中心）类乡镇水利管理单位具有技术等级的从业人员有4.0万人，农业（农村经济）综合服务中心（站）有2.9万人，其他有0.63万人。从技术等级结构看，不同类型乡镇水利管理单位具有技术等级的从业人员中，中级工及以上的从业人员所占比例相差不大。具体情况如图5-2-9所示。

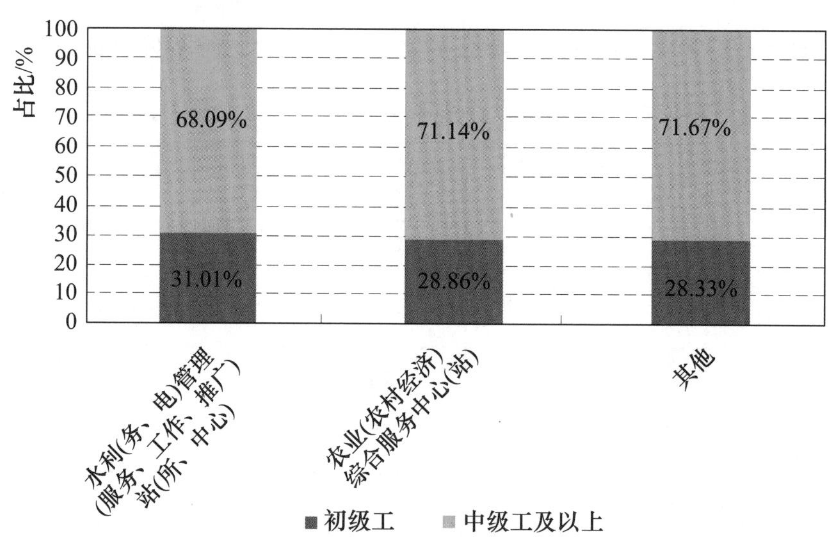

图5-2-9　不同单位类型乡镇水利管理单位从业人员中工人技术等级分布图

（二）按经费来源形式分人员数量

从不同经费来源形式看，财政拨款的乡镇水利管理单位从业人员共 16.9 万人，占 82.48%；其他经费来源的乡镇水利管理单位从业人员共 3.6 万人，占 17.52%。具体情况见表 5-2-2。

表 5-2-2　不同经费来源形式乡镇水利管理单位从业人员数量分布表

经费来源形式	单位数量/个	单位占比/%	人员数量/人	人员占比/%	单位平均人员数量/人
合计	29416	100	205507	100	7
财政拨款	26317	89.46	169499	82.48	6
其他	3099	10.54	36008	17.52	12

从人员学历看，财政拨款的乡镇水利管理单位中，具有中专及以上学历的从业人员有 12.3 万人，占 72.35%；其他经费来源的乡镇水利管理单位中，具有中专及以上学历的从业人员有 1.6 万人，占 44.44%。具体情况如图 5-2-10 所示。

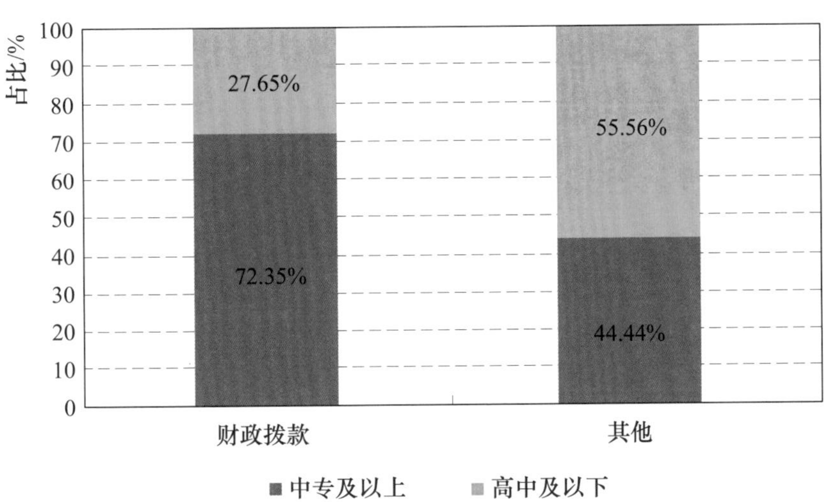

图 5-2-10　不同经费来源形式乡镇水利管理单位从业人员学历分布图

从工人技术等级看，财政拨款的乡镇水利管理单位具有技术等级的从业人员 5.87 万人，占乡镇水利管理单位具有技术等级从业人员总数的 78.27%；其他类型的乡镇水利管理单位具有技术等级从业人员 1.61 万人，占 21.73%。具有技术等级的从业人员中，财政拨款类型的乡镇水利管理单位中级工及以上的从业人员占 72.41%；其他类型的乡镇水利管理单位具备中级工及以上技术等级从业人员占 62.73%。具体情况如图 5-2-11 所示。

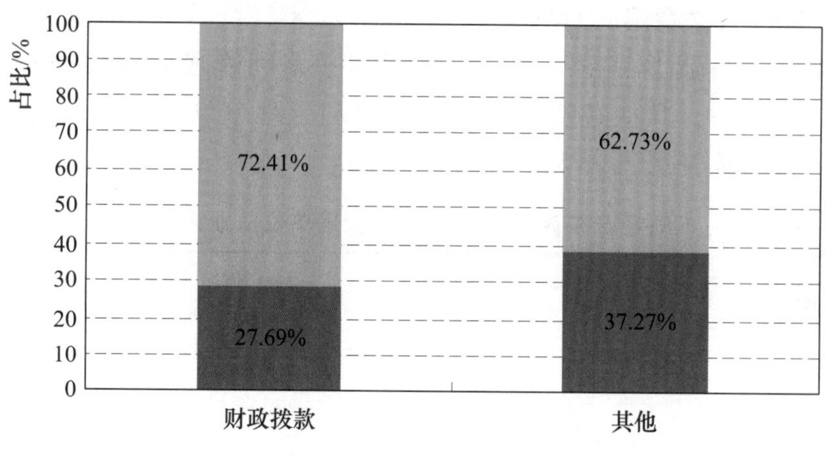

图 5-2-11　不同经费来源形式乡镇水利管理单位从业人员中工人技术等级分布图

（三）按主管部门分人员数量

从不同主管部门看，由县（市）水利局主管的有 5.8 万人，由乡镇政府（街道办）主管的乡镇水利管理单位从业人员有 13.8 万人，其他部门管理的有 1.0 万人。具体情况见表 5-2-3。

表 5-2-3　不同主管部门乡镇水利管理单位从业人员数量分布表

主管部门	单位数量/个	单位占比/%	人员数量/人	人员占比/%	单位平均人员数量/人
合计	29416	100	205507	100	7
县（市）水利局	8912	30.30	57552	28.00	6
乡镇政府（街道办）	19890	67.62	137896	67.10	7
其他	614	2.09	10059	4.89	16

从人员学历看，由乡镇政府（街道办）主管的乡镇水利管理单位从业人员中，中专及以上学历从业人员有 10.2 万人，占 73.81%；其他两种类型单位中专及以上学历从业人员的比重在 60%以下。具体情况如图 5-2-12 所示。

从工人技术等级看，三类乡镇水利管理单位具有技术等级的从业人员总数为 7.5 万人。由县（市）水利局主管的乡镇水利管理单位具有技术等级的从业人员中，72.10%具有中级工以上技术等级；由乡镇政府（街道办）主管的，70.13%具有中级工以上技术等级。具体情况如图 5-2-13 所示。

（四）按机构类型分人员数量

按机构类型分，事业法人单位类型的乡镇水利管理单位从业人员有 11.8 万人；企业类型的有 0.1 万人；非法人单位类型的有 8.3 万人；其他法人单位

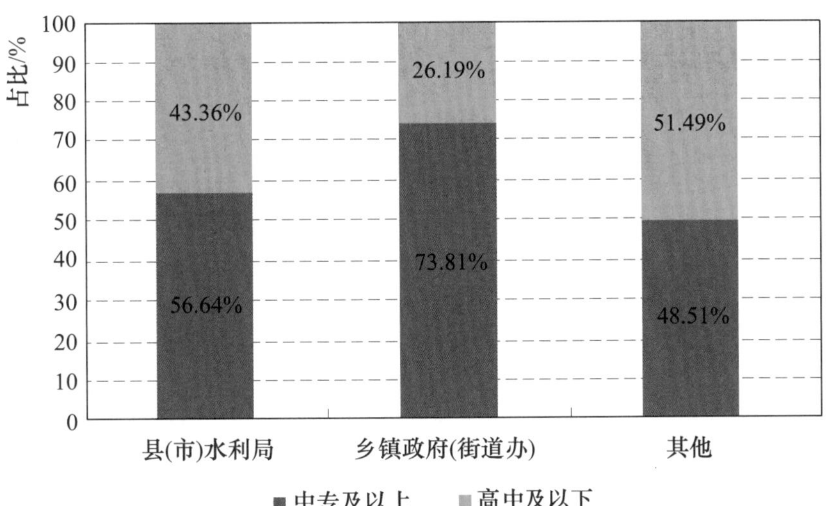

图 5-2-12 不同主管部门乡镇水利管理单位从业人员学历分布图

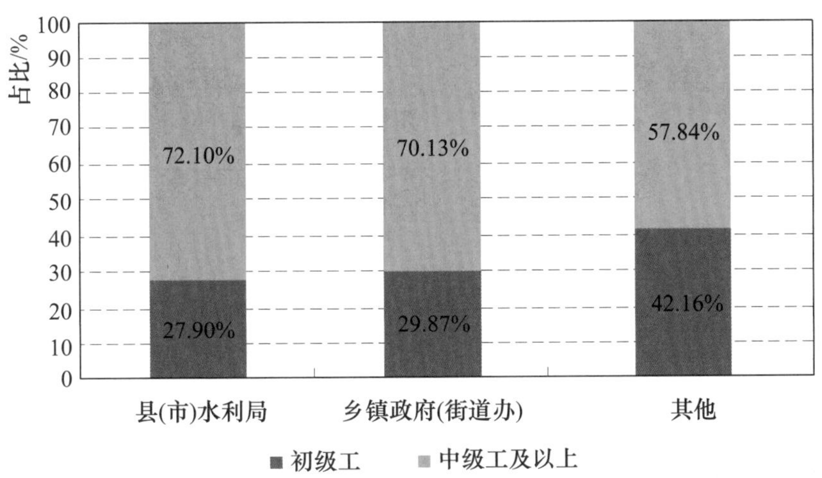

图 5-2-13 不同主管部门乡镇水利管理单位从业人员中工人技术等级分布图

类型的有 0.3 万人。具体情况见表 5-2-4。

表 5-2-4 不同机构类型乡镇水利管理单位从业人员数量分布表

机构类型	单位数量/个	单位占比/%	人员数量/人	占比/%	单位平均人员数量/人
合计	29416	100	205507	100	7
事业法人单位	14731	50.09	117989	57.41	8
企业法人单位	58	0.20	1054	0.51	18
非法人单位	14099	47.93	83186	40.48	6
其他法人单位	528	1.79	3278	1.60	6

从人员学历看，事业法人单位类型的乡镇水利管理单位中，具有中专及以上学历的从业人员有7.86万人，企业法人单位类型有0.03万人，非法人单位类型有5.83万人，其他法人单位类型有0.20万人，具体情况见表5-2-5。

表5-2-5　不同机构类型乡镇水利管理单位从业人员学历分布表

机构类型	中专及以上/人	高中及以下/人
合计	139233	66274
事业法人单位	78641	27359
企业法人单位	267	787
非法人单位	58298	24888
其他法人单位	2027	13240

从工人技术等级看，事业法人单位类型的乡镇水利管理单位中，具有技术等级的有4.35万人，占乡镇水利管理单位具有技术等级从业人员的58.10%；企业法人单位类型的有0.03万人，占0.38%；非法人单位类型得有2.97万人，占39.68%；其他法人单位类型的有0.14万人，占1.83%。

在具有技术等级的从业人员中，事业法人单位类型的乡镇水利管理单位具有中级工及以上技术等级的从业人员有3.1万人，占该类单位中具备技术等级从业人员的70.73%；非法人单位类型的乡镇水利管理单位中，中级工及以上技术等级从业人员有2.1万人，占69.67%；企业法人单位类型的乡镇水利管理单位中，中级工及以上技术等级从业人员有101人，占35.19%；其他法人单位类型的乡镇水利管理单位中，中级工及以上技术等级从业人员有876人，占63.89%。具体情况见表5-2-6。

表5-2-6　不同机构类型乡镇水利管理单位从业人员中工人技术等级分布表

机构类型	合计	中级工及以上/人	初级工/人
合计	74792	52388	22404
事业法人单位	43455	30734	12721
企业法人单位	287	101	186
非法人单位	29679	20677	9002
其他法人单位	1371	876	495

第三节　计算机数量

乡镇水利管理单位年末在用计算机数是指本单位能够正常使用且属于机构公共财产的计算机数，包括台式机和笔记本。

一、总体情况

2011 年年底，乡镇水利管理单位共有在用计算机 4.3 万台。其中，农业（农村经济）综合服务中心（站）类乡镇水利管理单位拥有计算机数最多，为 2.1 万台；水利（务、电）管理（服务、工作、推广）站（所、中心）类人均有计算机 0.19 台。具体情况见表 5－3－1。

表 5－3－1　　不同单位名称乡镇水利管理单位计算机拥有情况统计表

单位类型	计算机数量/台	计算机占比/%	人员数量/人	人员占比/%	人均拥有计算机数量/台
合计	43000	100	205507	100	0.21
水利（务、电）管理（服务、工作、推广）站（所、中心）	17235	40.08	92499	45.01	0.19
农业（农村经济）综合服务中心（站）	21344	49.64	94851	46.15	0.23
其他	4421	10.28	18157	8.84	0.24

由财政拨款的乡镇水利管理单位有 3.9 万台计算机，人均拥有 0.23 台；其他乡镇水利管理单位拥有计算机数 0.4 万台，人均 0.12 台。具体情况见表 5－3－2。

表 5－3－2　　不同经费来源形式乡镇水利管理单位计算机拥有情况统计表

经费来源形式	计算机数量/台	计算机占比/%	人员数量/人	人员占比/%	人均拥有计算机数量/台
合计	43000	100	205507	100	0.21
财政拨款	38509	89.56	169499	82.48	0.23
其他	4491	10.44	36008	17.52	0.12

由乡镇政府（街道办）主管的乡镇水利管理单位拥有计算机数量 3.1 万台，人均 0.22 台；由县（市）水利局主管的乡镇水利管理单位拥有计算机数量 1.1 万台，人均 0.20 台；由其他部门管理的乡镇水利管理单位拥有计算机数量 0.11 万台，人均 0.11 台。具体情况见表 5－3－3。

事业法人单位类型的乡镇水利管理单位在用计算机数量有 2.4 万台，人均 0.21 台；企业法人单位类型的在用计算机数量有 102 台，人均 0.10 台；非法人单位类型的在用计算机数量有 1.8 万台，人均 0.21 台；其他法人单位类型的乡镇水利管理在用计算机数量有 591 台，人均 0.18 台。具体情况见表 5－3－4。

表 5－3－3　不同主管部门乡镇水利管理单位计算机拥有情况统计表

主管部门	拥有计算机数量/台	计算机占比/%	人员数量/人	人员占比/%	人均拥有计算机数量/台
合 计	43000	100	205507	100	0.21
县（市）水利局	11280	26.23	57552	28.00	0.20
乡镇政府（街道办）	30592	71.14	137896	67.10	0.22
其他	1128	2.62	10059	4.89	0.11

表 5－3－4　不同机构类型乡镇水利管理单位计算机拥有情况统计表

机构类型	计算机数量/台	计算机占比/%	人员数量/人	人员占比/%	人均拥有计算机数量/台
合 计	43000	100	205507	100	0.21
事业法人单位	24407	56.8	117989	57.41	0.21
企业法人单位	102	0.2	1054	0.51	0.10
非法人单位	17900	41.6	83186	40.48	0.22
其他法人单位	591	1.4	3278	1.60	0.18

二、区域分布情况

分地区看，浙江拥有计算机数量最多，为 6116 台，其次为江苏，有 4468 台，青海有 99 台。具体情况如图 5－3－1 所示。

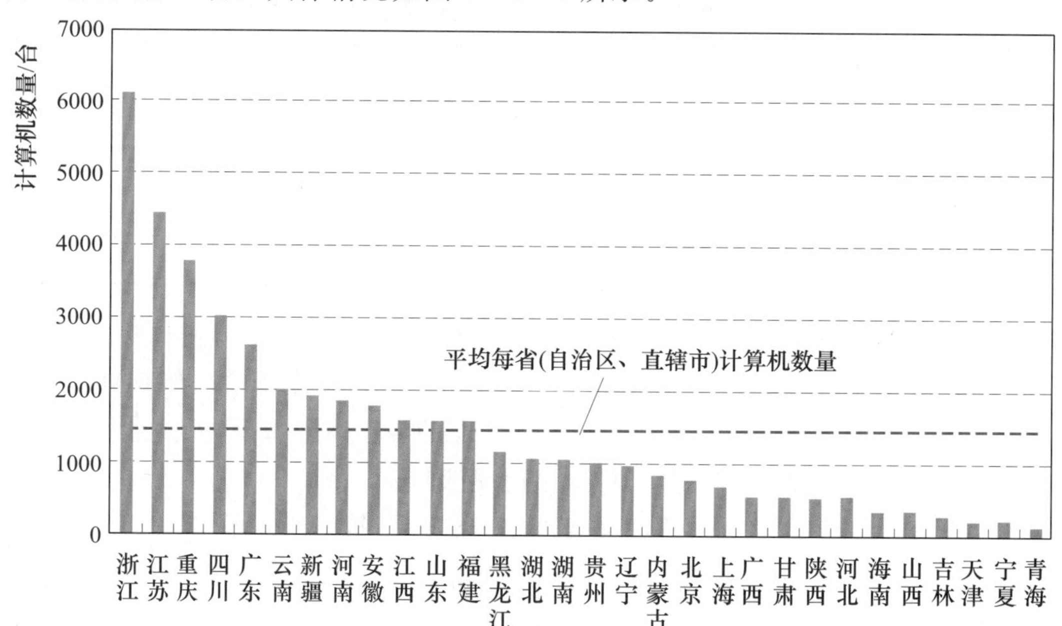

图 5－3－1　乡镇水利管理单位拥有计算机数量地区分布图

全国平均每个乡镇水利管理单位有1.5台计算机，上海的乡镇水利管理单位平均拥有计算机数量最多，为6台。具体情况如图5-3-2所示。

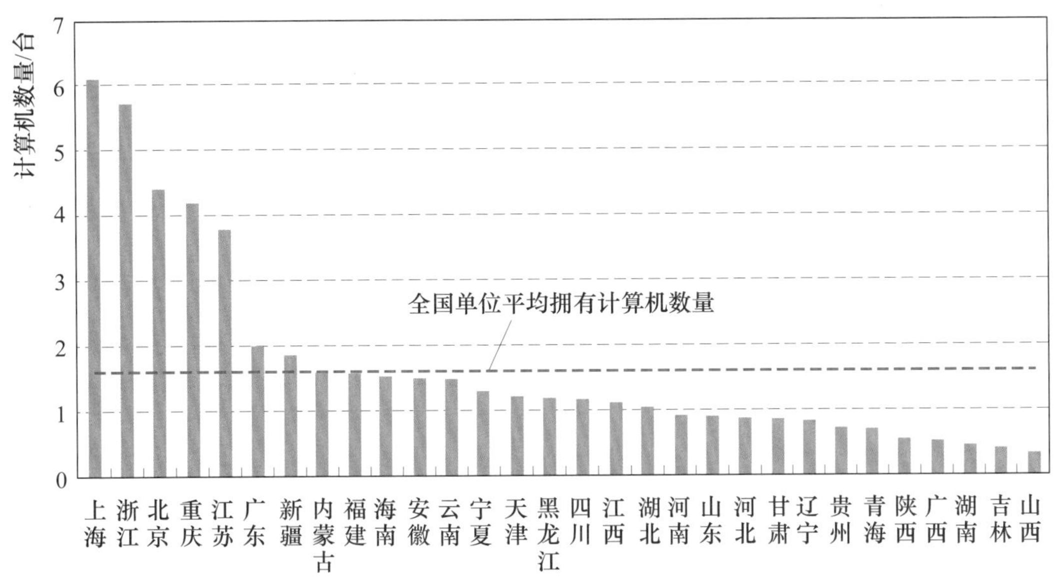

图5-3-2　乡镇水利管理单位平均拥有计算机数量地区分布图

全国水利乡镇水利管理单位人均拥有计算机0.2台，上海人均拥有计算机0.7台。具体情况如图5-3-3所示。

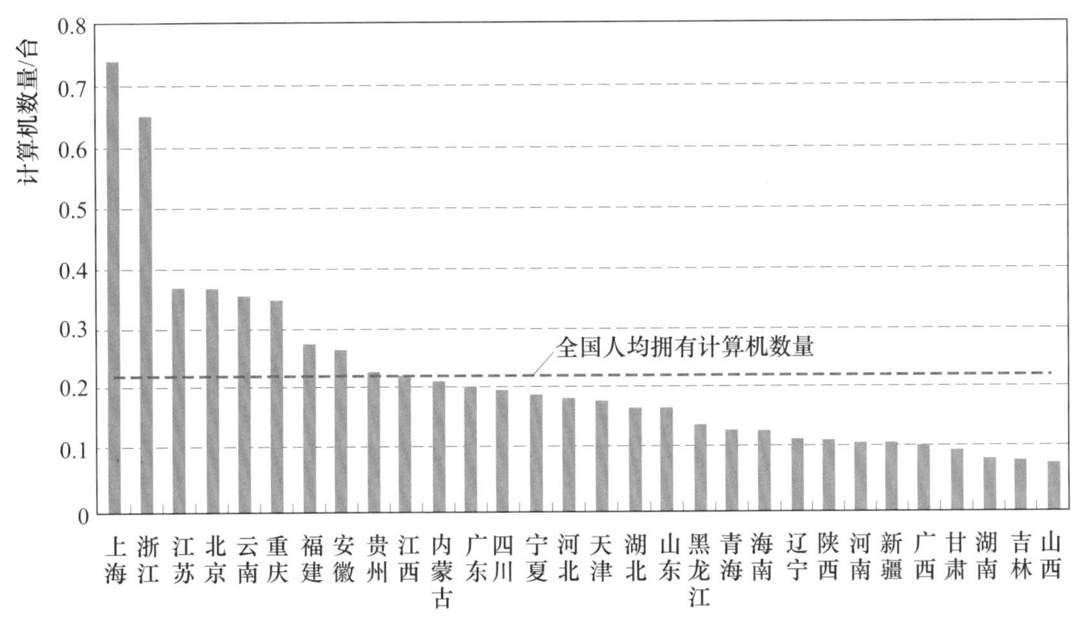

图5-3-3　乡镇水利管理单位人均拥有计算机数量地区分布图

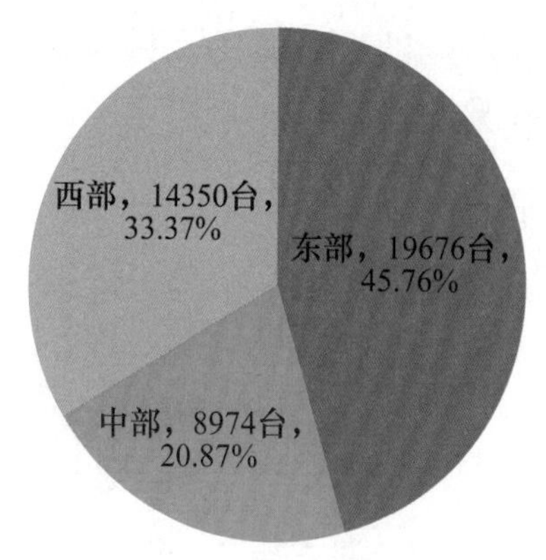

图 5-3-4　乡镇水利管理单位拥有计算机数量区域分布图

分区域看，东部地区乡镇水利管理单位拥有计算机 2.0 万台，中部地区有 0.9 万台，西部地区有 1.4 万台。具体情况如图 5-3-4 所示。

东部地区平均每个乡镇水利管理单位有 2 台计算机，西部地区和中部地区平均有 1 台。东部地区人均有 0.30 台，中部地区和西部地区人均有 0.14 台和 0.19 台。具体情况如图 5-3-5 所示。

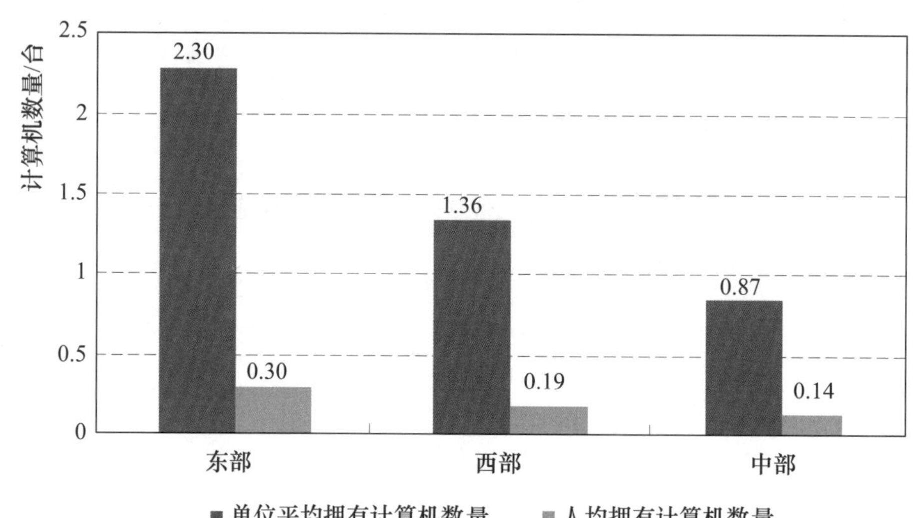

图 5-3-5　乡镇水利管理单位平均和人均拥有计算机数量区域分布图

第四节　重点区域乡镇水利管理单位普查成果

本节主要按照粮食主产区、重要经济区和重要能源基地对乡镇水利管理单位的机构分布和人员状况普查成果进行介绍。

一、粮食主产区

2011 年年底，粮食主产区乡镇水利管理单位有 12895 个，其中长江流域 4424 个、东北平原 2377 个、汾渭平原 653 个、甘肃新疆 708 个、河套灌区

129个、华南主产区887个和黄淮海平原3717个。具体情况见表5-4-1。

粮食主产区的乡镇水利管理单位从业人员有9.3万人，其中为长江流域的乡镇水利管理单位从业人员有3.1万人、东北平原1.9万人、汾渭平原0.3万人、甘肃新疆0.8万人、河套灌区0.1万人、华南主产区0.4万人和黄淮海平原2.7万人。具体情况如表5-4-2所示。

表5-4-1 粮食主产区乡镇水利管理单位分布表

粮食主产区区域	单位数量/个	占比/%
合计	12895	100
长江流域	4424	34.31
东北平原	2377	18.43
汾渭平原	653	5.06
甘肃新疆	708	5.49
河套灌区	129	1.00
华南主产区	887	6.88
黄淮海平原	3717	28.83

表5-4-2 粮食主产区乡镇水利管理单位从业人员数量分布表

粮食主产区	人员数量/万人	占比/%
合计	9.3	100
长江流域	3.1	33.2
东北平原	1.9	20.0
汾渭平原	0.3	3.4
甘肃新疆	0.8	9.0
河套灌区	0.1	1.1
华南主产区	0.4	4.1
黄淮海平原	2.7	29.4

从学历结构看，粮食主产区乡镇水利管理单位从业人员中，具有中专及以上学历的从业人员有6.3万人，占67.7%；高中及以下学历从业人员有3.0万人，占32.3%。具体情况见表5-4-3。

表5-4-3 粮食主产区乡镇水利管理单位从业人员学历分布表 单位：万人

区 域	中专及以上	高中及以下	区 域	中专及以上	高中及以下
合计	6.3	3.0	甘肃新疆	0.5	0.4
长江流域	2.0	1.04	河套灌区	0.08	0.03
东北平原	1.4	0.5	华南主产区	0.3	0.1
汾渭平原	0.2	0.1	黄淮海平原	1.9	0.8

从技术等级结构看，粮食主产区乡镇水利管理单位从业人员中，具有技术等级从业人员3.77万人，占全部从业人员的40.5%；其中，具有中级工及以上技术等级的从业人员有2.6万人，初级工有1.17万人。

长江流域和黄淮海平原粮食主产区的乡镇水利管理单位中，拥有中级工及以上技术等级从业人员最多，均为1.0万人。具体情况见表5-4-4。

表 5-4-4　　粮食主产区乡镇水利管理单位从业人员中工人技术等级分布表

单位：万人

区域	中级工及以上	初级工	区域	中级工及以上	初级工
合计	2.60	1.17	甘肃新疆	0.30	0.2
长江流域	1.00	0.4	河套灌区	0.02	0.01
东北平原	0.20	0.2	华南主产区	0.08	0.03
汾渭平原	0.10	0.03	黄淮海平原	1.00	0.3

二、重要经济区

重要经济区内，有乡镇水利管理单位 18612 个。其中，优化开发区域内有 4141 个，重点开发区域内有 14471 个。具体情况见表 5-4-5。

表 5-4-5　　重要经济区乡镇水利管理单位分布表

经济区类型		单位数量/个	占比/%
总计		18612	100
优化开发区域	合计	4141	22.25
	长江三角洲地区	1361	7.31
	环渤海地区	2341	12.58
	珠江三角洲地区	439	2.36
重点开发区域	合计	14471	77.75
	北部湾地区	489	2.63
	长江中游地区	2524	13.56
	成渝地区	2425	13.03
	滇中地区	417	2.24
	东陇海地区	249	1.34
	关中天水地区	659	3.54
	哈长地区	742	3.99
	海峡西岸经济区	1801	9.68
	呼包鄂榆地区	93	0.50
	冀中南地区	106	0.57
	江淮地区	517	2.78
	兰州西宁地区	186	1.00
	宁夏沿黄经济区	62	0.33
	黔中地区	655	3.52

续表

经济区类型		单位数量/个	占比/%
重点开发区域	太原城市群	459	2.47
	天山北坡经济区	217	1.17
	中原经济区	2870	15.42

重要经济区乡镇水利管理单位从业人员有14.3万人，其中，优化开发区域的乡镇水利管理单位从业人员有3.8万人，重点开发区域有10.5万人。具体情况见表5-4-6。

表5-4-6　重要经济区乡镇水利管理单位从业人员数量分布表

经济区类型		人员数量/万人	占比/%
总计		14.3	100
优化开发区域	合计	3.8	26.5
	长江三角洲地区	1.4	10.0
	环渤海地区	1.6	11.3
	珠江三角洲地区	0.7	5.2
重点开发区域	合计	10.5	73.5
	北部湾地区	0.4	3.0
	长江中游地区	1.6	11.5
	成渝地区	2.0	14.1
	滇中地区	0.2	1.7
	东陇海地区	0.2	1.6
	关中天水地区	0.3	2.2
	哈长地区	0.6	4.0
	海峡西岸经济区	1.2	8.5
	呼包鄂榆地区	0.09	0.6
	冀中南地区	0.06	0.4
	江淮地区	0.3	2.3
	兰州西宁地区	0.2	1.5
	宁夏沿黄经济区	0.03	0.2
	黔中地区	0.2	1.4
	太原城市群	0.2	1.3
	天山北坡经济区	0.6	4.2
	中原经济区	2.1	14.9

优化开发区乡镇水利管理单位从业人员中，中专及以上学历从业人员有2.4万人，高中及以下学历从业人员有1.4万人。具体情况见表5-4-7。

表5-4-7　优化开发区域乡镇水利管理单位从业人员学历分布表

经济区名称	中专及以上/万人	高中及以下/万人	经济区名称	中专及以上/万人	高中及以下/万人
合计	2.4	1.4	环渤海地区	1.1	0.5
长江三角洲地区	0.9	0.5	珠江三角洲地区	0.4	0.4

重点开发区域乡镇水利管理单位从业人员中，中专及以上学历从业人员有7.3万人，高中及以下学历从业人员有3.2万人。具体情况见表5-4-8。

表5-4-8　重点开发区域乡镇水利管理单位从业人员学历分布表

经济区名称	中专及以上/万人	高中及以下/万人	经济区名称	中专及以上/万人	高中及以下/万人
合计	7.3	3.2	呼包鄂榆地区	0.06	0.02
北部湾地区	0.3	0.2	冀中南地区	0.05	0.02
长江中游地区	0.9	0.7	江淮地区	0.2	0.08
成渝地区	1.7	0.3	兰州西宁地区	0.1	0.1
滇中地区	0.2	0.06	宁夏沿黄经济区	0.02	0.008
东陇海地区	0.1	0.09	黔中地区	0.2	0.03
关中水地区	0.2	0.1	太原城市群	0.1	0.07
哈长地区	0.5	0.1	天山北坡经济区	0.3	0.3
海峡西岸经济区	0.8	0.4	中原经济区	1.6	0.6

优化开发区乡镇水利管理单位从业人员中，具有中级工及以上技术等级的从业人员有5391人、初级工有3444人。具体情况见表5-4-9。

表5-4-9　优先开发区域乡镇水利管理单位从业人员中工人技术等级分布表

经济区名称	中级工及以上/人	初级工/人	经济区名称	中级工及以上/人	初级工/人
合计	5391	3444	环渤海地区	2073	1602
长江三角洲地区	1973	860	珠江三角洲地区	1345	982

重点开发区域乡镇水利管理单位从业人员中，具有中级工及以上技术等级的从业人员有3.1万人，初级工有1.1万人。具体情况如表5-4-10所示。

表 5-4-10 重点开发区域乡镇水利管理单位从业人员中工人技术等级分布表

经济区名称	中级工及以上/人	初级工/人	经济区名称	中级工及以上/人	初级工/人
合计	30509	10983	呼包鄂榆地区	163	102
北部湾地区	904	659	冀中南地区	180	13
长江中游地区	6806	2469	江淮地区	999	479
成渝地区	3556	1416	兰州西宁地区	244	85
滇中地区	721	82	宁夏沿黄经济区	32	38
东陇海地区	613	251	黔中地区	262	121
关中水地区	1030	236	太原城市群	968	127
哈长地区	658	488	天山北坡经济区	1969	997
海峡西岸经济区	2276	1452	中原经济区	9128	1968

三、重要能源基地

全国重要能源基地乡镇水利管理单位有 2131 个。具体情况如图 5-4-1 所示。

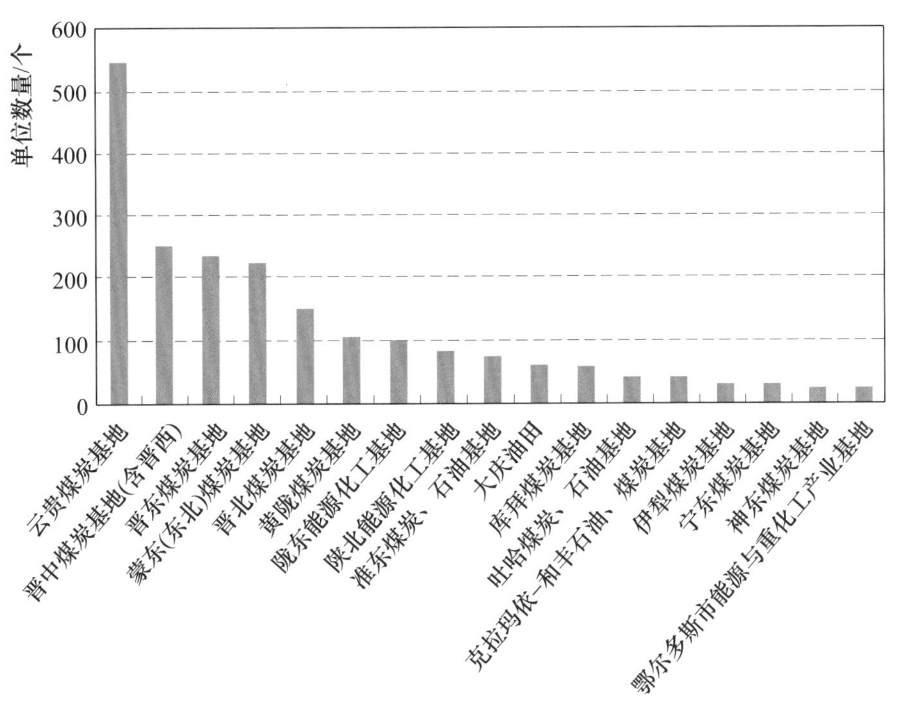

图 5-4-1 重要能源基地乡镇水利管理单位分布图

全国重要能源基地乡镇水利管理单位从业人员有 1.1 万人。具体情况如图 5-4-2 所示。

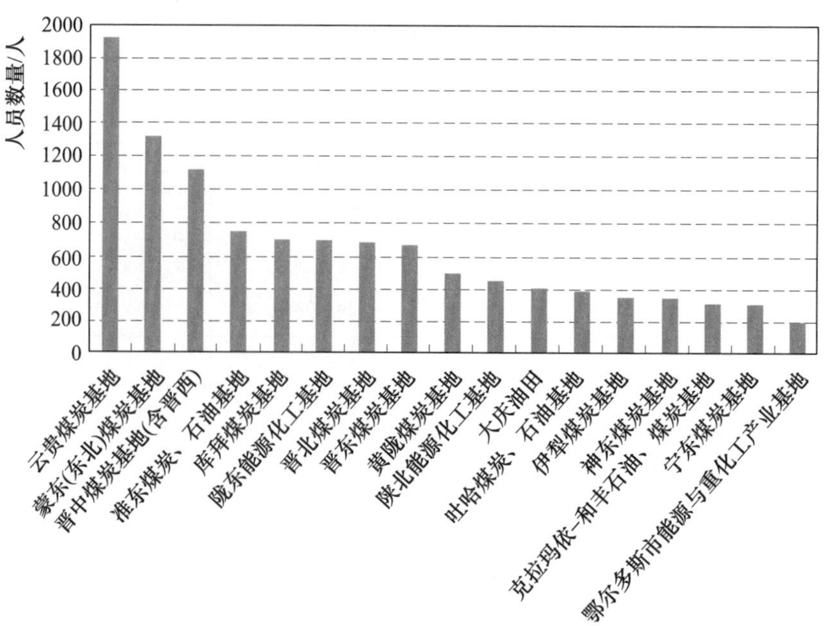

图 5－4－2　重要能源基地乡镇水利管理单位从业人员数量分布图

从学历结构看，全国重要能源基地的乡镇水利管理单位中，具有中专及以下学历从业人员有 7099 人，高中及以下学历从业人员有 3832 人。具体情况如图 5－4－3 所示。

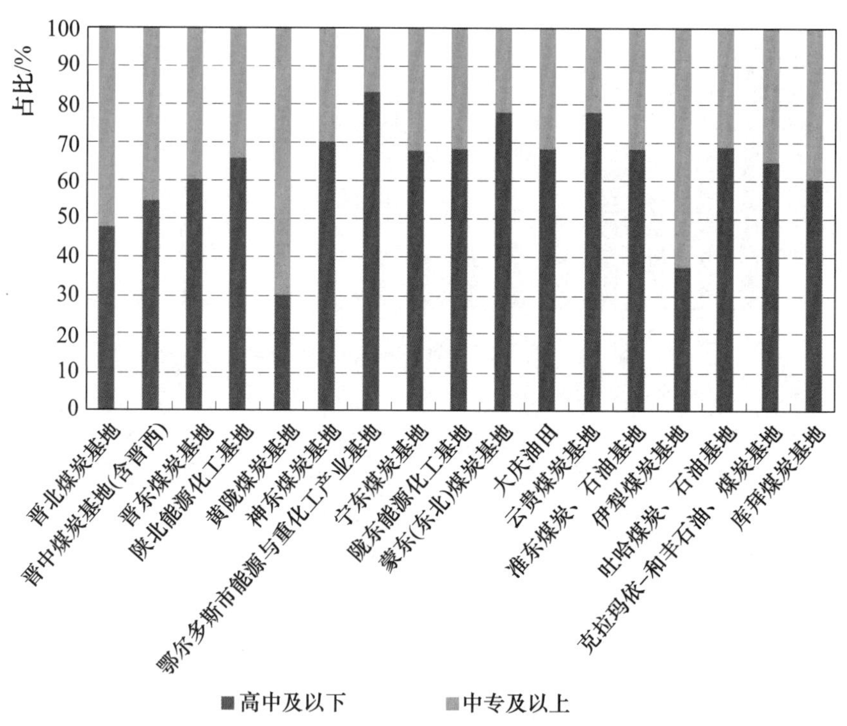

图 5－4－3　重要能源基地乡镇水利管理单位从业人员学历分布图

从技术等级结构看，在全国重要能源基地乡镇水利管理单位，具有中级工及以上技术等级的从业人员有 3343 人，初级工有 1085 人。具体情况如图 5-4-4 所示。

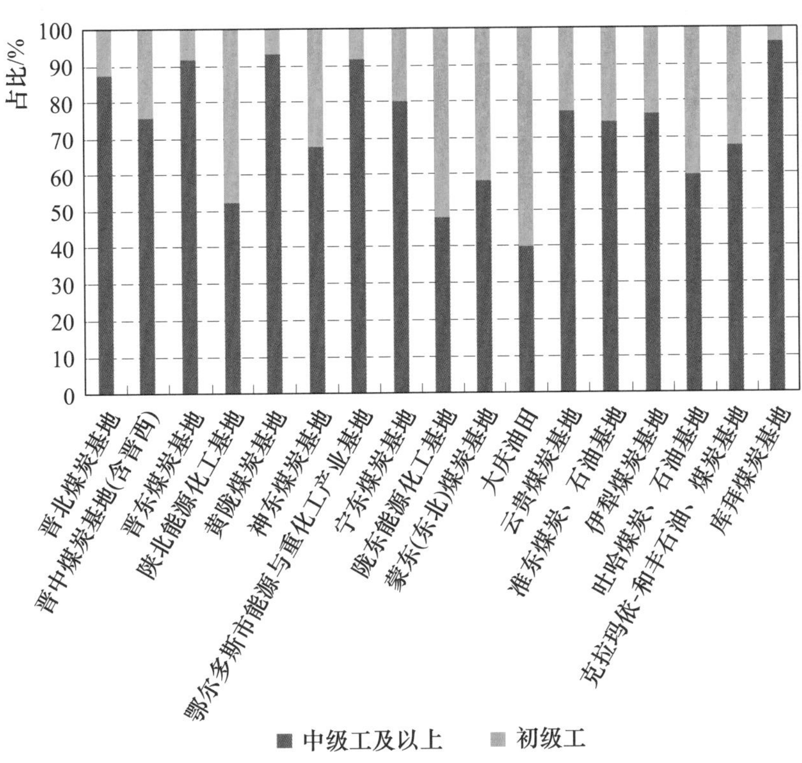

图 5-4-4　重要能源基地乡镇水利管理单位从业人员中工人技术等级分布图

第六章 社会团体法人单位普查成果

本章从社会团体法人单位的机构、人员等方面介绍其数量和分布特征。

第一节 机 构 数 量

一、调查对象

社会团体法人单位指按照《社会团体登记管理条例》，经国务院民政部门和县级以上地方人民政府民政部门登记注册或备案，领取社会团体法人登记证书的社会团体，以及依法不需要办理法人登记、由机构编制管理部门管理其机关机构编制的群众团体。本次普查的社会团体法人单位是业务主管单位为水行政主管部门或其管理单位的社会团体法人单位，包括以学术性和专业性为主的水利社会团体法人单位，承担水利信息交流、情况调查、培训和咨询服务的水利社会团体法人单位，以及领取了社团法人证书的农民用水户合作组织等。

二、总体情况

2011 年年底，在本次普查对象范围内的社会团体法人单位有 8815 个。按照资产规模分，社会团体法人单位可分为 50 万元及以下、50 万～100 万（含）元、100 万～500 万（含）元、500 万～1000 万（含）元、1000 万元以上 5 个规模。总资产在 50 万元及以下的社会团体法人单位数量最多，共 8591 个，占 97.46%。具体情况见表 6-1-1。

表 6-1-1　　不同资产规模社会团体法人单位分布表

资产规模	单位数量/个	占比/%
合计	8815	100
1000 万元以上	11	0.12
500 万～1000 万（含）元	14	0.16
100 万～500 万（含）元	103	1.17
50 万～100 万（含）元	96	1.09
50 万元及以下	8591	97.46

按照人员规模分，社会团体法人单位可分为0～30人、31～60人、61～90人、91～120人、120人以上5个规模。0～30人的社团最多，有8646个，占98.08%；31～60人的88个，占1.00%；61～90人的43个，占0.49%；91～120人的16个，占0.18%；120人以上的22个，占0.25%。具体情况见表6-1-2。

表6-1-2　　不同人员规模社会团体法人单位分布表

人员规模	单位数量/个	占比/%	人员规模	单位数量/个	占比/%
合计	8815	100	61～90人	43	0.49
0～30人	8646	98.08	91～120人	16	0.18
31～60人	88	1.00	120人以上	22	0.25

三、区域分布情况

社会团体法人单位平均每个省（自治区、直辖市）284个。其中，单位数量最多的三个省（自治区）是甘肃（2394个）、福建（775个）、广西（726个）；单位数量最少的四个省（直辖市）是上海（13个）、贵州（13个）、海南（8个）、天津（6个）。具体情况如图6-1-1所示。

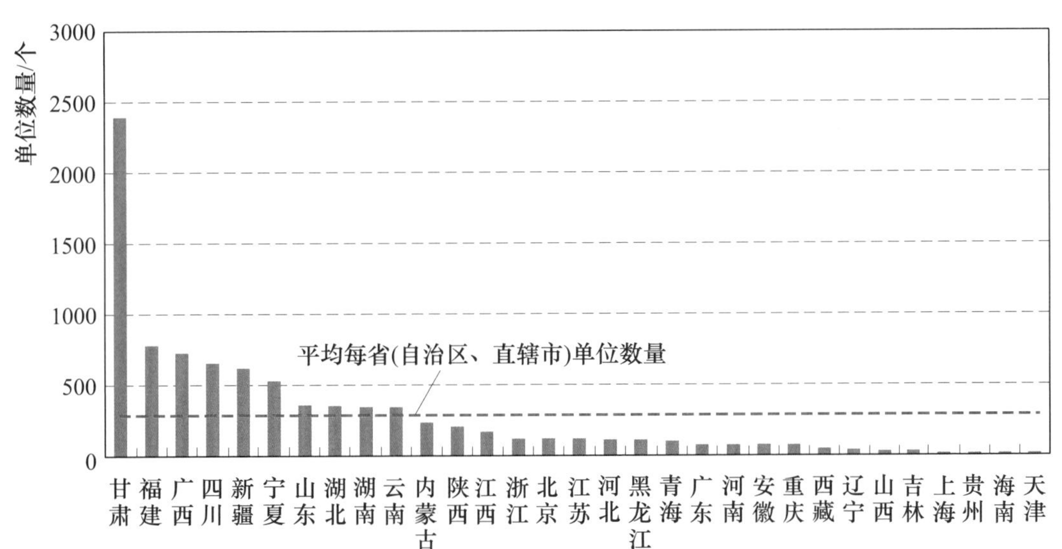

图6-1-1　社会团体法人单位地区分布图

西部地区社会团体法人单位数量最多，有5929个，占67.26%；东部地区有1722个，占19.53%；中部地区有1164个，占13.20%。从平均单位数量来看，西部地区平均每省（自治区、直辖市）最多，为494个，中部地区最少，平均每省 146 个。具体情况如图 6-1-2 所示。

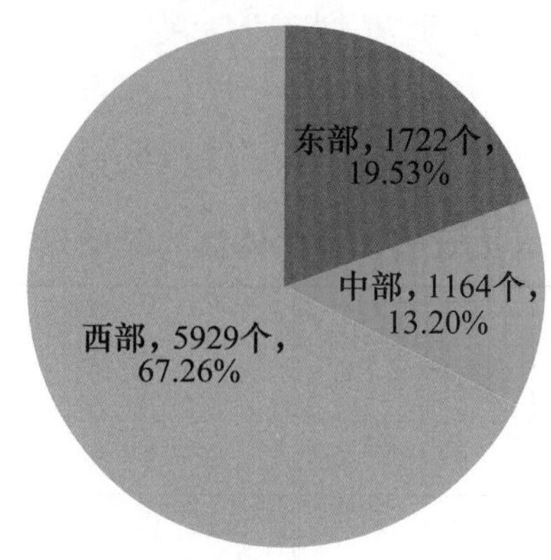

图 6-1-2　社会团体法人单位区域分布图

第二节　人　员　数　量

一、总体情况

全国社会团体法人单位共有从业人员 5.42 万人，从资产规模看，总资产在 50 万元及以下的社会团体法人单位从业人员数量最多，有 5.16 万人，占 95.25%。具体情况见表 6-2-1。

表 6-2-1　不同资产规模社会团体法人单位从业人员数量分布表

资 产 规 模	人员数量/人	占比/%
合计	54160	100
1000 万元以上	150	0.28
500 万～1000 万（含）元	154	0.28
100 万～500 万（含）元	1325	2.45
50 万～100 万（含）元	945	1.74
50 万元及以下	51586	95.25

从人员规模看，0～30 人的社会团体法人单位共有从业人员 3.8 万人，占 70.99%，单位平均从业人数为 4 人；31～60 人的社会团体法人单位共有 0.4 万人，占 7.16%，单位平均从业人员 44 人；61～90 人的社会团体法人单位 0.3 万人，占 5.83%，单位平均从业人员 73 人；91～120 人的社会团体法人单位 0.2 万人，占 3.07%，单位平均从业人员 104 人；120 人以上的社会团体法人单位 0.7 万人，占 12.95%，单位平均从业人员 319 人。具体情况如图 6-2-

1 所示。

从人员学历看，社会团体法人单位从业人员中，大学本科及以上学历的从业人员有 0.6 万人，占 11.51%；大专及以下学历的从业人员 4.8 万人，占 88.49%。具体情况如图 6-2-2 所示。

从人员年龄看，社会团体法人单位从业人员中，年龄在 35 岁及以下的从业人员有 1.2 万人，占比 21.66%；36 岁及以上的从业人员数有 4.2 万人，占 78.34%。具体情况如图 6-2-3 所示。

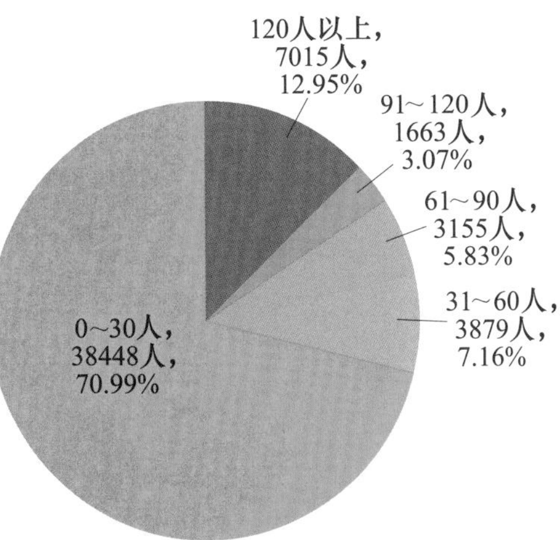

图 6-2-1　不同人员规模社会团体法人单位从业人员数量分布图

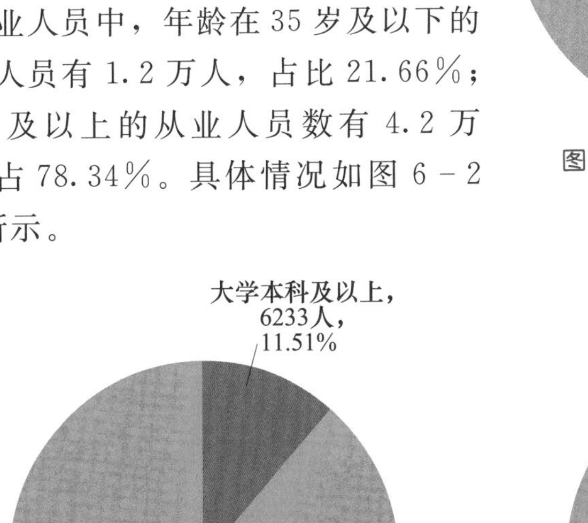

图 6-2-2　社会团体法人单位从业人员学历分布图

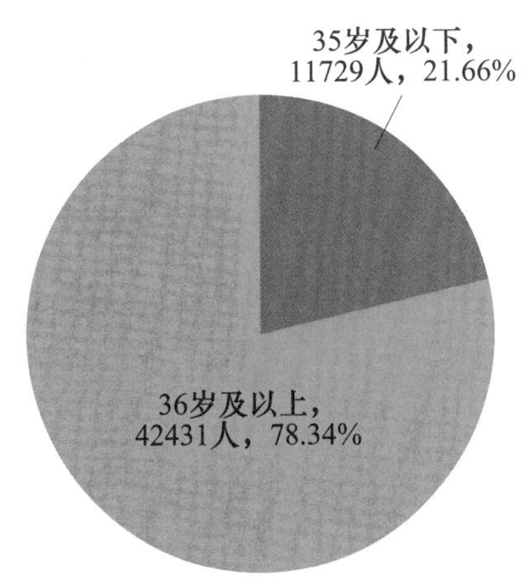

图 6-2-3　社会团体法人单位从业人员年龄分布图

从工人技术等级看，社会团体法人单位从业人员中共有工人 1.3 万人，具有技术等级的工人 9681 人。其中，具有技师及以上技术等级的 379 人，具有高级工及以下技术等级的 9302 人。

从专业技术职称看，社会团体法人单位中，具有专业技术职称的从业人员数有 1.5 万人。其中，具有高级技术职称的有 1667 人，中级及以下有 13511 人。具体情况如图 6-2-4 所示。

二、区域分布情况

社会团体法人单位平均每省从业人员 1747 人。其中，从业人员数最多的三个省（自治区）是甘肃（1534 人）、新疆（6368 人）、山东（3976 人）；从业人员数最少的三个省（直辖市）是辽宁（46 人）、上海（45 人）、天津（16 人）。具体情况如图 6-2-5 所示。

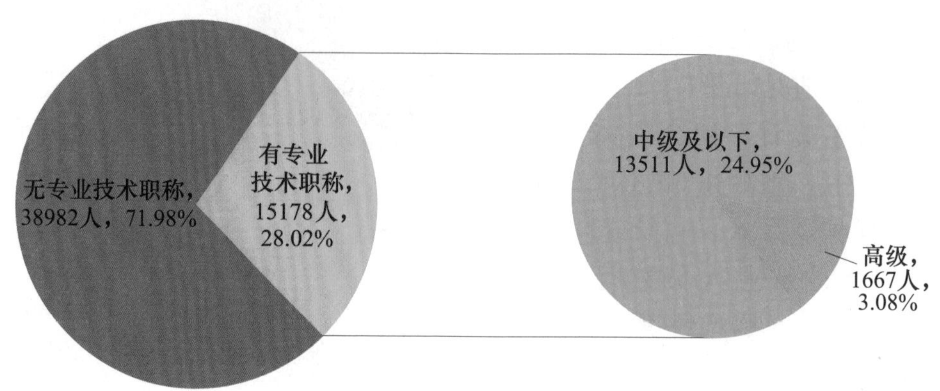

图 6-2-4　社会团体法人单位从业人员专业技术职称分布图

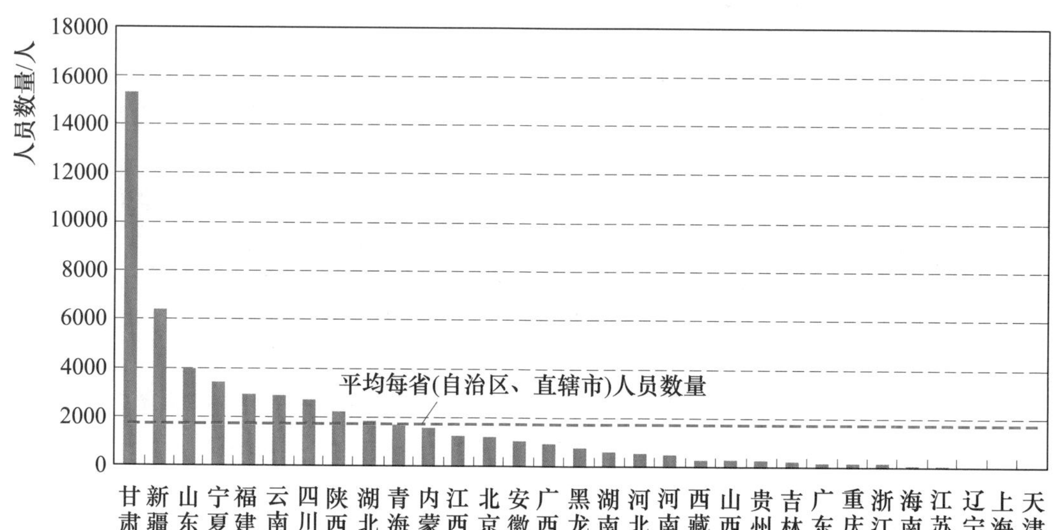

图 6-2-5　社会团体法人单位从业人员数量地区分布图

从区域情况来看，西部地区社会团体法人单位从业人员数量最多，为 38053 人，占 70.26%；东部地区 9461 人，占 17.47%；中部地区 6646 人，占 12.27%。从平均人数来看，西部地区每省（自治区、直辖市）拥有从业人员数总数最多，平均 3171 人；中部地区最少，平均 831 人。具体情况如图 6-2-6 所示。

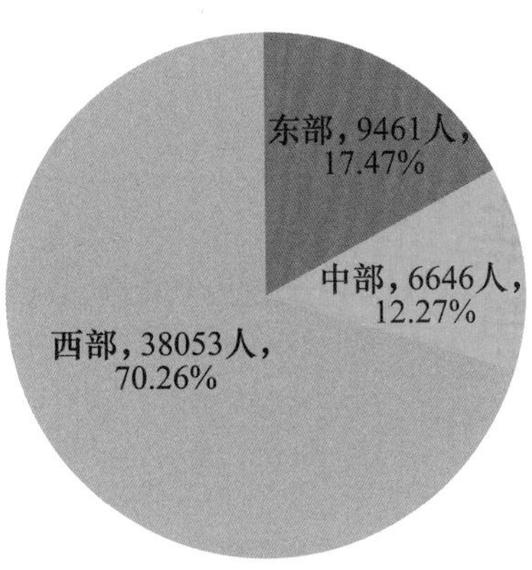

图6-2-6　社会团体法人单位从业人员数量区域分布图

附录A 水利活动认定表

类别	第一产业	第二产业			第三产业								
门类	A 农林牧渔业	D 电力、燃气及水的生产和供应业		E 建筑业	L 租赁和商务服务业	M 科学研究、技术服务和地质勘查业			N 水利、环境和公共设施管理业			S 公共管理和社会组织	
大类	05 农林牧渔服务业	44 电力生产	46 水的生产和供应业	47 房屋和土木工程建筑业	74 商务服务业	75 研究与实验发展	76 专业技术服务	78 地质勘查业	79 水利管理业	80 环境管理业	81 公共设施管理业	94 国家机构	96 群众社团、社会团体和宗教组织
小类	0511 灌溉服务	4412 水力发电	4610 自来水的生产和供应	4722 水利和港口工程建筑（水利工程建筑）	7439 其他专业咨询（水利专业咨询*）	7510 自然科学研究与实验发展（水资源研究等活动*）	7660 环境监测（污水排放监测；水土流失监测）	7819 其他矿产地质勘查（地下水资源地质勘查）	7910 防洪管理	8011 自然保护区管理（内陆湿地及水域生态系统保护区）	8131 风景名胜区管理（河湖型风景区的管理）	9425 经济事务管理机构（水利行政事务管理）	9621 专业性团体（水利专业性团体*）

续表

类别	第一产业	第二产业			第三产业								
小类			4620 污水处理及再生利用			7520 工程和技术研究与试验发展（水利工程技术）	7672 工程勘察设计（水利及水电工程的勘察设计）	7820 基础地质勘查（水文地质调查与勘查）	7921 水库管理			9427 行政监督检查机构（水土保持、河流、湖泊的检查、监督、稽查、查处活动）	9622 行业性团体（水利行业性团体*）
			4690 其他水的处理、利用与分配						7922 调水、引水管理				
									7929 其他水资源管理				
									7990 其他水利管理				

注 1. 带“*”部分表示该小类没有明确指出水利相关的子类内容，但系统内有些单位是该行业范畴的，如：中国水利学会属于专业性团体；水科院属于自然科学研究与实验发展行业小类。

2. 括号里的内容为子类。

附录B　水利行业能力建设情况普查数据汇总方式

一、行政分区

本次普查数据按照31个省（自治区、直辖市）、333个地级行政区和2859个县级行政区进行汇总。

二、经济区域

根据国家统一的经济区域划分标准，东部地区包括：北京、天津、辽宁、河北、上海、江苏、浙江、福建、山东、广东和海南。

中部地区包括：山西、吉林、黑龙江、安徽、江西、河南、湖北和湖南。

西部地区包括：内蒙古、广西、重庆、四川、贵州、云南、西藏、陕西、甘肃、青海、宁夏和新疆。

三、重点区域

（一）粮食主产区

根据《全国主体功能区规划》，粮食产区包括“七区二十三带”，以及黑龙江、辽宁、吉林、内蒙古、河北、江苏、安徽、江西、山东、河南、湖北、四川、湖南13个粮食生产省。根据《全国新增1000亿元斤粮食生产能力规划（2009—2020年）》，粮食主产区为800个粮食增产县。综合两个规划确定的粮食主产县，以及《现代农业发展规划（2011—2015年）》所确定的重要粮食生产区，最终确定26个省级行政区、220个地级行政区、898个粮食生产县为粮食主产区。具体情况见表B-1。

表B-1　　粮食主产区划分表

序号	粮食主产区	粮食产业带	省级行政区	地级行政区数量/个	县级行政区数量/个
1	东北平原	三江平原	黑龙江	7	23
		松嫩平原	黑龙江	5	41
			吉林	8	32
			内蒙古	2	8

续表

序号	粮食主产区	粮食产业带	省级行政区	地级行政区数量/个	县级行政区数量/个
1	东北平原	辽河中下游区	辽宁	13	37
			内蒙古	2	14
		合计		37	155
2	黄淮海平原	黄海平原	河北	10	79
			山东	3	22
			河南	5	25
		黄淮平原	江苏	5	25
			安徽	8	27
			山东	3	20
			河南	10	66
		山东半岛区	山东	10	32
		合计		54	296
3	长江流域	洞庭湖湖区	湖南	13	56
		江汉平原区	湖北	11	36
		鄱阳湖湖区	江西	10	42
		长江下游地区	江苏	6	18
			浙江	1	3
			安徽	6	16
		四川盆地地区	重庆	2	11
			四川	17	52
		合计		66	234
4	汾渭平原	汾渭谷地区	山西	7	25
			陕西	7	24
			宁夏	1	2
			甘肃	3	8
		合计		18	59
5	河套灌区	宁蒙河段区	内蒙古	5	13
			宁夏	4	8
		合计		9	21
6	华南主产区	浙闽区	浙江	1	3
			福建	3	17

续表

序号	粮食主产区	粮食产业带	省级行政区	地级行政区数量/个	县级行政区数量/个
6	华南主产区	粤桂丘陵区	广东	2	5
			广西	5	15
		云贵藏高原区	贵州	2	11
			云南	5	20
			西藏	4	10
		合计		22	81
7	甘肃新疆	甘新地区	甘肃	5	11
			新疆	9	41
		合计		14	52
总计	7个粮食主产区，17个粮食主产带，涉及26个省			220	898

（二）重要经济区

《全国主体功能区规划》确定了我国“两横三纵”的城市化战略格局，包括环渤海地区、长三角地区、珠三角地区3个国家级优化开发区域，以及冀中南地区、太原城市群等18个国家层面重点开发区域。具体情况见表B-2。

表B-2　重要经济区划分表

经济区分类	经 济 区	省级行政区	县级行政区数量/个
优化开发区域	环渤海地区	北京	16
		河北	72
		辽宁	84
		山东	60
		天津	16
	长江三角洲地区	江苏	65
		上海	18
		浙江	54
	珠江三角洲地区	广东	47
	合计		432
重点开发区域	北部湾地区	广东	9
		广西	24
		海南	22

续表

经济区分类	经　济　区	省级行政区	县级行政区数量/个
重点开发区域	藏中南地区	西藏	12
	成渝地区	四川	115
		重庆	31
	滇中地区	云南	42
	东陇海地区	江苏	15
		山东	4
	关中天水地区	甘肃	7
		陕西	59
	哈长地区	黑龙江	52
		吉林	26
	海峡西岸经济区	福建	84
		广东	26
		江西	18
		浙江	26
	呼包鄂榆地区	内蒙古	29
		陕西	12
	冀中南地区	河北	95
	江淮地区	安徽	56
	兰州西宁地区	甘肃	12
		青海	10
	宁夏沿黄经济区	宁夏	13
	黔中地区	贵州	39
	太原城市群	山西	50
	天山北坡经济区	新疆	96
	长江中游地区	湖北	47
		湖南	64
		江西	76
	中原经济区	安徽	30
		河南	157
		山东	18
		山西	19
	合计		1395

（三）重要能源基地

《全国主体功能区规划》中明确了我国在能源资源富集的山西、鄂尔多斯盆地西南、东北和新疆等地区建设能源基地，形成以“五片一带”为主体，以点状分布的新能源基地为补充的能源开发布局框架。共划分5片17个重要的能源基地，共涉及11个省级行政区、55个地级行政区、257个县级行政区。具体情况见表B-3。

表B-3　重要能源基地划分表

序号	能源片区	重要能源基地	县级行政区数量/个
1	山西	晋北煤炭基地	19
		晋中煤炭基地（含晋西）	29
		晋东煤炭基地	27
		合计	75
2	鄂尔多斯盆地	陕北能源化工基地	24
		黄陇煤炭基地	10
		神东煤炭基地	12
		鄂尔多斯市能源与重化工产业基地	8
		宁东煤炭基地	6
		陇东能源化工基地	12
		合计	72
3	东北地区	蒙东（东北）煤炭基地	49
		大庆油田	9
		合计	58
4	西南地区	云贵煤炭基地	27
5	新疆	准东煤炭、石油基地	6
		伊犁煤炭基地	5
		吐哈煤炭、石油基地	5
		克拉玛依-和丰石油、煤炭基地	7
		库拜煤炭基地	2
		合计	25
总计	5个能源片区，17个能源基地		257